高等学校电子信息类系列教材

通信原理简明图解教程

何敬锁　编著

清华大学出版社
北京交通大学出版社
·北京·

内 容 简 介

本书内容共分 8 章，包括绪论、确定信号分析、随机过程、信道、模拟调制通信系统、数字基带通信系统、数字调制通信系统和信源编码。在阐述理论知识时，注重将通信系统的有效性与可靠性指标、调制与解调原理及通信系统抗噪性能分析方法等规律性内容贯穿整个教材体系，期望能加深学生对通信基本原理的理解。

本书图文并茂，通俗易懂，可作为高等学校电子信息类及其他相关理工专业的教材或参考资料，也可供工程技术人员参考。

图书在版编目（CIP）数据

通信原理简明图解教程 / 何敬锁编著. -- 北京 ： 北京交通大学出版社 ： 清华大学出版社，2025.8. -- ISBN 978-7-5121-5547-3

Ⅰ. TN911

中国国家版本馆 CIP 数据核字第 2025AA0263 号

通信原理简明图解教程
TONGXIN YUANLI JIANMING TUJIE JIAOCHENG

责任编辑：吴嫦娥

出版发行：	清 华 大 学 出 版 社	邮编：100084	电话：010-62776969	http://www.tup.com.cn
	北京交通大学出版社	邮编：100044	电话：010-51686414	http://www.bjtup.com.cn
印 刷 者：	北京华宇信诺印刷有限公司			
经　　销：	全国新华书店			
开　　本：	185 mm×260 mm　　印张：14.25　　字数：365 千字			
版 印 次：	2025 年 8 月第 1 版　　2025 年 8 月第 1 次印刷			
定　　价：	49.00 元			

本书如有质量问题，请向北京交通大学出版社质监组反映。对您的意见和批评，我们表示欢迎和感谢。
投诉电话：010-51686043，51686008；传真：010-62225406；E-mail：press@bjtu.edu.cn。

前　言

本书针对理工类专业的"通信原理"课程而编写，理论授课学时为48学时。

在"通信原理"课程多年授课过程中，编者发现，即使是基础扎实、学习兴趣浓厚的学生，也需要教师对复杂的概念、原理等内容进行尽量形象、简洁的呈现，并能将课程核心体系的特点贯穿一个学期的教学过程，以提高课堂学习效果。编者在授课过程中，注意将枯燥的理论知识尽量以图形化形式进行解释，并侧重将调制与解调思路和规律、系统抗噪性能分析方法以及通信性能的有效性和可靠性的矛盾统一等内容作为通信原理的核心要素贯穿整个课程体系，以期能在有限的课时内让学生掌握通信原理中最核心、最基本的内容，提高学生的理解水平。

因此，编者在自身授课体会的基础上，根据授课学生的特点，并结合国内外众多权威的经典教材的内容，将编者在授课过程中的一些感悟进行提炼，编写了这本《通信原理简明图解教程》。本书内容简洁，尽量采用通俗易懂的语言，并设置了大量包括系统架构及基于Matlab的信号图形，试图将抽象的理论知识具体化，以便学生理解和接受。同时，为增强教材的实用性，书中引入部分现代通信案例，如移动通信、卫星通信并简要介绍了太赫兹通信信道等，以期学生关注通信技术的未来发展。

"通信原理"是理工类专业的重要课程，目前市场上优秀教材众多，很多作者都是编者钦佩的业内专家。本书仅是编者的教学体会，鉴于本人水平有限，错误之处在所难免，望同行批评指正。

未来，编者将继续跟踪通信技术的最新发展，及时更新教材内容，确保教材的先进性和时效性。同时，编者也将更加注重与学生的互动和反馈，倾听他们的意见和建议，不断完善教材的内容和形式。

编　者

2025 年 8 月

目　　录

第1章

绪　　论

1.1　通信的发展过程

在现代社会中，通信技术不仅在商务、教育和医疗领域大大提高了工作效率，甚至在社交、娱乐等方面也发挥着重要作用。人们通过手机、社交媒体等工具可以随时随地和同事或朋友进行沟通，分享生活点滴。随着通信技术的不断进步和普及，人们的通信需求也在不断增长。无论是语音通话、短信发送，还是视频聊天、在线支付等功能，都已经成为人们日常生活中不可或缺的一部分。

通信技术经过了漫长的技术演进过程，最早可以追溯到两千多年前的周朝。大家都知道一个流传很久的典故：烽火戏诸侯，意味着那时人们就开始利用烽火进行通信，同时还有信鸽传书及依托于文字的信件（周朝已经有驿站，用来传递公文），这些都是古代通信的方式。

这些通信方式，随着人类科技的发展，有的消散在历史的潮流中，有的依然在使用。

19世纪中叶以后，电磁波的发现使人类通信领域产生了根本性的巨大变化，从此，人类的信息传递可以脱离常规的视听觉方式，用电信号作为新的载体，从而产生了一系列技术革新，开始了人类通信的新时代。

利用电和光的技术实现通信的目的，是近代通信起始的标志，其代表性事件如下。

1837年，美国科学爱好者莫尔斯成功地研制出世界上第一台电磁式（有线）电报机。他发明的莫尔斯电码，利用"点""划"和"间隔"来传递信息。

1875年，苏格兰青年贝尔发明了世界上第一台电话机，并于1876年申请了发明专利。1878年在相距300多千米的波士顿和纽约之间进行了首次长途电话实验，并获得了成功，后来成立了贝尔电话公司。

1901年，意大利工程师马可尼发明火花隙无线电发报机，成功发射了穿越大西洋的长波无线电信号。

1928年，美国西屋电器公司的兹沃尔金发明了光电显像管，并同工程师范瓦斯合作，实现了电子扫描方式的电视发送和传输。

1933年，法国人克拉维尔建立了英法之间第一个商用微波无线电线路，推动了无线电技术的发展。

1934年，在英国和意大利开始利用超短波频段进行多路（6～7路）通信。1940年，德国首先应用超短波中继通信。中国于1946年开始用超短波中继电路，开通4路电话。

1960年，激光产生。

1962年，地球同步卫星发射成功。

1972年，美国康宁公司发明光纤。

1973年，美国摩托罗拉公司的马丁·库帕博士发明第一台便携式蜂窝电话，照亮了移动通信技术的发展之路。20世纪80年代最早的移动商用通信系统（1G）诞生于美国芝加哥，该技术采用模拟信号传输，只能应用于语音传输业务，且涵盖范围小，信号不稳定，语音品质低。20世纪80年代初期，中国的移动通信产业还处于空白状态，直到1987年广东第六届全运会上，才正式启用蜂窝移动通信系统，这是我国移动通信的开端。1G时代，"大哥大"成为"显赫"身份的标志，如图1-1（a）所示。

1989年，原子能研究组织（CERN）发明万维网（WWW）。

20世纪90年代爆发的互联网，更是彻底改变了人们的工作方式和生活习惯。

1992年，GSM被选为欧洲900 MHz系统的商标——"全球移动通信系统"。

1995年，CDMA移动通信系统（2G）投入商用，手机除了打电话，还可以发短信，由模拟语音传输进入到数字语音时代，通信速率可达150 kbit/s，即每秒可传输15万个符号，移动通信开始向大众化发展，手机的外观也开始有了个性化的设计，外形也比原来的"大哥大"精致了许多，如图1-1（b）所示。

2000年，第三代多媒体蜂窝移动通信系统标准(3G)得以提出，其中包括欧洲的WCDMA、美国的CDMA2000和中国的TD-SCDMA，中国的第一次电信体制改革完成。智能手机开始出现，手机成了一个多媒体终端，通信速率可达1～6 Mbit/s，在原来功能的基础上，通过手机可以浏览网页，传递图像和视频，其外形更加精致，如图1-1（c）所示。

2012年，国际电信联盟（ITU）通过4G标准。4G技术最大的本领是能够以更高速率传递图像和视频，通信速率为 10～100 Mbit/s，使可视电话、视频会议成为现实。随着三大运营商及各大平台推出各式各样的免流量套餐，4G 时代迎来短视频的爆发，以及各种直播、电商、外卖、打车平台的兴起，而且移动支付取代现金的使用，随手一部手机就可以搞定生活。其手机外形更加个性化，如图 1-1（d）所示。

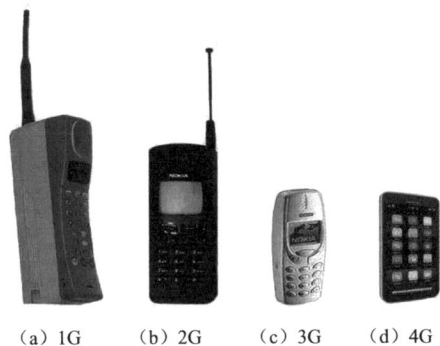

（a）1G　（b）2G　（c）3G　（d）4G

图 1-1　移动通信终端——手机外形的变迁

2019 年 6 月 6 日，工业和信息化部正式向中国电信、中国移动、中国联通、中国广电发放 5G 商用牌照，中国正式进入 5G 商用元年。5G 通信速率可达到惊人的 20 Gbit/s，除更高的带宽外，5G 技术还具备更低的时延和更大容量的网络连接。

图 1-2 是移动通信基站、载波变化规律。

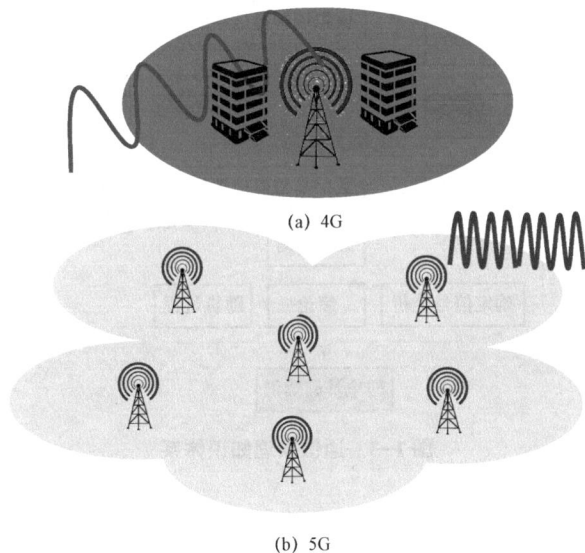

（a）4G

（b）5G

图 1-2　移动通信基站、载波变化规律

移动通信技术在由 1G 到 5G 乃至下一步 6G 的发展过程中，一个规律是载波频率越来越高，其单位量级由最初的 MHz 发展到 GHz 甚至 THz，相应的电磁波波长也越来越短。这是因为，载波频率越高，信息传输速率就越高，意味着上网更流畅。而且，移动基站也越来越密集，天线尺寸越来越短小。例如：单个 5G 基站的覆盖半径，在城市中心区域为 300～500 m，郊区为 500～1 000 m，农村为 1 000～2 000 m，而单个 4G 宏站覆盖半径可以到 1 000～3 500 m。这是由两个原因形成的：一是电磁波的波长与发射天线的尺寸是相关联的，长波长的电磁波需要大天线；二是电磁波波长越长，绕射能力越好，跨越高楼大厦等遮挡物的本领就越大，波长越短，绕射本领变差，只能多建一些基站来覆盖更多区域。

商用 5G 在全球范围内快速发展的同时，包括中国在内的很多国家已全面铺开 6G 研发布局。2019 年 11 月 3 日，科技部会同发展改革委、教育部、工业和信息化部、中科院、自然科学基金委在北京组织召开 6G 技术研发工作启动会。会议宣布成立了国家 6G 技术研发推进工作组、国家 6G 技术研发总体专家组。6G 通信技术不再是简单的网络容量和传输速率的突破，它更是为了缩小数字鸿沟，实现万物互联这个"终极目标"。

从通信技术的发展过程可以看出，通信技术朝着宽带、无线方向不断演进，借助现代通信技术，实现了古人梦寐以求的面对面直接交流。

1.2　通信原理知识体系

在学习通信原理时，有必要对通信原理知识体系建立一个整体的认识，并明晰各章节内容之间的内在联系，以提高学习效果。

如图 1-3 所示，通信原理主要内容涵盖"理论基础""通信技术"及"系统抗噪性能"三个部分。

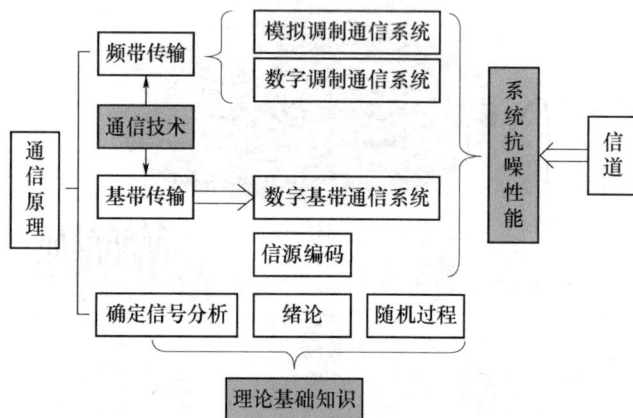

图 1-3　通信原理知识体系

理论基础知识将在第 1 章"绪论"、第 2 章"确定信号分析"和第 3 章"随机过程"中进行学习。其内容包括通信系统基本构成、性能指标、信号的时域和频域分析方法等，特别是对通信系统中普遍存在的随机信号如何进行分析是重点，也是难点。上述基础知识将贯穿后续的所有章节。例如：每学习一类通信技术后，都需要研究信号的时域、频域变化特征。

通信技术可分为"频带传输"和"基带传输"两大类，前者需要通过调制方式来实现，后者则不需要。频带传输内容包括第 5 章"模拟调制通信系统"和第 7 章"数字调制通信系统"两章，将学习各类调制技术的原理和实现方法。基带传输内容主要在第 6 章"数字基带通信系统"中进行学习，分析数字基带信号如何在不被调制下直接传输，在这里会涉及另一类通信技术，即编码。在掌握主要通信原理后，第 8 章"信源编码"将学习模拟信号需要经过哪些处理后才能在数字通信系统中进行传输。

抗噪性能是通信系统的一项关键指标，通过它可以衡量噪声对系统的影响程度，从而判定系统的质量。第 4 章"信道"将讲述噪声的来源和特性，并在此基础上，对每一类通信技术的抗噪性能进行分析，从而比较各类通信技术的质量差异。

1.3 通信系统的基本概念

① 消息：有待于传输的文字、符号、声音、图片、视频等。有的消息状态是可数的或离散的，如文字，称为离散消息；相反，有的消息状态是连续变化的，称为连续消息，如声音。

② 通信：克服距离上的障碍，交换和传递消息。例如：接到远方的亲朋好友传来的声音或邮件。

③ 信号：与消息一一对应的电量，是消息在通信系统中的"邮递员"。邮递邮件，通常是邮政局的工作，特点是比较慢。因此，要想将消息瞬间传递，必须借助目前最快的载体，即电磁波。要达到这一目的，首要的工作是必须将消息"变"成电信号，具体来说，是将消息搭载在电信号的某一参量上，如麦克风可以将声音大小转为电流的强弱。若该参量是离散取值的，这样的信号称为数字信号；若该参量是连续取值的，则称为模拟信号。

④ 信息：消息中包含的有意义的内容，是可以定量（信息量）的。需要注意的是，消息有没有意义，以及有多大意义是由接收者决定的，更具体一些，是由接收者希望收到以前未知的消息决定的。

⑤ 通信系统：传递信息所需的硬件设备、软件和传输介质的集合。以前的通信系统中没有软件部分，随着计算机进入通信系统，通信软件不断发展且日益成为通信系统重要的组成部分。按照信道中传输的是模拟信号还是数字信号，相应地把通信系统分为模拟通信系统和数字通信系统。

1.4 通信系统的组成

1.4.1 通信系统的一般模型

图 1-4 为通信系统一般模型（点到点）。一个最基本的通信过程包括发送、传输和接收三个过程：消息的发送由信源和发送设备实现，并将消息转化为适合在信道中传输的电信号；信道负责将信号传输到目的地，传输过程中信号不可避免地受到各类干扰和噪声的影响；接

收端的功能与发送端完全相反，将远距离传输过来的微弱信号进行识别，实现消息的准确还原。

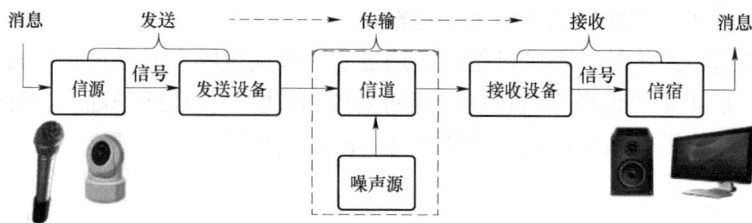

图 1-4　通信系统一般模型（点到点）

1. 信源

作为通信系统模型中第一个功能模块，信源的作用是把各类消息转换成原始电信号。根据原始电信号幅度是否连续或取值个数是否有限，可以把信源分为两类：模拟信源和数字信源。模拟信源（如麦克风、摄像头）输出幅值连续的模拟信号，如图 1-5（a）所示，信号 $V(t)$ 的幅值在最大值与最小值之间可以取任意数值，没有限制；数字信源（如电传机、键盘等）输出幅值有限的数字信号，如图 1-5（b）所示为一个四进制数字信号，可以看出，随着时间的变化，信号幅值周期性取值，且在每一个时间段内只能取四种状态的某一个。

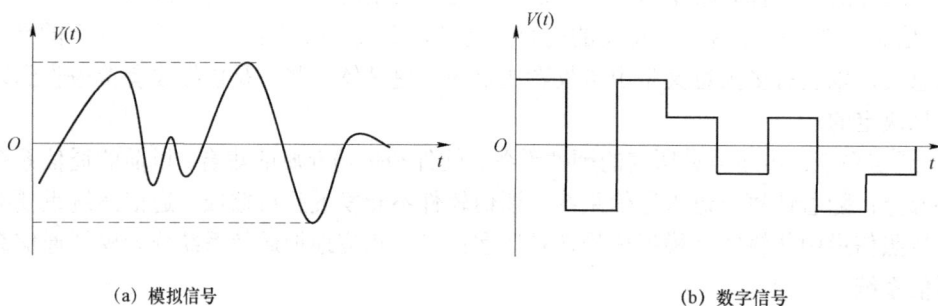

（a）模拟信号　　　　　　　　　　　　　　　　（b）数字信号

图 1-5　不同信源产生不同性质的信号

2. 发送设备

发送设备的功能与架构是最复杂的，能体现通信技术水平的先进程度，其最终目的是将信号与信道特性完美匹配。信源会把消息变成电信号，而且信道也是多种多样的，这就存在一个问题：不是所有的信号都适合在信道中直接传输。极端的例子是：作为信道之一的光纤，它的材质是不导电的玻璃，因此，这时就需要一个设备（即发送设备）将电信号变成光信号（调制）才能通过光纤进行传输。因此，发送设备的任务是将信源产生的消息信号变换成适合在信道中传输的信号。后续章节将会看到，信道的种类很多，性能也不尽相同，因此发送设备对信号的变换方式也是多种多样的。另外，对于数字通信系统来说，发送设备还需要进行信源编码和信道编码，同样也是为了信号更有利于在信道中进行传输。

3. 信道

信道给信号提供传输通路。从狭义的角度来讲，信道指各类传输媒质，按其表现形式可分为有线信道和无线信道。有线信道可以是电话线、网线或光纤等；无线信道可以是大气（自由空间），或特指某一频段的无线电磁波。例如：北京交通广播电台以 103.9 MHz 中心频率的波段为信道传送节目内容。信道种类丰富，不同信道具有各自适合的电磁波段和特性，因此信道特性是通信系统设计者首先要考虑的问题。

4. 接收设备

接收设备的功能与发送设备相反，即进行解调、解码等，从带有干扰的信号中准确恢复由信源产生的原始电信号。

5. 信宿

信宿的功能与信源相反，是传输信号的归宿，其作用是将原始电信号转换成相应的消息。例如：音箱或显示器，分别将电信号转变为声音和图像消息。

6. 噪声源

除了上述模块，通信系统模型中还必须包含"噪声源"，这是因为系统中总是会存在种类繁多的噪声干扰。例如：电路温度升高会产生热噪声，系统特性不理想会干扰信号，雷电、太阳风暴会影响系统正常工作。为了研究方便，把消息信号之外的所有干扰信号统称为噪声。噪声不属于系统中的具体实体，但它无处不在且始终存在，任何系统都无法避免噪声带来的不利影响。因此，抗噪性能是通信系统设计者始终要考虑的重要指标之一。

1.4.2　模拟通信系统的模型

通信系统分为模拟通信系统和数字通信系统，依据是信道中传输的是模拟信号还是数字信号，而不是由信源产生的信号决定。

图 1-6 是模拟通信系统模型。可以看出，图 1-4 中的"发送设备"和"接收设备"分别被"调制器"和"解调器"代替。消息由信源转化而来的原始模拟信号称为基带信号，基带信号一般含直流和低频成分，如语音信号为 300～3 400 Hz，图像信号为 0～6 MHz。对于基带信号，有的信道可以直接传输，如市内固定电话，信号可以直接通过双绞线传输，不需要调制，此时发送设备的任务只是把信号放大即可，称为模拟基带通信。但大多数信道适合传输高频信号，如移动通信技术，手机的工作频段最低频率为 800 MHz，因此就需要把语音信号变换成适合在信道中传输的频带信号（无线电波），因此必须借助调制器，利用高频载波，将基带信号转换为频带信号，在接收端完成反变换作用的是解调器。

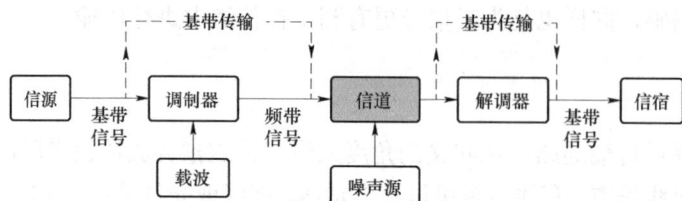

图 1-6　模拟通信系统模型

调制技术是多种多样的，常见的有调幅（AM）和调频（FM）。如图 1-7（a）所示，电磁波的起伏状态（幅度）与语音信号的强度一致，即调幅；如图 1-7（b）所示为调频信号，电磁波的频率（疏密）发生了变化，声音（基带信号）越强，调频后的电磁波频率越大（越密集）。这样，在信道中传输的不再是信源直接产生的语音信号，而是高频信号，但与直接传输携带的信息是一样的。

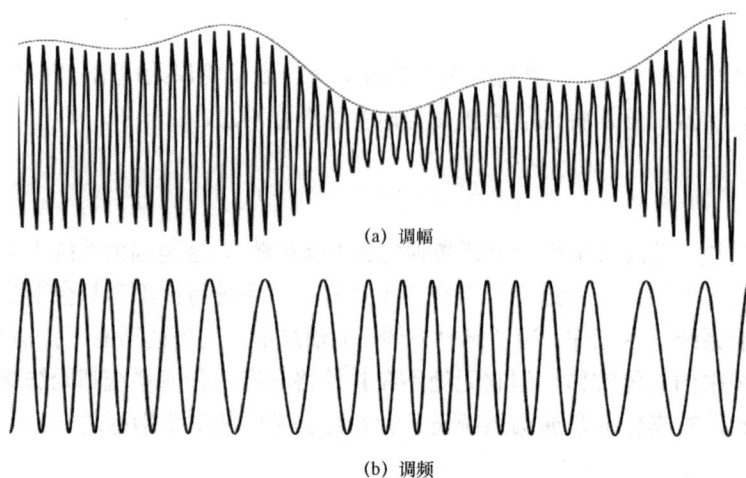

（a）调幅

（b）调频

图 1-7　调幅信号和调频信号

1.4.3　数字通信系统的模型

数字通信系统模型如图 1-8 所示，数字通信系统就是利用数字信号来传递信息的通信系统。数字通信系统明显比模拟通信系统要复杂，这是因为涉及的技术问题很多，有信源编码、信道编码、保密编码、数字调制、数字复接、同步问题等。与模拟基带传输类似，在某些有线信道中，若传输距离不太远且通信容量不太大时，数字基带信号可以直接传送，称为数字信号的基带传输；而在另外一些信道，特别是无线信道和光信道中，数字基带信号则必须经过调制，将信号频谱搬移到高频处才能在信道中传输，这种传输称为数字信号的调制传输（或频带传输，或载波传输）。

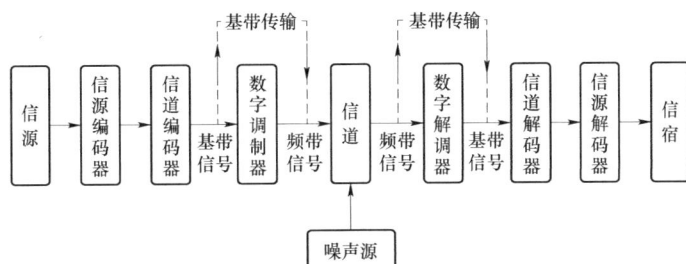

图1-8 数字通信系统模型

1. 信源编码与译码

信源编码的作用有两个：一是将模拟信号转换成数字信号，即通常所说的模/数转换（如果信源为数字信源则不需要此步骤）；二是设法降低数字信号的数码率，即通常所说的数据压缩。编码比特率在通信中直接影响传输所占的带宽，而传输所占的带宽又直接反映了通信的有效性。信源译码是信源编码的逆过程。

2. 信道编码与译码

数字信号在信道传输时，噪声、衰落及干扰等因素，将会引起差错。信道编码的目的就是提高通信系统的抗干扰能力，尽可能地控制差错，实现可靠通信。与信源译码类似，在接收端同样需要进行信道编码的逆变换，即信道译码。

3. 加密与解密

为了保证数字信号与所传信息的安全，将输入的明文信号人为扰乱，即加上密码，这种处理过程叫加密。在接收端对收到的信号进行解密，恢复明文。

4. 调制与解调

数字调制的任务是把各种数字信息脉冲（数字基带信号）转换成适于信道传输的数字调制信号（已调信号或频带信号）。数字解调是数字调制的逆过程。

5. 同步与数字复接

同步是使收、发两端的信号在时间上保持步调一致。按照同步作用的不同，同步分为载波同步、位同步、群同步和网络同步。同步是保证数字通信系统有序、准确、可靠工作的前提条件。数字复接就是依据时分复用基本原理把若干个低速数字信号合并成一个高速的数字信号，以扩大传输容量和提高传输效率。

数字通信相对于模拟通信具有以下优点：

① 抗干扰能力强，可消除噪声积累；

② 差错可控，传输性能好；

③ 便于与各种数字终端接口，用现代计算技术对信号进行处理、加工、变换、存储，形

成智能网；

　④ 便于集成化，从而使通信设备微型化；

　⑤ 便于加密处理，且保密强度高。

一般来说，数字通信的许多优点都是用比模拟通信占据更宽的系统频带为代价而换取的。以电话为例，一路模拟电话通常只占据 4 kHz 带宽，但一路接近同样话音质量的数字电话要占据 20～60 kHz 的带宽，因此数字通信的频带利用率不高。数字通信的另一个缺点是对同步要求高，系统设备比较复杂。

1.5　通信系统的分类

1. 按通信的业务和用途分类

按通信的业务和用途，可将通信系统分为常规通信和控制通信等。

常规通信又分为话务通信和非话务通信。话务通信业务主要是电话信息服务业务、语音信箱业务和电话智能网业务；非话务通信业务主要是分组数据业务、计算机通信业务、数据库检索业务、电子信箱业务、电子数据交换业务、传真存储转发业务、可视图文及会议电视业务、图像通信业务等。由于电话通信最为发达，因而其他通信常常借助于公共的电话通信系统进行。未来的综合业务数字通信网中各种用途的消息都能在一个统一的通信网中传输、交换和处理。

控制通信包括遥测、遥控、遥信和遥调通信等，如雷达数据通信和遥测、遥控指令通信等。

2. 按调制方式分类

根据是否采用调制，可将通信系统分为基带传输和调制传输。基带传输是将未经调制的信号直接传输；调制传输是指对信号进行调制后进行传输。调制的目的有以下几个方面：

　① 便于信息的传输；

　② 实现信道复用；

　③ 改变信号占据的带宽；

　④ 改善系统性能。

各种调制方式正是为了达到以上这些目的而发展起来的。

3. 按传输信号的特征分类

按信道中所传输的是模拟信号还是数字信号，可以相应地把通信系统分为两类，即模拟通信系统和数字通信系统。

4. 按传输信号的复用方式分类

传输多路信号有三种复用方式，即频分复用、时分复用、码分复用。频分复用是用频谱搬移的方法使不同信号占据不同的频率范围；时分复用是用脉冲调制的方法使不同信号占据不同的时间区间；码分复用是用正交的脉冲序列分别携带不同信号。传统的模拟通信中都采用频分复用；随着数字通信的发展，时分复用通信系统的应用越来越广泛；码分复用主要用于空间通信的扩频通信中。

5. 按传输媒介分类

按传输媒介可将通信系统分为有线通道（包括光纤）和无线通道两大类。有线信道如明线、电缆、光缆信道，无线信道如短波电离层传播、微波视距传播、卫星中继信道。

6. 按通信频段分类

电磁波根据波长可分为许多频段，如图1-9所示。根据电磁波频率由低到高的顺序，常见的通信频段有长波、中波、短波、微波和光波（红外线、可见光）等，每个波段都可以用作通信的载波，以满足各种通信系统的需要，包括舰艇雷达、无线广播和电视、移动通信、卫星通信乃至光纤通信。随着电磁波波长变短，频率越来越高，通信能力也越来越强，从开始时的只能传递声音，到传递图像、视频等，光波则能满足人们对超大通信容量的需求，成为现代通信技术中传递能力最强的技术。介于微波和红外光之间的太赫兹波，由于其频谱资源丰富、传输速率高、保密性强、易实现通信感知一体化等优点，太赫兹波成为下一代移动通信技术即6G通信的首选波段。

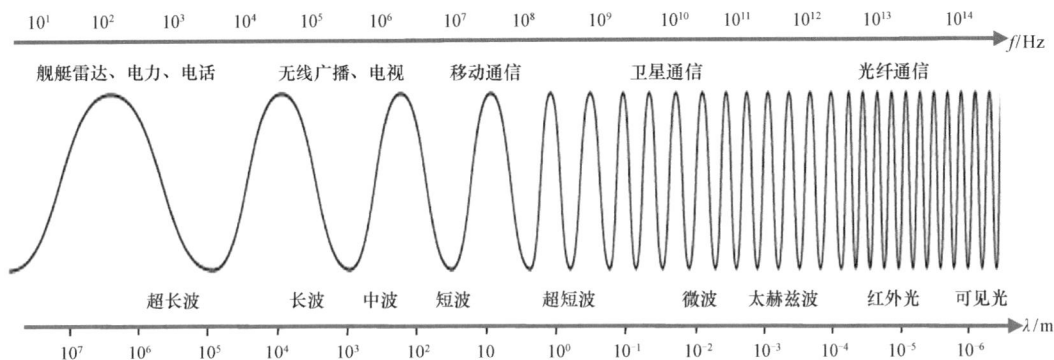

图1-9 电磁波谱与通信频段

7. 按通信方式分类

按消息传递的方向与时间关系，通信方式可分为单工通信、半双工通信及全双工通信三种。

（1）单工通信是指消息只能单方向传输的工作方式。例如：遥测、遥控就是单工通信方式。

（2）半双工通信是指通信双方都能收发消息，但不能同时进行收发的工作方式。例如：使用同一载频工作的无线电对讲机，就是按这种通信方式工作的。

（3）全双工通信是指通信双方可同时进行收发消息的工作方式。例如：普通电话就是一种最常见的全双工通信方式。

1.6 信息及其度量

1.6.1 消息中的信息量

通信的目的在于传递信息，信息是消息中抽象的、本质的内容。对于接收者来说，消息中不确定的成分越多，兴趣越大。例如：有人打电话告诉你两条消息，一个是"通信原理课程期末需要考试"，另一个是"通信原理课程这学期好像不用考试"。哪条消息令你感到惊讶并有浓厚的兴趣是不言而喻的，这是因为只有消息中不确定的内容才构成信息，信息量就是对这种不确定性的定量描述。

具体来说，为了表示消息中的信息量，用消息发生的概率来作为参数，这样一来，信息量与消息发生的概率之间存在下述定性关系：

① 消息与信息是不同的；

② 信息量与消息种类无关，一条消息可以用文字描述，也可以通过声音传达；

③ 消息中的信息量应是有差别的且能衡量的；

④ 信息量的多少与接收者认为有意义的内容的多少有关，即不确定度。

总之，信号是消息的载体，而信息是其内涵。任何信源产生的输出都是随机的，信息含量就是对消息中这种不确定性的度量，是用统计方法来定性的。消息出现的概率越小，消息中包含的信息量就越大。

根据上面的定性关系，可以找出信息量与消息出现的概率的定量关系。

假设 $P(x)$ 是一条消息 x 发生的概率，消息中的信息量 I 与消息出现的概率 P 之间应满足以下关系。

① 信息量是概率的函数，即

$$I=f[P(x)]$$

$P(x)$ 越小，I 越大；反之，$P(x)$ 越大，I 越小。有：$P(x)\to 1$ 时，$I\to 0$；$P(x)\to 0$ 时，$I\to\infty$。

② 若干个互相独立事件构成的消息，所含信息具有相加性，即

$$I[P(x_1)P(x_2)\cdots]=I[P(x_1)]+I[P(x_2)]+\cdots$$

根据数学经验，满足上述定量关系的函数关系应为

$$I(x) = \log_a \frac{1}{P(x)} = -\log_a P(x) \qquad (1-1)$$

信息量 I 的单位与对数底数 a 有关：$a=2$ 时，信息量的单位为比特（bit）；$a=e$ 时，信息量的单位为奈特（nit）；$a=10$ 时，信息量的单位为哈特莱（Hartly）。目前广泛使用的单位为比特。

1.6.2 信息量的计算

1. 等概率的离散消息

先从最简单的信源，即二进制离散信源开始，并且该信源以相等的概率发送数字"0"或

"1"，相应地，信源输出一条消息"0"或"1"，该消息中的信息含量为

$$I(0) = I(1) = \log_2 \frac{1}{1/2} = 1$$

可见，传送等概率的二进制波形之一（$P=1/2$）的信息量为 1 比特。

对于 M 进制离散信源，M 个波形等概率（$P=1/M$）发送，且每一个波形的出现是独立的，即信源是无记忆的，则传送 M 进制波形之一的信息量为

$$I = \log_2 \frac{1}{P} = \log_2 \frac{1}{1/M} = \log_2 M \qquad (1-2)$$

式中：P 为每一个波形出现的概率；M 为传送的波形数。

上述结果表明，传送等概率的四进制波形之一（$P=1/4$）的信息量为 2 比特，这时每一个四进制波形需要用 2 个二进制脉冲表示；传送等概率的八进制波形之一（$P=1/8$）的信息量为 3 比特，这时每一个八进制波形至少需要用 3 个二进制脉冲表示。

结论：M 进制（$M=2^K$），等概率的消息（波形），传送其每个消息的信息量 $I=K$ 比特。

2. 非等概的离散消息

设离散信源 X 是一个由 n 个符号组成的符号集，其中每个符号 x_i $(i=1,2,3,\cdots,n)$ 出现的概率为 $P(x_i)$，且有

$$\sum_{i=1}^{n} P(x_i) = 1$$

则 $x_1, x_2, \cdots, x_n$ 所包含的信息量分别为 $-\log_2 P(x_1)$，$-\log_2 P(x_2)$，$\cdots$，$-\log_2 P(x_n)$。

一个消息包含若干个符号 x_i，则该消息的信息量为

$$I = \sum_{i=1}^{n} n_i I_i = -\sum_{i=1}^{n} n_i \log_2 P(x_i) \qquad (1-3)$$

式中，n_i 为消息中出现某一个消息 x_i 的次数。

例 1-1 一离散信源由 0，1，2，3 四个符号组成，它们出现的概率分别为 3/8，1/4，1/4，1/8，且每个符号的出现都是独立的。试求某消息 20102013021300120321010032101002310 20020103120321001120210 的信息量。

解 此消息中，"0"出现 23 次，"1"出现 14 次，"2"出现 13 次，"3"出现 7 次，共有 57 个符号，根据式（1-1），故该消息的信息量为

$$I = 23\log_2 \frac{8}{3} + 14\log_2 4 + 13\log_2 4 + 7\log_2 8 = 108 \text{（bit）}$$

3. 平均信息量（信息源的熵）

例 1-1 中虽然计算出消息的信息量，但是该算法的复杂性在于需要知道每个不同消息的个数，然后分别计算单独消息的信息量，最后求和。

下面推荐一种简单常用的方法：不论单独消息出现的概率是多少，先计算出每个符号所

含信息量的统计平均值，即平均信息量，总的信息量为平均信息量乘以消息中包含的所有符号的个数即可。

统计平均信息量 H（单位：bit/符号）为

$$
\begin{aligned}
H(x) &= P(x_1)I(x_1) + P(x_2)I(x_2) + \cdots + P(x_n)I(x_n) \\
&= P(x_1)\left[-\log_2 P(x_1)\right] + P(x_2)\left[-\log_2 P(x_2)\right] + \cdots + P(x_n)\left[-\log_2 P(x_n)\right] \quad (1\text{-}4) \\
&= -\sum_{i=1}^{n} P(x_i)\log_2 P(x_i)
\end{aligned}
$$

由于 H 同热力学中的熵形式一样，故通常又称它为信息源的熵。

用此方法计算例 1–1 中平均信息量（熵）为

$$
\begin{aligned}
H &= -\frac{3}{8}\log_2\frac{3}{8} - \frac{1}{4}\log_2\frac{1}{4} - \frac{1}{4}\log_2\frac{1}{4} - \frac{1}{8}\log_2\frac{1}{8} \\
&= 1.906\,(\text{bit}/\text{符号})
\end{aligned}
$$

而且当信源中有 M 个符号，且每个符号等概率且独立出现时，均为

$$
P(x_i) = \frac{1}{M}
$$

此时信源的平均信息量，即信源的熵有最大值

$$
H(x) = -\log_2\sum_{i=1}^{M} P(x_i) = -\log_2 P(x_i) = \log_2 M \quad (1\text{-}5)
$$

4. 算术平均信息量

在例 1–1 中，每个符号的算术平均信息量为 $\bar{I}$ 为

$$
\bar{I} = \frac{I}{\text{符号位}} = \frac{108}{57} = 1.89\,(\text{bit}/\text{符号})
$$

可见，两种算法的结果有一定误差，但当消息很长时，用熵的概念来计算比较方便。而且随着消息序列长度的增加，两种计算误差将趋于零。

1.7 通信系统主要性能指标

衡量一个通信系统的指标有很多，如有效性、可靠性、稳定性、经济性等，其中传输信息的有效性和可靠性是通信系统最主要的性能指标。有效性是指传输一定信息量时所占用的信道资源，或在给定信道带宽情况下，单位时间内所传输的信息内容的多少，或者说是传输的"速度"问题；而可靠性是指接收信息的准确程度，也就是传输的"质量"问题。本书后面章节的通信原理知识会告诉我们，这两者是相互矛盾而又相互联系的，通常也是可以互换的。

1.7.1 模拟通信系统主要性能指标

模拟通信系统的有效性可用有效传输频带来度量，实际常用传输每路信号的有效带宽 B 来表示。由于信道资源（带宽）是有限的，在不考虑质量的前提下，有效带宽 B 越小意味着信道的利用效率越高。信号的有效带宽通常与调制方式有关。例如：语音信号若采用单边带调制方式（SSB），至少需要 4 kHz 的信道带宽，而采用宽带调频方式（WBFM），则需要 48 kHz 的带宽。信号的有效带宽如图 1-10 所示。

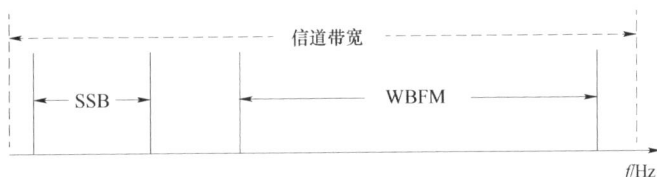

图 1-10　信号的有效带宽

模拟通信系统的可靠性用接收端最终输出信噪比来度量。对于视频信号来说，信噪比的差异对图像的观看感受影响很大，如图 1-11 所示。不同调制方式在同样信道信噪比下所得到的最终解调后的信噪比是不同的。例如：调频信号的抗干扰性能比调幅信号的抗干扰性能要好，但调频信号所需要传输的频带却宽于调幅信号的频带。

图 1-11　模拟通信系统的可靠性表现举例

1.7.2 数字通信系统主要性能指标

衡量数字通信系统的有效性指标是传输速率（由于采用不同进制，又可分为码元传输速率和信息传输速率）和频带利用率，可靠性指标主要是差错率。

1. 数字通信系统的有效性指标

1）传输速率——码元传输速率

码元传输速率 R_B 简称传码率，又称码元速率或符号速率，它被定义为单位时间（1 s）内传输码元的数目，单位为波特，可记为 Baud 或 B，如图 1-12 所示。例如：若 1 s 内传 2 400 个码元，则传码率为 2 400 B。码元速率与所传的码元进制无关，即码元可以是多进制的，也

15

可以是二进制的。

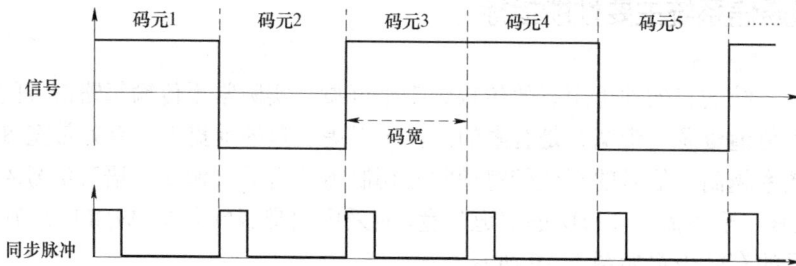

图 1-12 数字通信系统的有效性指标——传码率

在数字通信中常用时间间隔相同的符号来表示一位数字，这个间隔被称为码元长度或码元宽度 T_B，简称码宽。码元长度与传码率互为倒数关系。

2）传输速率——信息传输速率

信息传输速率 R_b 简称传信率，又称比特率等。它表示单位时间内传递的平均信息量或比特数，单位是比特/秒，可记为 bit/s 或 b/s，或 bps。

若信源的熵为 H，则该信源的平均信息速率为

$$R_b = R_B \cdot H$$

或

$$R_b = R_B \log_2 N（等概率情况下）$$

式中：N 为每个码元采用的符号数。如果码元速率为 600 B，那么在二进制时的信息传输速率为 600 bit/s，在四进制时为 1 200 bit/s，在八进制时为 1 800 bit/s。

例 1-2 某信息源的符号集由 A，B，C，D 和 E 组成，设每一个符号独立出现，其出现概率分别为 1/4，1/8，1/8，3/16 和 5/16。如果信息源以 1 000 B 速率传送信息，则传送 1 h 的信息量为多少？传送 1 h 可能达到的最大信息量为多少？

解 （1）$H = 2.23$ bit/符号

$R_B = 1\ 000$ B

$R_b = R_B H = 1\ 000 \times 2.23 = 2\ 230（bit/s）$

传送 1 h 的信息量为

$I = R_b t = 2\ 230 \times 3\ 600 = 8.028 \times 10^6（bit）$

（2）等概率时，平均信息量最大。

平均信息量 $H_{max} = \log_2 5 = 2.32（bit/符号）$

最快传信率 $R_{b,max} = R_B H_{max} = 1\ 000 \times 2.32 = 2\ 320（bit/s）$

1 h 传递最大信息量为

$I = t R_{b,max} = 3\ 600 \times 2\ 320 = 8.352 \times 10^6（bit）$

3）频带利用率

在比较不同通信系统的效率时，单看它们的传输速率是不够的，还应看在传输速率下所占信道的频带宽度。通信系统占用的频带越宽，传输信息的能力越大。所以，真正用来衡量数字通信系统传输效率（有效性）的指标应该是单位频带内的传输速率，即

$$\eta = \frac{R_B}{B} \tag{1-6}$$

数字信号的传输带宽 B 取决于码元速率 R_B，而码元速率 R_B 和信息传输速率 R_b 有着确定的关系。为了比较不同系统的传输效率，又可定义频带利用率为

$$\eta = \frac{R_b}{B} \qquad (1-7)$$

2. 数字通信系统的可靠性指标

衡量数字通信系统可靠性的指标是差错率，常用误码率和误信率表示。

（1）误码率（也称误符号率）为传输码元中错误码元的比例，可表示为

$$\rho_B = \frac{错误码元数}{传输总码元数}$$

（2）误信率（也称误比特率）为传输比特流中错误比特的比例，可表示为

$$\rho_b = \frac{错误比特数}{传输总比特数}$$

显然，在二进制中有

$$\rho_B = \rho_b$$

但是，一个 M（$M>2$）进制码需要用 $\mathrm{lb}M$ 个二进制码来表示，在这种情况下，误码率和误信率数值不等。例如：四进制信息串 1 2 0 3 0 2 1，其中，第二个码"2"和第四个码"3"如果错误，则此时误码率为 2/7。但是，该信息串转为二进制后：01 10 00 11 00 10 01，第二个四进制码"2"用两个二进制码"10"表示，这时误信率有三种可能：

$$\rho_b = \frac{2}{14} = \frac{1}{7}$$

$$\rho_b = \frac{3}{14}$$

$$\rho_b = \frac{4}{14} = \frac{2}{7}$$

补充知识：带宽的概念

带宽通常是指信号所占据的频带宽度。在被用来描述信道时，带宽是指能够有效通过该信道的信号的最大频带宽度。

对于模拟信号而言，带宽又称为频宽，以赫兹（Hz）为单位。例如：模拟语音电话的信号带宽为 3 400 Hz，一个 Pal-D/K 制式的电视频道的带宽为 8 MHz（含保护带宽）。

对于数字信号而言，带宽是指单位时间内链路能够通过的数据量。例如：ISDN 的 B 信道带宽为 64 kbit/s。由于数字信号的传输是通过模拟信号的调制完成的，为了与模拟信号的带宽进行区分，数字信道的带宽一般直接用波特率或符号率来描述。

思考与练习题 >>>

思考题：

1-1 通信传递的消息有哪些？举例说明。

1-2 通信系统中的信源有哪些？举例说明。

1-3 查阅资料，分析随着移动通信技术的发展，载波频率的变化有何规律。

1-4 通信系统的基本模型由哪些模块构成？分析每个模块的作用。

1-5 区分模拟信号和数字信号的依据是什么？

1-6 衡量一个通信系统是数字通信系统还是模拟通信系统的依据是什么？

1-7 数字通信系统有何优点和缺点？

1-8 基带和频带（调制）通信系统的区别是什么？

1-9 消息中的信息量多少与什么有关系？

1-10 对于离散信息源而言，平均信息量怎样计算？何时最大？

1-11 平均信息量为什么和算术平均信息量有差异？

1-12 在系统的什么位置分析通信系统的质量？

1-13 模拟通信系统的有效性和可靠性如何衡量？

1-14 数字通信系统的有效性指标有哪些？

1-15 数字通信系统的可靠性如何衡量？

练习题：

1-1 一个消息中包含英文字母 A, B, C, D，每个字母出现的概率分别为 1/8，1/4，1/4，3/8，试求：

（1）每个字母包含的信息量。

（2）该消息的平均信息量。

1-2 某四进制信源{0，1，2，3}，每个符号独立出现，对应的概率分别为 P_0, P_1, P_2, P_3，且 $P_0+P_1+P_2+P_3=1$。试求：

（1）该信源的平均信息量。

（2）每个符号的概率为多少时，平均信息量最大？最大为多少？

1-3 已知等概二进制信号的传输速率为 4 800 B，试求：

（1）传信率是多少？

（2）变换成等概四进制，码元速率不变，传信率是多少？

1-4 在噪声干扰下，某二进制等概数字通信系统信息传输速率为 1 200 B，在 5 min 内共接收到正确码元数量为 $355×10^6$，试求：

（1）系统误信率 P_b=？

（2）若系统所传数字信号为四进制信号，则误信率 P_b 有几种可能？分别是多少？

1-5 设一信息源的输出由 256 个不同符号组成，其中 32 个出现的概率为 1/64，其余 224 个出现的概率为 1/448。信息源每秒发出 2 400 个符号，且每个符号彼此独立。试计算该信息源发送信息的平均速率及最大可能的信息速率。

第2章

确定信号分析

本章教学基本要求

掌握：

1. 信号分类、特性、分析方法；

2. 数学知识——卷积积分、自相关函数与单位冲击函数；

3. 两种变换——信号的傅里叶变换和希尔伯特变换；

4. 能量谱密度和功率谱密度；

5. 信号通过线性系统后的变化规律。

理解：

1. 信号时域特性与频域特性之间的联系；

2. 信号通过线性系统后的变化机理。

本章核心内容

1. 信号时域特性与频域特性；

2. 信号通过线性系统。

通信系统中利用信号表示信息和传送消息。确定信号是指可以用确定的时间函数表示的信号。实际上，通信系统中的各种信号是许多信号的集合体并具有一定的统计规律性，这种信号称作随机信号，将在第3章"随机过程"中进行研究。本章研究的确定信号可以是随机信号的样函数实现，或者是载波信号的数学模型。由于本专业学生已经先修过"信号与系统"等课程，因此本章只是将本课程内容涉及的确定信号分析的关键结论进行简要回顾。

2.1 信 号 分 类

信号的分类方法很多，限于篇幅和内容的需要，我们主要根据信号取值的确定性、周期性以及能量或功率有限性，将信号进行分类，如图2-1所示。

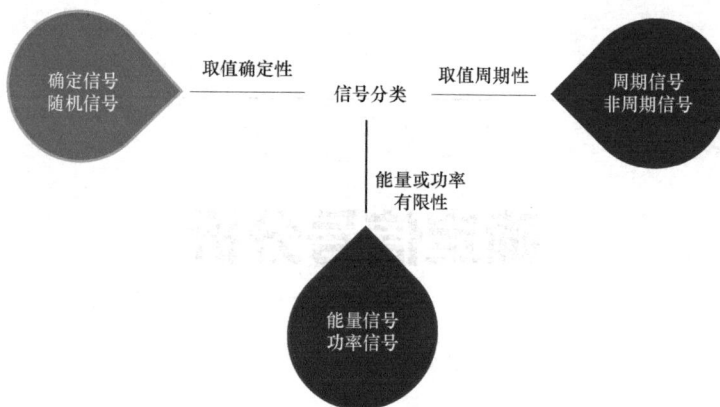

图 2-1　信号分类方法

2.1.1　确定信号和随机信号

确定信号：任何时刻都有确定性取值的信号，因此可以表示为确定的时间函数。例如：信号 $y = A\cos 2\pi t$，当 $t=1.25$ 时，信号幅值必为唯一确定值 0；当 $t=1$ 时，信号幅值必为唯一确定值 A。该类信号往往是人工设计的信号。

随机信号：任意时刻的取值不能唯一确定，或者取值是随机的信号，信号不能用确定的时间函数表示。例如：$y = \sin(\pi t + \varphi_\xi)$，其中，$\varphi_\xi$ 为一个在 $0\sim 2\pi$ 之间等概率变化的相位，那么，当时间 t 确定后，如 $t=5$，此时由于 y 的值也不能确定，该类信号往往是自然界中的信号。在通信系统中，信号和噪声一般也是随机信号，否则通信就没有意义了。

思考：如何研究随机信号的特性？或者说，虽然它的取值不能唯一确定，但是有没有规律性？此类问题将在第 3 章进行研究。

2.1.2　周期信号和非周期信号

周期信号：依一定时间间隔周而复始，而且是无始无终的信号。

表达式：
$$x(t) = x(t + nT) \quad (n=0,\ \pm 1,\ \pm 2,\ \pm 3,\ \cdots)$$

平均值：
$$\overline{x(t)} = \frac{1}{T}\int_0^T x(t)\,\mathrm{d}t$$

平均功率：
$$P = \frac{1}{T}\int_{-T/2}^{T/2} x^2(t)\,\mathrm{d}t$$

非周期信号：在时间上不具有周而复始及无始无终的特性。例如：一个信号在一定时间间隔上周而复始，但不是无始无终，通常称为有限长信号。

2.1.3　能量信号和功率信号

信号的能量和功率是信号分析的基本概念。需要注意的是，这两个概念的积分时间都是无穷大。

1. 能量信号

能量信号是指在所有时间上总能量 E 不为零且有限的信号。一般地，非周期的确定性信号为能量信号，如一个脉冲信号。

具体来讲，设有一个能量信号 $g(t)$（可以是电压信号，也可以是电流信号），则该信号作用在 $1\,\Omega$ 的电阻上，在无限长的区间上的有限能量为

$$E = \int_{-\infty}^{\infty} |g(t)|^2 \, \mathrm{d}t \tag{2-1}$$

根据帕塞瓦尔定理，对于能量信号 $g(t)$，其能量 E 也可以在频域上由频谱密度 $G(f)$ 表示为

$$E = \int_{-\infty}^{\infty} |G(f)|^2 \, \mathrm{d}f \tag{2-2}$$

根据积分的意义，由式（2-2）可以看出，$|G(f)|^2$ 为该信号的能量谱密度，单位为 J/Hz，物理意义为单位频带内的信号能量，描述了信号能量在各个频率上的分配关系。

2. 功率信号

信号在 $-\infty < t < +\infty$ 内存在，具有无穷大能量，但平均功率为有限值的信号称为功率信号。一般地，周期信号和随机信号是功率有限信号。

分析时，先用截短函数（找一段时间）$g_T(t)$ 将其截为能量信号，如图 2-2 所示。截短后，信号 $g_T(t)$ 的平均功率为

$$P = \frac{1}{T} \int_{t_1}^{t_2} g^2(t) \mathrm{d}t \ \ (T = t_2 - t_1) \tag{2-3}$$

如果截短区间 $T \to \infty$，即

$$P = \lim_{T \to \infty} \frac{1}{T} \int_{-\infty}^{\infty} g_T^2(t) \mathrm{d}t \tag{2-4}$$

此时功率 P 仍然是一个有限的非零值，称信号 $g(t)$ 为功率信号。

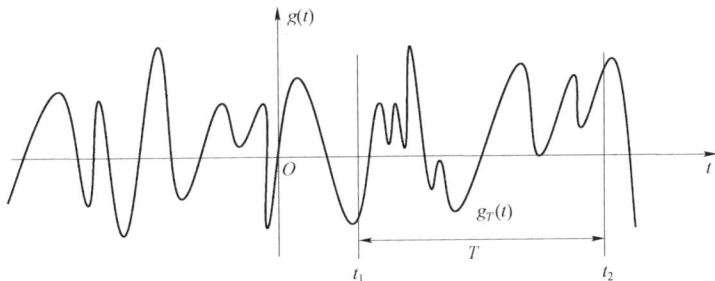

图 2-2　功率信号截短分析示意图

需要注意的是：能量信号和功率信号不相容，也就是说，一个信号可以既不是能量信号也不是功率信号［如 $g(t)=t^2$］，但不可能既是能量信号又是功率信号，因为能量信号具有零平

均功率，功率信号具有无限大能量。

信号的功率谱密度：类似前面能量谱密度的分析思路，在频域上，信号的平均功率可以表示为

$$P = \lim_{T \to \infty} \frac{1}{T} \int_{-\infty}^{\infty} |G_T(f)|^2 \, df$$
$$= \int_{-\infty}^{\infty} \lim_{T \to \infty} \frac{|G_T(f)|^2}{T} \, df \qquad (2\text{-}5)$$

因此，功率信号 $g(t)$ 或 $G(f)$ 的功率谱密度，即单位频带内的功率分布为

$$P(f) = \lim_{T \to \infty} \frac{|G_T(f)|^2}{T} \qquad (2\text{-}6)$$

将功率谱密度在整个频率轴上积分，就得到信号的总功率。

应当注意的是，功率谱密度有单边功率谱密度和双边功率谱密度两种定义。从物理的角度看，通常认为频率只存在正的值，即 $f \in (0, +\infty)$，所有功率都分布在正半轴上，此时为单边功率谱密度；而数学上的分析则认为频率有正有负，即 $f \in (-\infty, +\infty)$，则功率分布在正、负两个半轴上，此时为双边功率谱密度。显然，单边功率谱密度是双边的两倍，但积分之后的总功率不变。

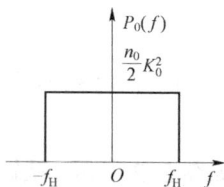

图 2-3 白噪声的功率谱密度

思考：如图 2-3 所示为一种白噪声的功率谱，其带宽范围为 $(-f_H, +f_H)$，如果双边功率谱密度为常数：$\frac{n_0}{2}K_0^2$，那么该白噪声的功率为多少？如果只考虑正频率，其单边功率谱密度是多少？

2.2 信号分析方法

信号分析方法很多，尤其是随着科技的进步，信号分析的手段也越来越多样。由传统的时域（time domain）分析方法、频域（frequency domain）分析方法，发展到现代的时频域分析方法及其他特殊分析方法。

时域分析是以时间轴为坐标表示动态信号变化，表现出信号的时间特性，称为时域图或波形图，通过示波器来观察。由时域图可以分析出同一形状的波形重复出现的时间长短（周期）、信号波形本身变化的速率（如信号幅值上升和下降边沿陡直的程度）等时间特征。如图 2-4 所示，左边为一个幅值为 4、周期为 0.2 s 的正弦信号与幅值为 10 的直流信号叠加后的时域图。

频域分析是把信号变为以频率轴为坐标，揭示出信号的频域特性，称为频域图。频域图有最大振幅–频率和相位–频率两种图像，通过频谱仪等仪表观测，从频域图很容易发现信号的频率分布规律，如哪些频率占主导等特征。如图 2-4 所示，右边为频域图，可以直观看到信号包含的两种频率成分：幅度为 10 的直流（0 Hz）与幅值为 4 的单频（5 Hz）的正弦信号。

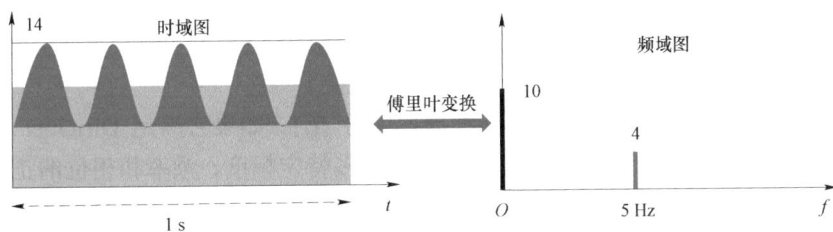

图 2-4　信号的时域、频域分析方法

思考：图 2-5 有 4 个图形，观察图形的横轴属性及信号图形特征，分析哪些是波形图，哪些为频谱图，并分析信号的特征。

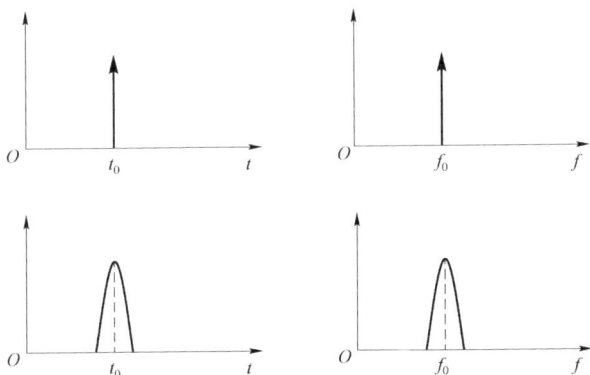

图 2-5　信号的时域图、频域图对比

时域波形描述信号幅度与时间的直接关系，但是对信号的其他细节特性如频率特征，提取困难。信号分析方法的一次重大突破解决了此问题——傅里叶变换，将信号从时域转到了频域。但是，后来人们发现，虽然信号的时域特征和频域特征通过傅里叶变换联系起来，但二者却是绝对分离的，不能实现时频联合分析，即在时域中不包含任何频域信息，在频域中同样找不到任何时域信息。例如：对于信号中的某一频率，不知道这一频率是何时产生的，只能从全局上分析信号。因此，有必要将两者综合起来，这就衍生出了时频域分析方法，如短时傅里叶变换、小波变换、Wigner-Ville 时频分布及 HHT 等，国内外学者仍然在不断研究其改进算法。

2.3　信号时域、频域特性关联规律

根据 2.2 节的分析，研究一个信号可以有时域、频域两个角度，既然是同一信号，其时域特性与频域特性必有对应关系。因此，下面将讨论信号波形的周期性、连续性与该信号频域特性的关联规律。

2.3.1 连续周期信号的傅里叶级数

下面，先从最简单的信号入手，即连续周期信号 $f(t)$。如果它满足 Dirichlet 条件（一般现实生活中的物理信号都满足），则其可以展开成许多特定幅度、频率和相位的正弦信号（谐波）之和。具体来说，连续周期信号 $f(t)$ 存在傅里叶级数，即

$$f(t) = \sum_{n=-\infty}^{\infty} F_n e^{jn\omega_0 t} \tag{2-7}$$

式（2-7）表明，连续周期信号 $f(t)$ 由包含特定频率为 $n\omega_0$ 的无穷多个正弦信号（谐波分量）组成。式（2-7）为指数形式，也可以写成三角函数级数和，但前者要简单明了。

如图 2-6 所示为一个连续周期方波信号波形与正弦信号的关系仿真结果。图 2-6（a）为正弦谐波数量与方波波形的关系。可以看出，符合特定条件的正弦信号波形，只要足够多，完全可以叠加成一个平滑的方波信号。关键问题是"特定条件"是什么？图 2-6（b）为方波本身与正弦谐波波形。可以看出，能够组合成方波的正弦波形的幅度、频率及相位均不相同，或者说对它们有特定的要求。具体而言，有必要搞清楚两个问题：符合条件的正弦信号的频率有哪些？其相应的幅度和相位各是多少？

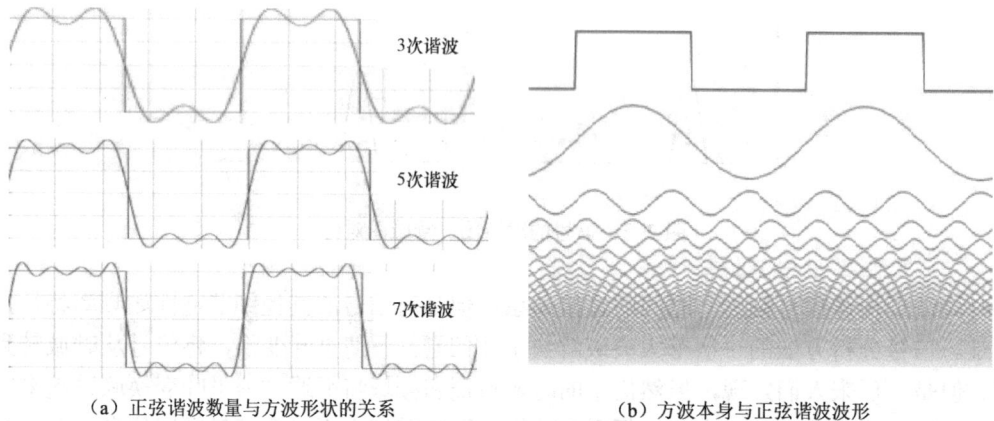

（a）正弦谐波数量与方波形状的关系　　　　　　　（b）方波本身与正弦谐波波形

图 2-6　连续周期方波信号与正弦信号的关系仿真结果

第一个问题的答案已经显示在式（2-7）中，由于信号 $f(t)$ 具有周期性，所以符合条件的正弦信号的频率只能取基频（ $\omega_0 = \dfrac{2\pi}{T}$ ）的整数倍，即 $\omega = n\omega_0$，为离散谱。

正弦信号频率确定后，其相应的幅度、相位由式（2-7）中的系数 F_n 决定，$F_n = F(n\omega_0)$ 是一个与频率有关系的复数，称为信号 $f(t)$ 的频谱。

具体而言，正弦信号的幅度 $|F(\omega)|$ 和相位 $\varphi(\omega)$ 可以由式（2-8）求出：

$$F_n = F(n\omega_0) = |F(\omega)| e^{j\varphi(\omega)} = \frac{1}{T} \int_{-\frac{T}{2}}^{\frac{T}{2}} f(t) e^{-jn\omega_0 t} dt \tag{2-8}$$

式中：$|F(\omega)|$ 为幅度谱；$\varphi(\omega)$ 为相位谱。

例 2-1　连续周期矩形脉冲序列信号 $f(t)$ 的波形如图 2-7（a）所示，根据其波形特点，写出波形表达式，并根据式（2-8）分析其谱成分的特征。

解　（1）根据波形特征，其波形可以表示为

$$f(t) = \begin{cases} A, & nT - \tau/2 \leqslant t \leqslant nT + \tau/2 \\ 0, & \text{其他} \end{cases}$$

（2）由式（2-8），该波形的频谱为

$$
\begin{aligned}
F(n\omega_0) &= \frac{1}{T}\int_{-\frac{T}{2}}^{\frac{T}{2}} f(t)\mathrm{e}^{-jn\omega_0 t}\mathrm{d}t \\
&= \frac{1}{T}\int_{-\frac{\tau}{2}}^{\frac{\tau}{2}} A\mathrm{e}^{-jn\omega_0 t}\mathrm{d}t \\
&= \frac{A}{T}\frac{\mathrm{e}^{-jn\omega_0 t}}{-jn\omega_0}\bigg|_{-\frac{\tau}{2}}^{\frac{\tau}{2}} \\
&= \frac{A}{T}\frac{-2j\sin\left(n\omega_0\dfrac{\tau}{2}\right)}{-jn\omega_0} \\
&= \frac{A\tau}{T}\frac{\sin\left(n\omega_0\dfrac{\tau}{2}\right)}{n\omega_0\dfrac{\tau}{2}} \\
&= \frac{A\tau}{T}\mathrm{Sa}\left(n\omega_0\frac{\tau}{2}\right)
\end{aligned}
$$

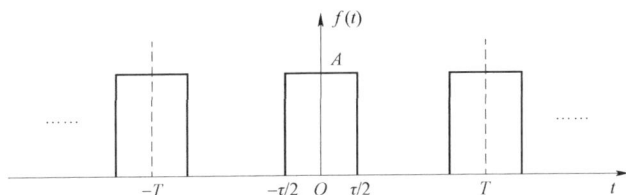

（a）连续周期信号的波形

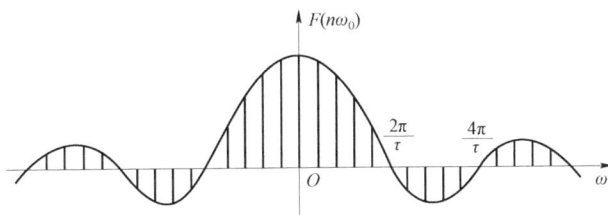

（b）连续周期信号的频谱

图 2-7　连续周期信号的波形与频谱

图 2-7（a）、（b）分别显示了信号时域波形与频谱图的对应关系，可以得出如表 2-1 所示的结论。

表 2-1　连续周期矩形脉冲序列信号时域特征与频域特征对比

信号时域特征	信号频域特征
连续性	非周期
周期性	离散

由图 2-7 可以看出，由于信号时域特性具有周期性，该信号的频谱为离散谱，谱线之间的间隔 $\Delta\omega = 2\pi / T$。另外，由于信号波形是连续的（非离散），其频谱分布不具备周期性。由图 2-7（b）还可以看出，离散频谱的顶端连线（包络）为辛克函数，原因是信号波形的形状是矩形，而在数学关系上，矩形函数和辛克函数是一对傅里叶变换对。

2.3.2　连续非周期信号的傅里叶变换

因为非周期信号可以视为周期无穷大的信号，因此周期信号的频谱分析可以推广到非周期信号。下面研究当 $T \to \infty$ 时，周期信号 $f(t)$ 的傅里叶级数的变化情况。

将式（2-8）代入式（2-7），有

$$f(t) = \sum_{n=-\infty}^{\infty} \left[\frac{1}{T} \int_{-\frac{T}{2}}^{\frac{T}{2}} f(t) \mathrm{e}^{-jn\omega_0 t} \mathrm{d}t \right] \mathrm{e}^{jn\omega_0 t}$$

$$= \frac{\omega_0}{2\pi} \sum_{n=-\infty}^{\infty} \left[\int_{-\frac{T}{2}}^{\frac{T}{2}} f(t) \mathrm{e}^{-jn\omega_0 t} \mathrm{d}t \right] \mathrm{e}^{jn\omega_0 t}$$

当 $T \to \infty$ 时，周期信号变为非周期信号，离散谱 $n\omega_0 \to$ 连续谱 ω，$\sum \to \int$，$\omega_0 \to \mathrm{d}\omega$，上式变形为

$$f(t) = \frac{1}{2\pi} \int_{-\infty}^{\infty} \left[\int_{-\infty}^{\infty} f(t) \mathrm{e}^{-j\omega t} \mathrm{d}t \right] \mathrm{e}^{j\omega t} \mathrm{d}\omega$$

令

$$F(\omega) = \int_{-\infty}^{\infty} f(t) \mathrm{e}^{-j\omega t} \mathrm{d}t \qquad (2\text{-}9)$$

则有

$$f(t) = \frac{1}{2\pi} \int_{-\infty}^{\infty} F(\omega) \mathrm{e}^{j\omega t} \mathrm{d}\omega \qquad (2\text{-}10)$$

式（2-9）称为信号 $f(t)$ 的傅里叶变换，式（2-10）为信号 $f(t)$ 的傅里叶反变换，式（2-9）与式（2-10）为信号 $f(t)$ 的傅里叶变换对，说明连续非周期信号的时域特性与频域特性之间的数学联系。

由式（2-10）可以看出，一个连续非周期信号 $f(t)$，如果满足 Dirichlet 条件，仍然可以展开成许多特定幅度、频率和相位的正弦信号（谐波）之和。与式（2-7）不同的是，谐波频率具有连续性，而不是连续周期信号的离散频率成分，$F(\omega)$ 称为信号 $f(t)$ 的频谱密度，$F(\omega)$ 包含了从零到无限高频的所有频率分量。

例 2-2　矩形信号 $f(t)$ 的波形如图 2-8（a）所示，根据波形特点，写出其波形表达式，

并根据式（2-9）分析其频域特征。

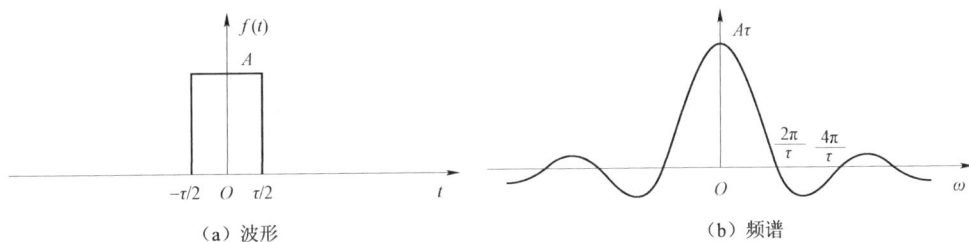

（a）波形　　　　　　　　　　　　（b）频谱

图 2-8 矩形信号波形与频谱

解 （1）根据波形特征，其波形可以表示为

$$f(t) = \begin{cases} A, & nT - \tau/2 \leqslant t \leqslant nT + \tau/2 \\ 0, & 其他 \end{cases}$$

（2）根据式（2-9），该波形的频谱为

$$F(\omega) = \int_{-\tau/2}^{\tau/2} A e^{-j\omega t} dt = \frac{2A}{\omega} \sin\left(\frac{\omega\tau}{2}\right)$$

$$= A\tau \left(\frac{\sin\left(\dfrac{\omega\tau}{2}\right)}{\dfrac{\omega\tau}{2}} \right) = A\tau \, \mathrm{Sa}\left(\frac{\omega\tau}{2}\right)$$

由图 2-8（b）可以看出，该波形的频谱特性为非周期、连续、辛克函数，这是由于信号形状仍为矩形的缘故，而前面说过，矩形函数的傅里叶变换为辛克函数。另外，因为信号波形不具有周期性，所以该信号不包含离散频率分量，而是由无穷多的连续频率分量构成。简单来说，该矩形信号的波形与频谱之间存在规律，如表 2-2 所示。

表 2-2 矩形信号的时域特征与频域特征

信号时域特征	信号频域特征
连续性	非周期
非周期	连续性

2.3.3 离散的非周期信号具有周期性、连续性频谱

以上讨论了连续性周期信号和连续性非周期信号的频域特征，发现：连续性波形信号的频谱是非周期的，周期性波形的频谱是离散的，而非周期波形的频谱是连续的。可以看出，信号的时域特性与频域特性之间存在明显的对应联系，即周期↔离散，连续↔非周期，我们完全可以根据该规律来分析离散波形信号的频域特征。

如图 2-9（a）所示为一个离散的非周期信号的波形，离散脉冲每隔固定的时间间隔 T 出

现一次，在后续的章节（第 8 章信源编码）中该信号用来表示对模拟信号进行周期性抽样后的结果，即抽样信号。根据信号时域与频域之间的联系规律，可以判断出该信号的频域具有周期性（周期为 $\Delta\omega = 2\pi / T$）、连续性的特点，如图 2-9（b）所示，具体的频谱形状来源于模拟信号的频谱。

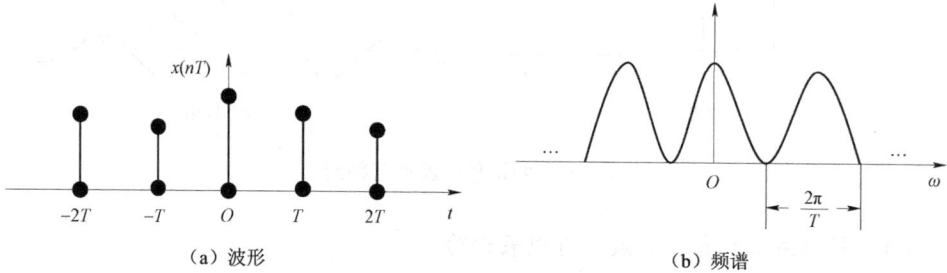

（a）波形　　　　　　　　　　　　　　　（b）频谱

图 2-9　离散信号的波形与频谱

2.3.4　离散的周期信号具有周期性、离散性频谱

如图 2-10（a）所示为一个离散的周期信号的波形，根据信号时域与频域之间的联系规律，可以判断出该信号的频域具有周期性、离散性的特点。如图 2-10（b）所示，需要注意的是，波形图的脉冲间隔 ΔT、周期长度 T_{p} 与对应频域变化的周期宽度 $\omega_{\mathrm{s}} = \dfrac{2\pi}{\Delta T}$、离散谱间隔

$\Delta\omega = \omega_0 = \dfrac{2\pi}{T_{\mathrm{p}}}$。

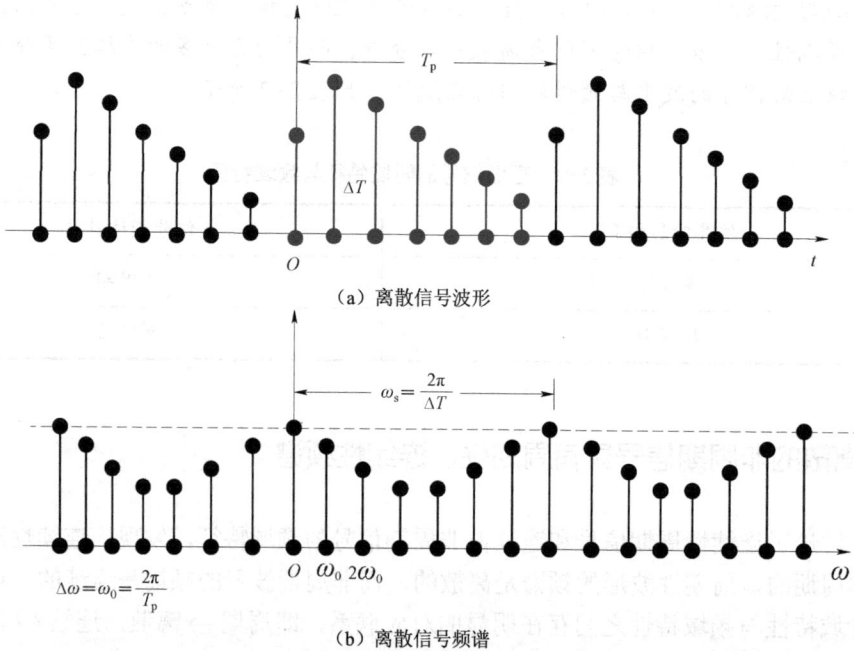

（a）离散信号波形

（b）离散信号频谱

图 2-10　离散信号波形与频谱

2.3.5 傅里叶变换性质

根据前面的分析，已经对傅里叶变换有了初步认识，下面总结了一些傅里叶变换的运算性质及常用函数的傅里叶变换对，方便读者在后续的章节中用来分析通信系统对信号处理后产生的时域、频域变化规律。信号时域表达式用 $f(t)$ 表示，其频域 $F(\omega)$ 由 $f(t)$ 的傅里叶变换产生，即

$$f(t) \leftrightarrow F(\omega)$$

或者表示为

$$\mathcal{F}[f(t)] = F(\omega)$$

如果信号在时域上发生变化形成新的信号，其相应频域变化即傅里叶变换后的结果详见表 2-3，常用函数的傅里叶变换对详见表 2-4。

表 2-3 傅里叶变换的主要性质

性质	信号时域：$f(t)$	信号频域：$F(\omega)$
放大	$af(t)$	$aF(\omega)$
叠加	$af_1(t)+bf_2(t)$	$aF_1(\omega)+bF_2(\omega)$
尺度变换	$f(at)$	$\dfrac{1}{\lvert a \rvert}F\left(\dfrac{\omega}{a}\right)$
时延	$f(t-t_0)$	$F(\omega)e^{-j\omega t_0}$
频移	$f(t)e^{j\omega_0 t}$	$F(\omega-\omega_0)$
卷积	$f_1(t) \cdot f_2(t)$	$F_1(\omega) \cdot F_2(\omega)$
乘积	$f_1(t) \cdot f_2(t)$	$\dfrac{1}{2\pi}[F_1(\omega)*F_2(\omega)]$

表 2-4 常用函数的傅里叶变换对

信号时域：$f(t)$	信号频域：$F(\omega)$
$\delta(t)$	1
A	$2\pi A\delta(\omega)$
$f(t)=\begin{cases}1, & \lvert t \rvert < \dfrac{\tau}{2} \\ 0, & \lvert t \rvert > \dfrac{\tau}{2}\end{cases}$	$\tau\mathrm{Sa}\left(\dfrac{\omega\tau}{2}\right)$
$e^{j\omega_0 t}$	$2\pi\delta(\omega-\omega_0)$
$\cos\omega_0 t$	$\pi[\delta(\omega+\omega_0)+\delta(\omega-\omega_0)]$

2.4 卷 积 运 算

卷积运算是信号与系统中反映输入输出关系的一种运算，本书中经常用卷积运算来研究通信系统中某模块的性质，下面将该运算的一些基本特点进行简要回顾。

2.4.1 卷积定义

函数 $f_1(t)$ 和 $f_2(t)$，称积分

$$\int_{-\infty}^{\infty} f_1(a) f_2(t-a) \mathrm{d}a$$

为 $f_1(t)$ 和 $f_2(t)$ 的卷积积分，简称卷积，通常以 $f_1(t) * f_2(t)$ 表示，即

$$f_1(t) * f_2(t) = \int_{-\infty}^{\infty} f_1(a) f_2(t-a) \mathrm{d}a \tag{2-11}$$

式中 a 为积分变量，实际上就是自变量 t，为了明确参与积分运算的是哪个量而把 t 写成 a。

2.4.2 卷积运算过程

需要卷积运算时，可以按照以下几个步骤来进行。

① 变量转换： $\qquad\qquad t \to a$

② $f_2(t)$翻转： $\qquad\qquad f_2(a) \to f_2(-a)$

③ $f_2(-a)$滑动： $\qquad\qquad f_2(-a) \to f_2(t-a)$

④ 相乘： $\qquad\qquad f_1(a) f_2(t-a)$

⑤ 积分： $\qquad\qquad \int_{-\infty}^{\infty} f_1(a) f_2(t-a) \mathrm{d}a$

2.4.3 卷积运算性质

① 交换律： $\qquad f_1(t) * f_2(t) = f_2(t) * f_1(t)$

② 分配律： $\qquad f_1(t) * [f_2(t) + f_3(t)] = f_1(t) * f_2(t) + f_1(t) * f_3(t)$

③ 结合律： $\qquad f_1(t) * [f_2(t) * f_3(t)] = f_1(t) * f_2(t) * f_3(t)$

2.5　自相关函数

2.5.1　自相关函数定义

信号在通信系统中传输时，有时候需要描述两个信号之间或者某个信号延迟后与原来信号的相似性，仅用 "很相似""不太像"等定性描述显得很模糊，因此需要一个指标来定量描述信号间的相似程度，即相关性，描述相关性的函数即相关函数。

相关函数分为互相关函数和自相关函数。互相关函数表示两个信号的相似程度，自相关函数就是信号 $f(t)$ 与自己（通常是延迟一段时间 τ）的相似程度，用 $R(\tau)$ 表示。可以看出，自相关函数反映了信号的某个时域特性。

能量信号：
$$R(\tau) = \int_{-\infty}^{\infty} f(t)f(t+\tau)\mathrm{d}t \qquad (2\text{--}12)$$

功率信号：
$$R(\tau) = \lim_{T \to \infty} \frac{1}{T}\int_{-\infty}^{\infty} f(t)f(t+\tau)\mathrm{d}t \qquad (2\text{--}13)$$

2.5.2　自相关函数性质

（1）实函数的自相关函数是实偶函数，即

$$R(-\tau) = R(\tau)$$

证明如下。

$$R(\tau) = \int_{-\infty}^{+\infty} f(t)f(t+\tau)\mathrm{d}t \xrightarrow{x=t+\tau} = \int_{-\infty}^{\infty} f(x)f(x-\tau)\mathrm{d}x = R(-\tau)$$

（2）信号的自相关函数与其能量谱密度/功率谱密度构成傅里叶变换与反变换的关系。

证明如下。

对能量信号，有

$$
\begin{aligned}
\mathcal{F}\{R(\tau)\} &= \int_{-\infty}^{\infty}\left[\int_{-\infty}^{\infty} f(t)f(t+\tau)\mathrm{d}t\right]\mathrm{e}^{-\mathrm{j}\omega\tau}\mathrm{d}\tau \\
&= \int_{-\infty}^{\infty} f(t)\left[\int_{-\infty}^{\infty} f(t+\tau)\,\mathrm{e}^{-\mathrm{j}\omega\tau}\mathrm{d}\tau\right]\mathrm{d}t \\
&= \int_{-\infty}^{\infty} f(t)F(\omega)\,\mathrm{e}^{\mathrm{j}\omega t}\mathrm{d}t \\
&= F(\omega)\int_{-\infty}^{\infty} f(t)\,\mathrm{e}^{\mathrm{j}\omega t}\mathrm{d}t \\
&= F(\omega)F^{*}(\omega) = \left|F(\omega)\right|^{2} = E(\omega)
\end{aligned}
$$

对功率信号，有

$$\mathcal{F}\{R(\tau)\} = W(\omega)$$

（3）信号的自相关函数在原点的值等于信号的能量/功率。

能量信号：
$$R(0) = \int_{-\infty}^{\infty} f^2(t)\,\mathrm{d}t = E$$

功率信号：
$$R(\tau) = \lim_{T \to \infty} \frac{1}{T} \int_{-\frac{T}{2}}^{\frac{T}{2}} f^2(t)\,\mathrm{d}t = P$$

（4）信号的能量/功率自相关函数的最大值出现在原点，即 $R(\tau) \leqslant R(0)$。

2.6 单位冲击函数

2.6.1 单位冲击函数定义

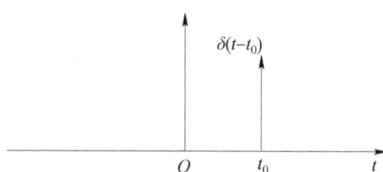

图 2-11 单位冲击函数

如图 2-11 所示，单位冲击函数是物理学家狄拉克在研究物理时定义出来的一个特殊的函数，通常用来表示作用在某个时刻、作用时间极短但强度极大的物理量，它的定义是

$$\delta(t-t_0) = \begin{cases} \infty, & t = t_0 \\ 0, & t \neq t_0 \end{cases} \tag{2-14}$$

$$\int_{-\infty}^{\infty} \delta(t)\,\mathrm{d}t = 1 \tag{2-15}$$

2.6.2 单位冲击函数性质

这里，只将单位冲击函数在本书中经常用到、非常重要的一个性质进行回顾，即它的筛选性，表示为

$$f(x) * \delta(x - x_0) = f(x - x_0) \tag{2-16}$$

由图 2-12 可以看出，式（2-16）之所以称为筛选性，是因为任何函数 $f(x)$ 只要和一个单位冲击函数进行卷积，卷积后的结果仍然是该函数 $f(x)$，但是函数的位置发生了平移，出现在冲击发生的位置 x_0 处，即 $f(x - x_0)$。

单位冲击函数的傅里叶变换也经常用到，详见表 2-4 中的一些结果。

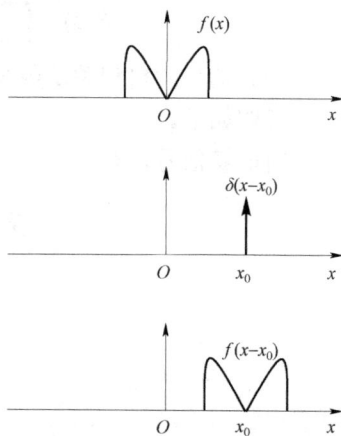

图 2-12 单位冲击函数的筛选性

2.7 线 性 系 统

通信系统由许多部分组成，如滤波器、放大器、信道和调制解调器等，对它们的研究需要用到信号与系统相关理论，其中，线性、时不变系统是具有代表意义的系统分析模型之一。

2.7.1 线性系统定义

如果一个系统对于多个输入信号和的响应是对其中每一个输入信号响应的和，则称该系统为线性的，该特性也称为叠加原理。

由图 2-13（a）可以看出，系统输入信号和为

$$X(t) = \sum_{i=1}^{N} x_i(t)$$

其中，$x_i(t)$ 为输入系统的第 i 个信号，$i = 1, 2, \cdots, N$，若 $X(t)$ 通过系统后的输出为 $Y(t)$，如图 2-13（b）所示，而 $y_i(t)$ 为 $x_i(t)$ 经过系统后的相应输出 [见图 2-13（b）]，则输出信号的和仍为 $Y(t)$，即

$$Y(t) = \sum_{i=1}^{N} y_i(t)$$

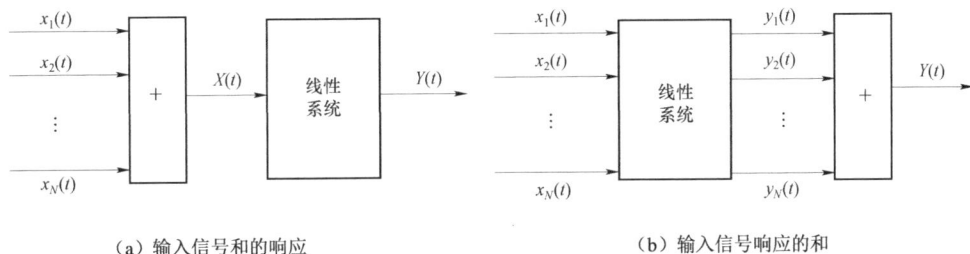

（a）输入信号和的响应　　　　　　　　　　　（b）输入信号响应的和

图 2-13　线性系统满足叠加原理

2.7.2 线性系统性质

正如分析信号特性的方法一样，线性系统的性质也分为系统的时域特性和频域特性，分别用 $h(t)$ 和 $H(\omega)$ 表示。

1. 系统的时域特性 $h(t)$

系统的时域特性是如何得到的？其实很简单，只需要给系统输入一个特殊的信号，即单

图 2-14　线性系统的时域特性测试过程

位冲击信号 $\delta(t)$ 即可，此时系统输出后的波形 $h(t)$ 是该系统对单位冲击信号的响应结果。不同的系统输出不同的波形 $h(t)$，因此可以用其来代表系统的时域特性，这就是 $h(t)$ 也称为系统的"单位冲击响应"的由来，如图 2-14 所示。

2. 时不变系统

如果用线性算子 L 来表示系统对输入信号的运算，系统的单位冲击响应表示为

$$L[\delta(t)] = h(t) \tag{2-17}$$

如果信号 $\delta(t)$ 延迟一段时间，即将 $\delta(t-\tau)$ 输入系统，则系统的单位冲击响应 $h(t)$ 也相应延迟同样的时间延迟，但波形不变，即输出信号为

$$L[\delta(t-\tau)] = h(t-\tau) \tag{2-18}$$

很显然，式（2-18）显示该系统特性是恒定的，称为时不变系统或恒参（系统的参量恒定）系统。

3. 信号通过线性时不变系统

下面在已知系统的单位冲击响应 $h(t)$ 前提下，讨论系统输出信号 $y(t)$ 与输入信号 $x(t)$ 之间的对应关系。

1）输入、输出信号的时域关系

利用单位冲击函数的筛选性［可参考式（2-15）］，系统输入信号 $x(t)$ 可表示为

$$x(t) = x(t) * \delta(t) = \int_{-\infty}^{\infty} x(t)\delta(t-\tau)\mathrm{d}\tau$$

$$y(t) = L[x(t)] = L\left[\int_{-\infty}^{\infty} x(\tau)\delta(t-\tau)\mathrm{d}\tau\right] = \int_{-\infty}^{\infty} x(\tau)L[\delta(t-\tau)]\mathrm{d}\tau$$

根据式（2-18），有

$$y(t) = \int_{-\infty}^{\infty} x(\tau)h(t-\tau)\mathrm{d}\tau = x(t) * h(t) \tag{2-19}$$

式（2-19）是恒参线性系统时域的重要关系式，它通过系统的单位冲击响应 $h(t)$ 将系统的输入信号和输出信号的波形联系起来。如图 2-15 所示，只要知道系统的时域特性 $h(t)$，给该系统输入任意信号 $x(t)$，则输出信号波形即可确定。

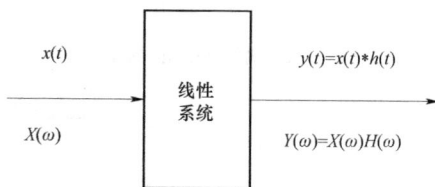

图 2-15　信号通过线性系统

2）输入、输出信号的频域关系

令：$x(t) \leftrightarrow X(\omega)$，$y(t) \leftrightarrow Y(\omega)$，$h(t) \leftrightarrow H(\omega)$，并根据表 2-3 傅里叶变换的运算性质，信号时域卷积运算变换到频域后为乘积运算，即式（2-19）变为

$$x(t) * h(t) \leftrightarrow X(\omega) \cdot H(\omega)$$

由此得

$$Y(\omega) = X(\omega) \cdot H(\omega) \tag{2-20}$$

式（2-20）是恒参线性系统输入、输出信号频域的重要关系式。它通过系统频域特性 $H(\omega)$ 将系统的输入信号和输出信号的频谱密度联系起来，如图 2-15 所示。

$H(\omega)$ 是系统单位冲击响应 $h(t)$ 傅里叶变换，反映了系统对不同频率的信号响应程度，称为系统的传递函数。一般它是复函数，可表示为

$$H(\omega) = |H(\omega)| e^{\phi(\omega)t} \tag{2-21}$$

$|H(\omega)|$ 称作系统的幅度-频率特性，简称幅频特性；$\phi(\omega)$ 称作相位-频率特性，简称相频特性，两者分别反映了信号通过线性系统后幅度和相位的变化与信号频率的关系。

2.7.3 理想系统特征

1. 理想系统

理想系统之所以称为"理想"，是因为它对信号的处理结果是理想的，表现为信号通过理想系统后不会失真。原因就在于不同频率的信号进入系统后，信号的幅度变化、时延都相同，与信号的频率无关。因此，理想系统的幅频、相频特性表示为

$$\begin{cases} |H(\omega)| = K \\ \Delta\varphi(\omega) = \omega t_0 \end{cases} \tag{2-22}$$

其中，K（信号幅度影响）、t_0（信号延迟）均为常数。式（2-22）意味着不同频率的信号通过系统后，信号幅度均发生 K 倍的变化，即对不同频率的信号均"一视同仁"。信号经过系统后均产生延迟 t_0，导致输入信号的相位变化 $\Delta\varphi(\omega) = \phi(\omega)$ 与频率的关系 ωt_0 是线性的。

理想系统的幅频、相频特征具体如图 2-16 所示。可以看出，该类系统的频带没有限制，即（$-\infty, +\infty$）。

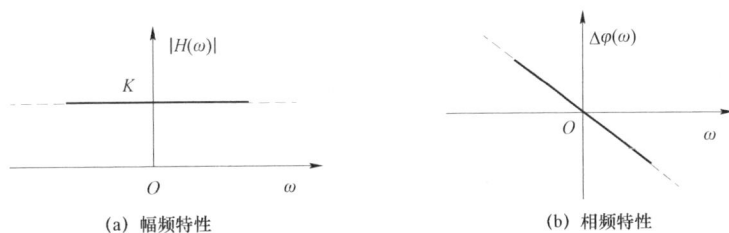

(a) 幅频特性　　　　　　　　　　(b) 相频特性

图 2-16　理想系统的幅频、相频特性

2. 理想低通滤波器

如果理想系统的频带被限制在低频附近，如在（$-\omega_c, \omega_c$）之间，在此频率范围内的信号将完整通过，而且由于受到"一视同仁"的待遇不会失真；而那些大于 ω_c 的信号成分将被完全滤除，即低频通过高频滤除，这样的系统称为理想低通滤波器。其幅频、相频特征具体如图 2-17 所示。

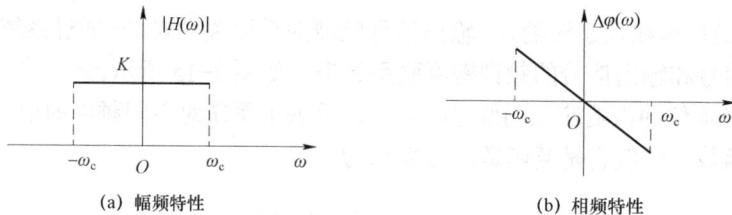

(a) 幅频特性　　　　　　　　　　　　　　(b) 相频特性

图 2-17　理想低通滤波器的幅频、相频特性

3. 理想带通滤波器

与理想低通滤波器不同，如果理想系统的频带被限制在高频位置，如（ω_1，ω_2）之间，在此频率范围内的信号仍将完整通过，而那些在此频率范围外的信号成分将被完全滤除，这样的系统称为理想带通滤波器。其幅频、相频特征具体如图 2-18 所示。

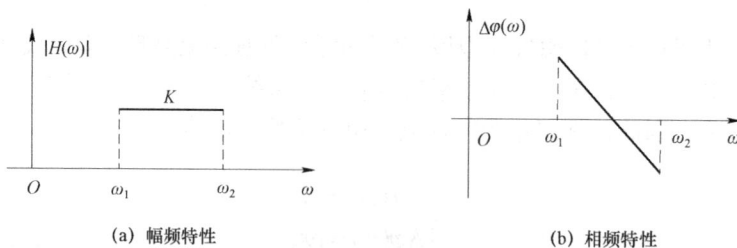

(a) 幅频特性　　　　　　　　　　　　　　(b) 相频特性

图 2-18　理想带通滤波器的幅频、相频特性

2.8　希尔伯特变换

除傅里叶变换外，在分析单边带调制技术时会遇到另一类信号变换形式：希尔伯特变换。

2.8.1　通信中引入"希尔伯特变换"的原因

在前面分析信号的傅里叶变换时，实信号总是具有共轭对称的频谱。例如：三角波信号 $x(t) = \cos(2\pi f_0 t + \varphi_0)$ 的频谱如图 2-19（a）所示。

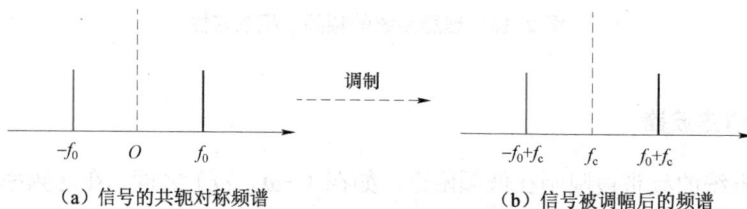

（a）信号的共轭对称频谱　　　　　　　　　（b）信号被调幅后的频谱

图 2-19　调制前后信号的幅频特征

由图 2-19（a）可以看出，信号 $x(t)$ 的频谱成分既包含正频率，也有一个关于 0 对称的负频率部分，而实际上负频率是不存在的，为信号的冗余。但是，由于通信的需要，有时候需要将此信号搭载在高频信号（载波）上进行传输，即调制。图 2-19（b）显示了信号被调制幅度后的频谱，可以看出，调制后频谱中心由 0 位置转移到载频 f_c 处。原来的负频成分由 $-f_0$ 被搬移到 $-f_0+f_c$ 处，成为正频率部分。结果为信道中信号的两个对称边带被同时传输，信道资源被浪费。因此，为了节约频谱资源，需要滤掉其中一个边带，称为单边带滤波器，而该滤波器的特性与符号函数 $\text{sgn}(\omega)$ 有关，此时就需要用到希尔伯特变换。

2.8.2 希尔伯特变换

从频域上分析希尔伯特变换的特性比较方便。如图 2-20 所示，经过希尔伯特变换滤波器的传递函数 $H_h(\omega)$ 表示为

$$H_h(\omega)=-\text{jsgn}(\omega)=\begin{cases}-\text{j}=\text{e}^{-\text{j}\frac{\pi}{2}}, & \omega>0\\[2mm]\text{j}=\text{e}^{\text{j}\frac{\pi}{2}}, & \omega<0\end{cases}\qquad（2\text{-}23）$$

图 2-20 希尔伯特变换滤波器的特性

其中，$\text{sgn}(x)$ 为符号函数，有

$$\text{sgn}(\omega)=\begin{cases}1, & \omega>0\\-1, & \omega<0\end{cases}$$

因此经过希尔伯特变换后，原信号的频谱 $F(\omega)$ 变换为

$$F(\omega)H_h(\omega)=\begin{cases}\left|F(\omega)\right|\text{e}^{\text{j}\left[\varphi(\omega)-\frac{\pi}{2}\right]}, & \omega>0\\[2mm]\left|F(\omega)\right|\text{e}^{\text{j}\left[\varphi(\omega)+\frac{\pi}{2}\right]}, & \omega<0\end{cases}$$

可以看出，希尔伯特变换等效一个理想相移器，信号频率 $\omega>0$ 时，经过希尔伯特变换后信号的相位移动 $-\pi/2$；相反，信号频率 $\omega<0$ 时，经过希尔伯特变换后信号的相位移动 $\pi/2$。

思考与练习题 >>>

思考题：

2-1 信号的时域特性有何意义？观测仪表是什么？

2-2 信号的频域特性有何意义？观测仪表是什么？

2-3 信号的时域特性和频域特性有何联系？

2-4 信号的波形是离散的，频域上有何特性？

2-5 信号的波形是周期性的，频域上有何特性？

2-6 直流信号、正弦信号、冲击信号及矩形脉冲信号的频谱有何特点？

2-7 系统的单位冲击响应有何含义？

2-8 理想系统的传输特性有何特点？

2-9 非理想系统对信号有何影响？

2-10 什么是冲击函数的筛选性？

2-11 信号的自相关函数有何意义？

2-12 以一个余弦函数表示的信号经过希尔伯特变换器为例，分析信号经过希尔伯特变换后发生的变化。

第3章

随 机 过 程

本章教学基本要求

掌握：

1. 随机过程的统计特性分析方法；

2. 随机过程的数字特征；

3. 平稳随机过程统计特性；

4. 高斯随机过程统计特性；

5. 随机过程通过线性系统后的变化规律；

6. 白噪声功率谱密度及自相关函数特点；

7. 窄带随机过程表示方法、分量特点、包络分布、波形及频谱特性；

8. 正弦波加窄带高斯过程包络分布特性。

理解：

1. 随机过程的统计特性及数字特征；

2. 不同随机过程名称的由来及特性。

本章核心内容

1. 随机过程的两类分析方法；

2. 几种特殊类型的随机过程；

3. 白噪声的功率谱密度及自相关性特点。

根据变化特点，自然界中事物的发展过程大致可以分为两类：一类是其发展过程具有确定的形式，或者说具有必然的变化规律，用数学语言来说，其变化过程可以用一个或几个时间 t 的确定函数来描述，这类过程称为确定性过程，如正弦信号 $x(t) = \cos 2\pi f_0 t$ ，只要时间 t_0 确定后，必然知道此时的幅度 $x(t_0)$ ，而且是唯一值；但是，还存在另一类发展过程，每次对它的测量结果没有一个确定的变化规律，或者用数学语言来说，这类事物变化的过程不可能用一个或几个时间 t 的确定函数来描述，这类过程称为随机过程。通信过程中的信号和噪声，符合随机过程的特点，因此本章重点运用研究随机变量的类似方法，对随机过程进行详细分析。

3.1 随机变量知识回顾

3.1.1 确定变量

随机变量是定量研究随机现象的数学手段。

自然界和社会中存在大量的不可预言的现象，即在相同条件下重复进行试验，每次结果未必相同，或知道事物过去的状况，但未来的发展却不能完全肯定，这种现象称为随机现象。例如：以同样的方式抛掷骰子，六个面中每个面朝上出现的可能性都存在。

在随机现象中，有很多问题与数值有着密切关系，因此引进随机变量的概念，便于利用其他的数学工具来研究概率论中的问题。

3.1.2 随机变量的分类

根据随机变量取值特点，可以将随机变量分为两类：离散随机变量和连续随机变量。

离散随机变量：若随机变量的取值是有限或可数的，则称为离散随机变量，如以同样的方式投硬币，或二进制随机信号源产生 0 或 1。

连续随机变量：若随机变量的取值是连续的，则称为连续随机变量，如统计某地区健康成人女性的身高值、体重值。

3.1.3 随机变量的研究方法

研究随机变量的变化规律，可以采用两种方式：统计特性与数字特征，如图 3-1 所示。其中，统计特性指随机变量的概率分布函数和概率密度函数，数字特征包括随机变量的数学期望和方差等。

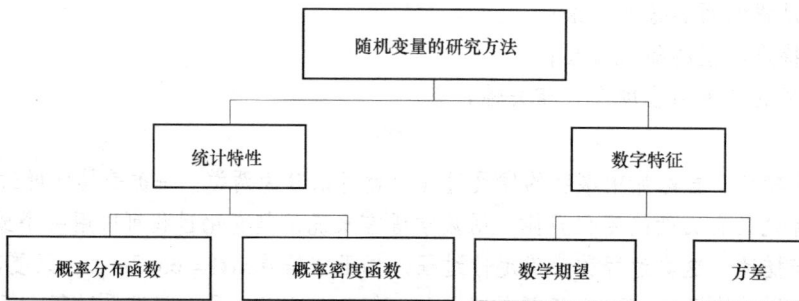

图 3-1 随机变量的研究方法

3.1.4 随机变量的统计特性

1. 随机变量的概率分布函数

随机变量 X 的概率分布函数定义为 X 的取值小于或等于 x 的概率，可以理解为概率累积函数，即

$$F_X(x) = P(X \leqslant x) \tag{3-1}$$

需要注意，概率分布函数与概率函数不同。以离散随机变量为例，设 X 的取值由小到大依次为：x_1，x_2，x_3，x_4，x_5，x_6，其取值的概率分别为 P_1，P_2，P_3，P_4，P_5，P_6，则 X 的概率函数如图 3-2（a）所示，可以看出，取值 x_i 与相应概率 P_i 在图中是一一对应的。

图 3-2（b）为离散随机变量 X 的概率分布函数，呈现明显的"上升台阶"特征，这是因为概率累计的原因，如 x_3 处的概率分布函数值 $F_X(x_3) = P_1 + P_2 + P_3$。

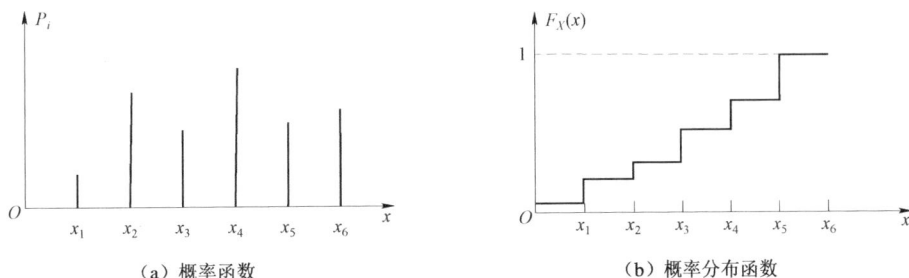

（a）概率函数　　　　　　　　　　　（b）概率分布函数

图 3-2　离散随机变量的概率函数与概率分布函数

图 3-3（a）为连续随机变量 X 的概率分布函数，与离散随机变量的概率分布函数变化趋势一样，随着随机变量 x 的增加，概率分布函数的值趋近 1，但是由于是连续随机变量的原因，概率分布函数不再像离散随机变量那样呈现"台阶"样式，而是连续上升。

由图 3-2 和图 3-3 可以看出，随机变量的概率分布函数具有以下性质：

① $F_X(-\infty) = 0$；

② $F_X(\infty) = 1$；

③ $0 \leqslant F_X(x) \leqslant 1$；

④ 若 $x_1 < x_2$，则 $F_X(x_1) < F_X(x_2)$；

⑤ $P(a < x \leqslant b) = F(b) - F(a)$。

2. 随机变量的概率密度函数

在数学上，随机变量的概率密度函数是概率分布函数的微分，反映概率在取某值时的密集程度，即

$$f_X(x) = \frac{\mathrm{d}F_X(x)}{\mathrm{d}x} \tag{3-2}$$

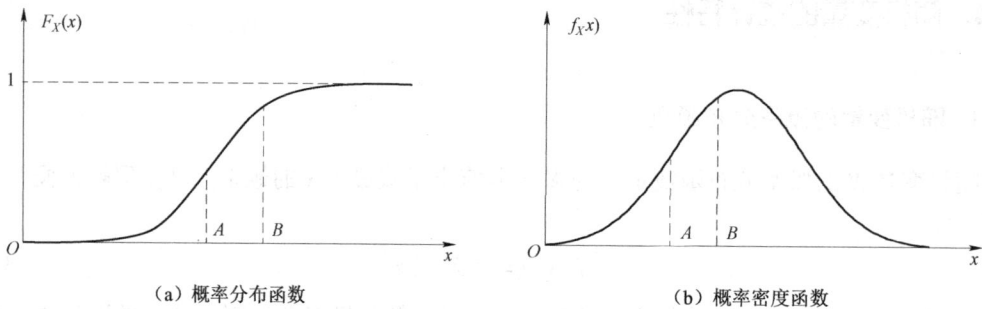

（a）概率分布函数　　　　　　　　　　　　（b）概率密度函数

图 3-3　连续随机变量的概率分布函数和概率密度函数

连续随机变量的概率密度分布函数如图 3-3（b）所示，根据式（3-2），随机变量的概率密度函数具有以下性质。

① 与概率分布函数的关系：$F_X(x) = \int_{-\infty}^{x} f_X(y)\mathrm{d}y$

② 随机变量的概率：$P(a < X \leqslant b) = \int_{a}^{b} f_X(x)\mathrm{d}x$

③ 非负特性：$p_X(x) \geqslant 0$

④ 积分恒等于 1：$\int_{-\infty}^{\infty} f_X(x)\mathrm{d}x = 1$

概率密度函数的具体表现形式决定随机变量的类型。下面回顾最常见的两类：正态分布随机变量和均匀分布随机变量。

1）正态分布随机变量

若随机变量服从一个均值为 a、方差为 σ^2 的概率分布，且其概率密度函数为

$$f_X(x) = \frac{1}{\sqrt{2\pi}\sigma} \exp\left[-\frac{(x-a)^2}{2\sigma^2}\right] \tag{3-3}$$

则这个随机变量称为正态随机变量，正态随机变量服从的分布就称为正态分布。该类分布的特点由图 3-4（a）可以明显看出：概率密度函数中的均值 a，决定概率密度曲线的中心或极值位置（密集程度最大），并且关于此点对称；方差 σ^2，决定该曲线的"陡峭"或"扁平"程度，方差越大，曲线越扁平，方差越小，曲线越陡峭。

2）均匀分布随机变量

若随机变量的概率密度函数为

$$f_X(x) = \begin{cases} \dfrac{1}{b-a}, & a \leqslant x \leqslant b \\ 0, & \text{其他} \end{cases} \tag{3-4}$$

则这个随机变量称为均匀随机变量，均匀随机变量服从的分布就称为均匀分布。该类分布的特点由图 3-4（b）可以明显看出，其概率密度函数在 $a \leqslant x \leqslant b$ 之间为常数，意味着随机变量在这个范围内取任意值的概率均相同。

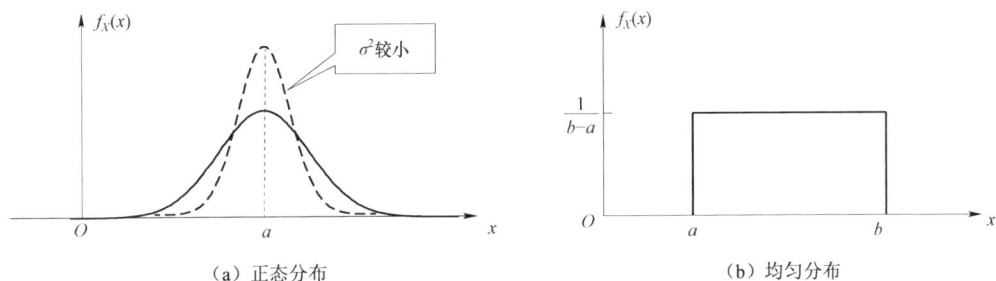

（a）正态分布 （b）均匀分布

图 3-4 正态分布与均匀分布

3.1.5 随机变量的数字特征

随机变量的概率函数、概率分布函数、概率密度函数等统计特性是对随机变量分布的最完整刻画，但有的时候分布难以描述和确定，在这种情况下，可以变换思路，去计算随机变量的某些特征，如中心位置特征或分散程度特征等来对随机变量进行描述。这些特征称为随机变量的数字特征，包括数学期望、方差等。

1. 随机变量的数学期望

描述随机变量取值的中心位置，即统计平均值。

对于离散随机变量 X，数学期望表示为

$$E(X) = m(x) = \sum_i x_i P_i \tag{3-5}$$

由式（3-5）可以看出，离散随机变量的数学期望为随机变量取值 x_i 的加权（相应概率 P_i）平均值。

对于连续随机变量，数学期望表示为

$$E(X) = m(x) = \int_{-\infty}^{\infty} x f_X(x) \mathrm{d}x \tag{3-6}$$

由式（3-6）可以看出，连续随机变量的数学期望同样为随机变量取值的加权（相应概率）平均值，即统计平均值。只是由于此时是连续随机变量，因此 $f_X(x)\mathrm{d}x$ 代替了式（3-5）中的 P_i。

数学期望的性质：

① $E(C)=C$（C 为常数）；

② $E(C+X)=C+E(X)$；

③ $E(C \cdot X)=C \cdot E(X)$。

2. 随机变量的方差

描述随机变量取值的分散程度，定义式为

$$D(X) = \sigma_X^2 = E[(X - m_X)^2] \tag{3-7}$$

由式（3-7）可以看出，随机变量的方差为随机变量取值与其数学期望差异的平方的统计

平均值。

离散随机变量的方差为

$$D(X) = \sigma_X^2 = \sum_i (x_i - m_X)^2 P_i \qquad (3\text{--}8)$$

连续随机变量的方差为

$$D(X) = \sigma_X^2 = \int_{-\infty}^{\infty} (x_i - m_X)^2 f_X(x)\mathrm{d}x \qquad (3\text{--}9)$$

除了上述定义，随机变量的方差采用式（3–10）计算更为简单。

$$\begin{aligned}
D(X) &= E[(X - m_X)^2] \\
&= E(X^2 - 2m_X X + m_X^2) \\
&= E(X^2) - 2m_X E(X) + E(m_X^2) \\
&= E(X^2) - m_X^2
\end{aligned} \qquad (3\text{--}10)$$

3.2　随机过程的基本概念

3.2.1　随机过程初步认识

接收机在不接收信号时也会有输出信号，即噪声，其波形具有典型随机过程的特征，因此可以通过接收机的噪声信号对随机过程进行研究。

设有 n 台性能完全相同的接收机。我们在相同的工作环境和测试条件下记录各台接收机不加信号时输出噪声波形（这也可以理解为对一台接收机在一段时间内持续进行 n 次观测），测试结果如图 3–5 所示。

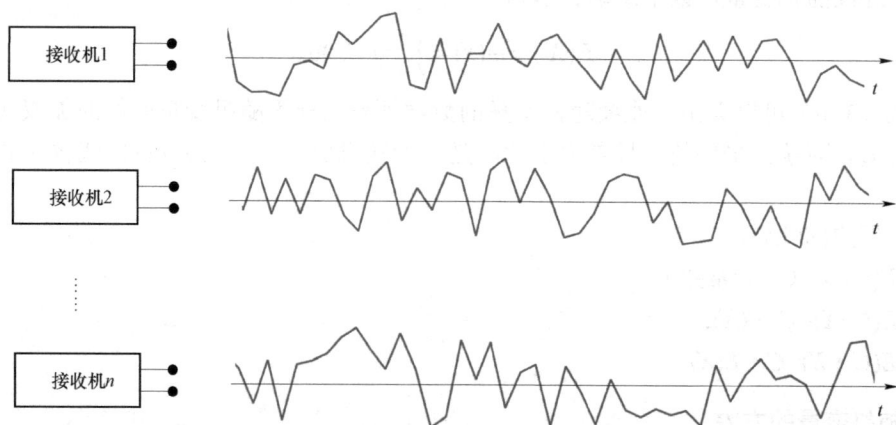

图 3–5　接收机输出噪声曲线

测试结果表明，尽管设备和测试条件相同，但是记录的 n 条曲线中找不到两个完全相同的波形。这就是说，接收机输出的噪声电压随时间的变化是不可预知的，因而它是一个随机过程。

3.2.2 随机过程定义

采用图 3-5 的接收机进行噪声输出实验，可以对随机过程进行如下定义：设 S_k（$k=1,2,\cdots$）是一组随机试验，如图 3-6 所示，每一次试验都有一条时间波形（称为样本函数或实现），记作 $S_i=x_i(t)$。所有可能出现的结果的总体 $\{x_1(t),x_2(t),\cdots,x_n(t),\cdots\}$ 就构成一个随机过程，记作 $\xi(t)$。简言之，无穷多个样本函数的总体叫作随机过程 $\xi(t)=\{x_i(t)\}$。

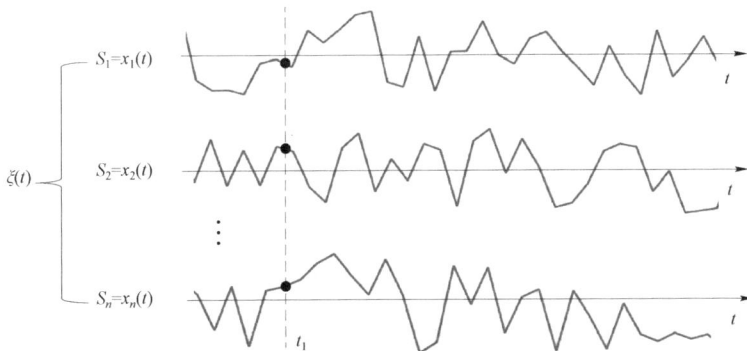

图 3-6 样本函数的总体——随机过程

3.2.3 随机过程基本特征

由接收机输出噪声波形的随机试验可以看出，每次试验之后，随机过程 $\xi(t)$ 会输出如图 3-6 所示的样本空间中的某一样本函数。但是，至于是空间中哪一个样本，在进行观测前是无法预知的，只有试验后才能确定，这正是随机过程随机性的具体表现，即"事后诸葛亮"。具体来讲，随机过程具有两重特征。

（1）确定性（事后）：随机过程总体上是一个时间函数，并且由无数多个确定的时间函数（样本）组成，但试验后只输出一条。

（2）随机性（事先）：试验前不能确定哪一条样本函数，而且在固定的某一观察时刻 t_1，全体样本在 t_1 时刻的取值 $\xi(t_1)$ 是一个不含 t 变化的随机变量，可以取任意不同值，如图 3-6 所示。或者可以说，随机过程是由许多随机变量随时间变化组成的。

3.3 随机过程的统计特性

随机过程的两重性使我们可以用与描述随机变量相似的方法，来描述其统计特性，即随机过程的概率分布函数或概率密度函数。

3.3.1 随机过程的一维统计特性（取一个时刻）

设 $\xi(t)$ 表示一个随机过程，在任意给定的时刻 $t_1 \in T$，其取值 $\xi(t_1)$ 是一个一维随机变量，如图 3-7 所示。

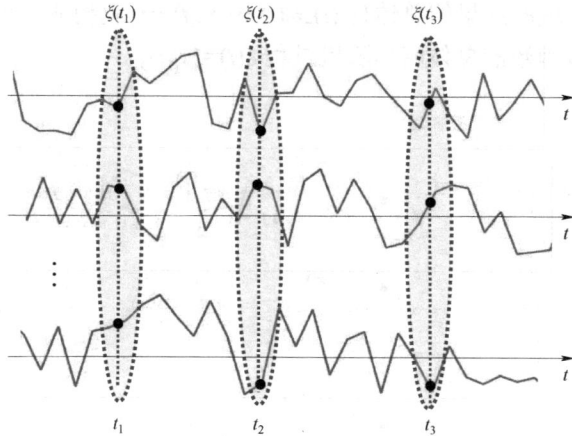

图 3-7 随机过程的一维随机变量

因此，面对复杂的一个随机过程，我们的研究视角就转向了不同时刻出现的若干个不同的一维随机变量，如图 3-7 所示，不仅在 t_1 时刻，在 t_2, t_3 乃至其他时刻，都会出现一个一维随机变量，事情变得简单了。根据 3.1 节的回顾内容，随机变量的统计特性可以用概率分布函数或概率密度函数来描述，因此，可以用这些随机变量的特性来代表随机过程的表现。

1. 随机过程的一维分布函数

随机变量 $\xi(t_1)$ 小于或等于某一数值 x_1 的概率 P，简记为

$$F_1(x_1, t_1) = P[\xi(t_1) \leqslant x_1] \tag{3-11}$$

称为随机过程 $\xi(t)$ 的一维分布函数。

由于在 t_2, t_3 乃至其他时刻都会出现一个一维随机变量，因此随机过程的一维分布函数是很多的，这些函数的特性代表了整个随机过程的统计特性。很显然，时间间隔越密集、时间点取得越多，随机过程的特性研究越完整。

2. 随机过程的一维概率密度函数

根据研究随机变量的方法，如果存在 $F_1(x_1, t_1)$ 对 x_1 的偏导数，即有随机过程 $\xi(t)$ 的一维概率密度函数 $f_1(x_1, t_1)$

$$f_1(x_1, t_1) = \frac{\partial F_1(x_1, t_1)}{\partial x_1} \tag{3-12}$$

显然，随机过程的一维分布函数或一维概率密度函数仅仅描述了随机过程在各个孤立时刻的统计特性，而没有说明随机过程在不同时刻取值之间的内在联系，为此需要进一步引入

二维分布函数。

3.3.2 随机过程的多维统计特性（取多个时刻）

1. 随机过程的二维分布函数

任给两个时刻 $t_1,t_2 \in T$，则随机变量 $\xi(t_1)$ 和 $\xi(t_2)$ 构成一个二元随机变量 $\{\xi(t_1),\xi(t_2)\}$，如图 3-8 所示。

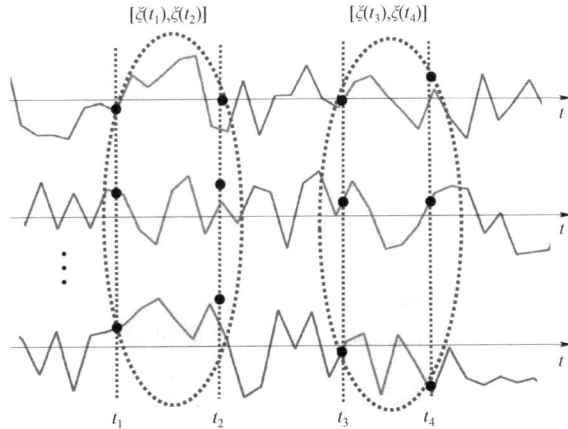

图 3-8 随机过程的二维随机变量

如果说随机过程的一维随机变量 $\xi(t_1)$ 可以看作一条线上随机取值，那么，此时二维随机变量 $\{\xi(t_1),\xi(t_2)\}$ 相当于平面上随机取点 (x,y)。

此时，随机过程 $\xi(t)$ 的二维分布函数可以表示为

$$F_2(x_1,x_2;t_1,t_2) = P\{\xi(t_1) \leqslant x_1, \xi(t_2) \leqslant x_2\} \tag{3-13}$$

2. 随机过程的二维概率密度函数

如果存在

$$\frac{\partial^2 F_2(x_1,x_2;t_1,t_2)}{\partial x_1 \partial x_2} = f_2(x_1,x_2;t_1,t_2) \tag{3-14}$$

则称 $f_2(x_1,x_2;t_1,t_2)$ 为 $\xi(t)$ 的二维概率密度函数。

3. 随机过程的 n 维概率密度函数

同理，任给 n 个时刻 $t_1,t_2,\cdots,t_n \in T$，则 $\xi(t)$ 的 n 维分布函数被定义为

$$F_n(x_1,x_2,\cdots,x_n;t_1,t_2,\cdots,t_n) = P\{\xi(t_1) \leqslant x_1, \xi(t_2) \leqslant x_2,\cdots,\xi(t_n) \leqslant x_n\} \tag{3-15}$$

与二维概率密度函数类似，$\xi(t)$ 的 n 维概率密度函数表示为

$$\frac{\partial^n F_n(x_1,x_2,\cdots,x_n;t_1,t_2,\cdots,t_n)}{\partial x_1 \partial x_2 \cdots \partial x_n} = f_n(x_1,x_2,\cdots,x_n;t_1,t_2,\cdots,t_n) \tag{3-16}$$

显然，n 越大，对随机过程统计特性的描述就越充分，但问题的复杂性也随之增加。在一般实际问题中，掌握二维分布函数就已经足够了。

3.4 随机过程的数字特征

分布函数或概率密度函数虽然能够较全面地描述随机过程的统计特性，但在实际工作中，有时不易或不需求出分布函数和概率密度函数，而用随机过程的数字特征来描述随机过程的统计特性，更简单直观。

在 3.2 节我们已经知道，随机过程是由许多随机变量随时间变化组成的，而且正是基于这样的考虑，在 3.3 节中分析了随机过程的统计特性，下面采取同样的思路来研究随机过程的数字特征。

3.4.1 随机过程的数学期望

设随机过程 $\xi(t)$ 在任意给定时刻 t_1 的取值 $\xi(t_1)$ 是一个一维随机变量，可参考图 3–7，其概率密度函数为 $f_1(x_1,t_1)$，根据式（3–6），则 $\xi(t_1)$ 的数学期望为

$$E\left[\xi(t_1)\right] = \int_{-\infty}^{\infty} x_1 f_1(x_1,t_1)\mathrm{d}x_1 \tag{3-17}$$

通过式（3–17）可以算出 t_1 时刻出现的随机变量的统计平均值，即数学期望，为一常数，如果选取其他时刻，会出现另外的随机变量，其数学期望也会相应发生变化。

注意，这里 t_1 是任取的，所以可以把式（3–17）中的 t_1 直接写为 t，x_1 改为 x，这时式（3–17）就变为随机过程在任意时刻的数学期望，记作 $a(t)$，于是有

$$a(t) = E\left[\xi(t)\right] = \int_{-\infty}^{\infty} x f_1(x,t)\mathrm{d}x \tag{3-18}$$

$a(t)$ 是时间 t 的函数，它表示随机过程的 n 个样本函数曲线的摆动中心，如图 3–9 所示，图中展示了某一随机过程 $\xi(t)$ 的三条样本函数曲线和其数学期望。

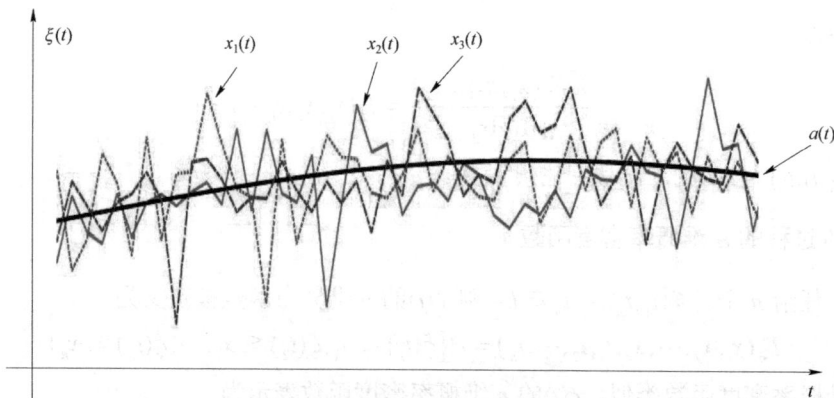

图 3–9 随机过程的数学期望是其样本函数的摆动中心

在随机信号或噪声中，均值表示其直流成分。

3.4.2 随机过程的方差

方差是衡量随机过程离散程度的重要统计量之一，描述了随机过程的波动程度，是随机变量与其均值之间差异的平方的期望值。

随机过程的方差可以用公式表示为

$$D[\xi(t)] = \sigma^2(t) = E\left\{[\xi(t) - a(t)]^2\right\} \tag{3-19}$$

$D[\xi(t)]$ 常记为 $\sigma^2(t)$。其中，$\xi(t)$ 是随机过程的第 t 个时刻的取值，$a(t)$ 是随机过程的均值，$E( )$ 表示期望值，即统计平均。方差的计算结果越大，表示随机过程的波动程度越大；反之亦然。

对于连续时间的随机过程，需要使用积分来计算方差，即

$$D[\xi(t)] = \int_{-\infty}^{\infty} [x - a(t)]^2 f_1(x, t) \mathrm{d}x \tag{3-20}$$

类似随机变量方差的简便计算方法 [参考式（3-10）]，随机过程的方差也可以通过将式（3-19）展开后计算得到简单计算方法，即

$$\begin{aligned}
D[\xi(t)] &= E\{[\xi^2(t) - 2\xi(t)a(t) + a^2(t)]\} \\
&= E[\xi^2(t)] - 2E[\xi(t)a(t)] + E[a^2(t)] \\
&= E[\xi^2(t)] - 2a^2(t) + a^2(t) \\
&= E[\xi^2(t)] - a^2(t) \\
&= \int_{-\infty}^{\infty} x^2 f_1(x_1, t_1) \mathrm{d}x_1 - a^2 t
\end{aligned} \tag{3-21}$$

方差的计算结果可以通过图形直观地展示出来，如图 3-10 所示为三条方差随时间不断变大的随机过程样本曲线。可以看出，方差描述了随机过程的波动程度，方差越大，样本函数曲线偏离均值曲线的程度越大；反之越集中。

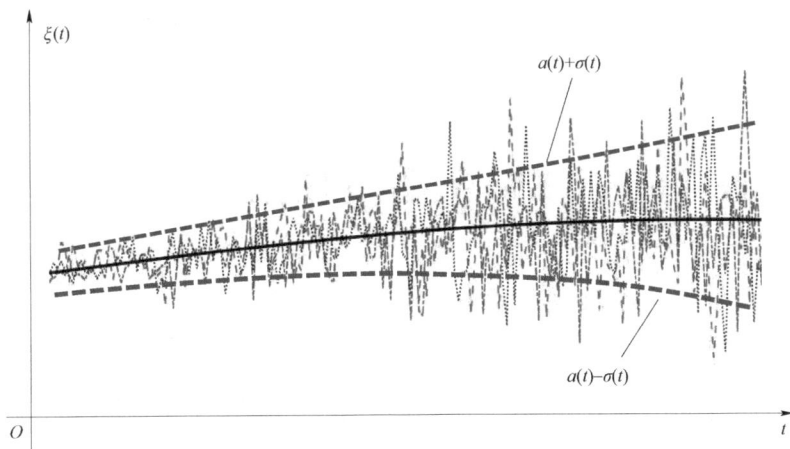

图 3-10 随机过程的方差表示相对于均值的偏离程度

方差与信号的功率也有直接关系：由式（3-21）可以看出，方差等于均方值与数学期望平方（直流功率）之差。因此，在随机化信号或噪声中，方差表示其交流功率。

3.4.3　随机过程的协方差函数和相关函数

已经知道，随机过程的数学期望 $a(t)$ 和方差 $\sigma^2(t)$ 来源于一维随机变量，因此描述了随机过程在各个孤立时刻的特征。但是，随机过程不同时刻之间的内在联系并没有反映出来。例如：t_1 时刻随机过程的数学期望为 $a(t_1)$，t_2 时刻随机过程的数学期望为 $a(t_2)$，但是并不清楚 $a(t_1)$ 和 $a(t_2)$ 之间的关系。协方差函数 $B(t_1,t_2)$ 和相关函数 $R(t_1,t_2)$ 就是用来衡量随机过程在任意两个时刻上获得的随机变量的统计相关特性的。

协方差函数定义为

$$
\begin{aligned}
B(t_1,t_1) &= E\{[\xi(t_1)-a(t_1)][\xi(t_2)-a(t_2)]\} \\
&= \int_{-\infty}^{\infty}\int_{-\infty}^{\infty}[x_1-a(t_1)][x_2-a(t_2)]f_2(x_1,x_2;t_1,t_2)\mathrm{d}x_1\mathrm{d}x_2
\end{aligned}
\tag{3-22}
$$

其中，t_1 与 t_2 为任意两个时刻；$a(t_1)$ 与 $a(t_2)$ 为在 t_1 和 t_2 上所得到的数学期望；$f_2(x_1,x_2;t_1,t_2)$ 为二维概率密度函数。

相关函数定义为

$$
R(t_1,t_2) = E[\xi(t_1)\xi(t_2)] = \int_{-\infty}^{\infty}\int_{-\infty}^{\infty}f_2(x_1,x_2;t_1,t_2)\mathrm{d}x_1\mathrm{d}x_2
\tag{3-23}
$$

可以看出来，上面的协方差函数和相关函数衡量的是同一个随机过程 $\xi(t)$，因此协方差函数和相关函数又分别称为自协方差函数和自相关函数。

如果把上述概念推广到两个或更多个随机过程中去，可得互协方差函数和互相关函数。

随机过程的统计特性一般都与时刻 $t_1,t_2,\cdots,t_n$ 有关，以相关函数为例，它的相关程度与选择时刻 t_1 及 t_2 有关。如果 $t_2>t_1$，令 $t_2=t_1+\tau$，则相关函数 $R(t_1,t_2)$ 可表示为 $R(t_1,t_1+\tau)$，这说明，相关函数依赖于起始时刻（或时间起点）t_1 及时间间隔 τ，即相关函数是 t_1 和 τ 的函数。后面将会看到某些随机过程的协方差函数和相关函数只与 τ 有关，而和 t_1 的选择无关，这样问题会变得简单。

3.5　平稳随机过程

现在我们对随机过程基本特征和研究方法有了一定的了解，下面将介绍几种特殊的随机过程，包括平稳随机过程、高斯随机过程、白噪声和窄带随机过程。需要提醒大家的是，在学习过程中先要搞清楚每种特殊随机过程名称的由来，这正是反映它们各自特点的地方。

平稳随机过程在通信系统的研究中占有重要地位，这是因为在通信中的信号尤其是噪声大多属于或很接近平稳随机过程。另外，平稳随机过程可以用其一维、二维统计特征很好地描述，研究起来很简便。

3.5.1 平稳随机过程定义

平稳随机过程是指它的统计特性不随时间的推移而变化，具体来讲，是指它的 n 维分布函数或概率密度函数不随时间的平移而变化，或者说不随时间原点的选取而变化。

平稳随机过程的数学描述如下。

一个随机过程 $\xi(t)$，对于其任意的 n 维概率密度函数和时间整体平移任意 h 后的 n 维概率密度函数，两个函数若满足

$$f_n(x_1, x_2, \cdots, x_n; t_1, t_2, \cdots, t_n) = f_n(x_1, x_2, \cdots, x_n; t_1 + h, t_2 + h, \cdots, t_n + h) \tag{3-24}$$

则称 $\xi(t)$ 为平稳随机过程，且是严格意义上的平稳（或称狭义平稳随机过程），意味着随机过程在不同时刻的统计特性是相同的。

1. 平稳随机过程的一维概率密度函数

如图 3-11 所示，任取三个时刻：t_1, t_2, t_3，这样就出现了三个一维随机变量 x_1, x_2, x_3，根据平稳随机过程定义，这三个一维随机变量的概率密度函数应该相同，即

$$f_1(x_1, t_1) = f_1(x_1, 0) = f_1(x_2, t_2) = f_1(x_3, t_3) = f_1(x_1) \tag{3-25}$$

这说明平稳随机过程的一维概率密度函数在任意时刻都相等，即与时间 t 无关，且都等于初始时刻的一维概率密度函数 $f_1(x_1, 0)$，这样可把时间 t 省掉，把它记作 $f_1(x_1)$。

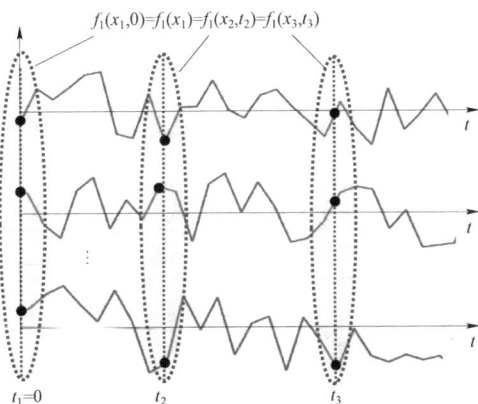

图 3-11　平稳随机过程的一维概率密度特点

因此，根据平稳随机过程一维概率密度的上述特点，平稳随机过程 $\xi(t)$ 的均值为

$$a(t) = E[\xi(t)] = \int_{-\infty}^{\infty} x f_1(x) \mathrm{d}x = a \tag{3-26}$$

式（3-26）表示平稳随机过程的各样本函数围绕着一水平线起伏。同样，可以证明平稳随机过程的方差 $\sigma^2(t) = \sigma^2 =$ 常数，表示它的起伏偏离数学期望的程度也是常数。图 3-12 显示了平稳随机过程的均值、方差的常数特征。

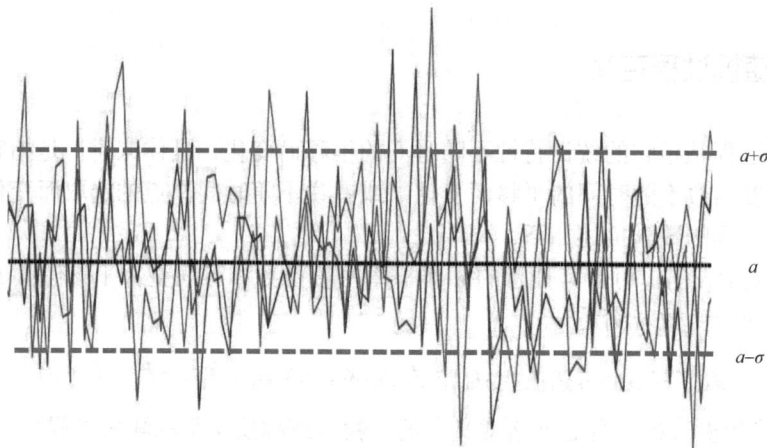

图 3-12 平稳随机过程的均值、方差均为常数

2. 平稳随机过程的二维概率密度函数

同样的道理，根据平稳随机过程的定义，平稳随机过程的二维概率密度函数只与两个时刻的时间间隔 τ 有关，即 $f_2(x_1,x_2;t_1,t_2)=f_2(x_1,x_2;\tau)$。如图 3-13 所示，首先，在一个随机过程 $\xi(t)$ 中，选取两个相隔 τ 的时刻 t_1,t_2，则出现一个二维随机变量 $[\xi(t_1),\xi(t_2)]$，其概率密度函数为 $f_2(x_1,x_2;t_1,t_2)$。然后，将时间推移，即选取另外两个相隔同样为 τ 的时刻 t_3,t_4，出现的另外一个二维随机变量的概率密度函数为 $f_2(x_3,x_4;t_3,t_4)$，很显然，这两个二维概率密度函数相等。

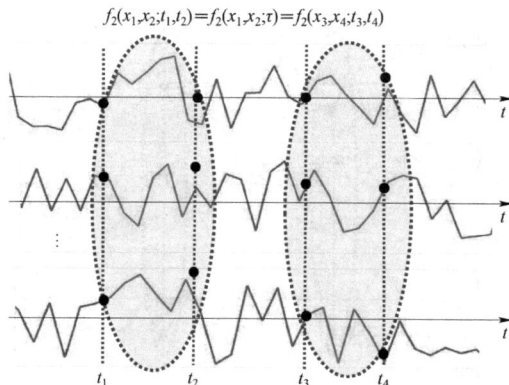

$$f_2(x_1,x_2;t_1,t_2)=f_2(x_1,x_2;\tau)=f_2(x_3,x_4;t_3,t_4)$$

图 3-13 平稳随机过程的二维概率密度函数

根据平稳随机过程二维概率密度函数的特点，平稳随机过程的自相关函数也只跟时间间隔 τ 有关，与具体选取哪两个时刻没有关系，即

$$R(t_1,t_2)=E[\xi(t_1)\xi(t_1+\tau)]=\int_{-\infty}^{\infty}\int_{-\infty}^{\infty}f_2(x_1,x_2;\tau)\mathrm{d}x_1\mathrm{d}x_2=R(\tau) \qquad （3-27）$$

根据以上分析，除了概率密度函数平稳，平稳随机过程 $\xi(t)$ 也具有"平稳"的数字特征：它的均值与时间无关；它的自相关函数只与时间间隔 τ 有关。随机过程的这种平稳特性，有

时可直接用来判断随机过程是否平稳：如果一个随机过程的数学期望、方差与时间无关，而且其相关函数仅与时间间隔有关，则称此随机过程是广义平稳随机过程（或称宽平稳随机过程），简称平稳过程。

相对地，按式（3-24）定义的平稳随机过程称为严平稳随机过程或狭义平稳随机过程。因为广义平稳随机过程的定义只涉及与一维、二维概率密度有关的数字特征，所以一个狭义平稳随机过程只要 $E[\xi^2(t)]$ 均方值有界，则它必定也是广义平稳随机过程，但反过来一般是不成立的。[①]

平稳随机过程具有非常有用的特性，在许多领域中都会应用它，如信号处理、通信等领域。幸运的是，通信系统中所遇到的信号及噪声，大多数可视为平稳的随机过程。

3.5.2 平稳随机过程的各态历经性

平稳随机过程在满足一定条件下有一个有趣而又非常有用的特性，称为"各态历经性"：它的数字特征（均为统计平均）完全可由随机过程中的任一样本函数曲线的数字特征（均为时间平均）来替代。

假设一个平稳随机过程 $\xi(t)$ 具有各态历经性，$x(t)$ 是其中任意一个实现（样本函数曲线），则该条曲线的时间均值、时间相关函数分别等于该平稳随机过程的均值和自相关函数，即式（3-28）和式（3-29）成立。

$$\bar{a} = \overline{x(t)} = \lim_{T\to\infty} \frac{1}{T} \int_{-T/2}^{T/2} x(t)\mathrm{d}t = a \tag{3-28}$$

$$\overline{R(t)} = \overline{x(t)X(t+\tau)} = \lim_{T\to\infty} \frac{1}{T} \int_{-T/2}^{T/2} x(t)X(t+\tau)\mathrm{d}t = R(t) \tag{3-29}$$

随机过程中的任一实现都经历了随机过程的所有可能状态，如图 3-14 所示。因此，我们不必（实际中也不可能）获得大量用来计算统计平均的样本函数，而只需从任意一个随机过程的样本函数中就可获得其所有数字特征，从而使"统计平均"化为"时间平均"，使实际测量和计算的问题大为简化。如图 3-14（a）和（b）所示，两种平均值一样。

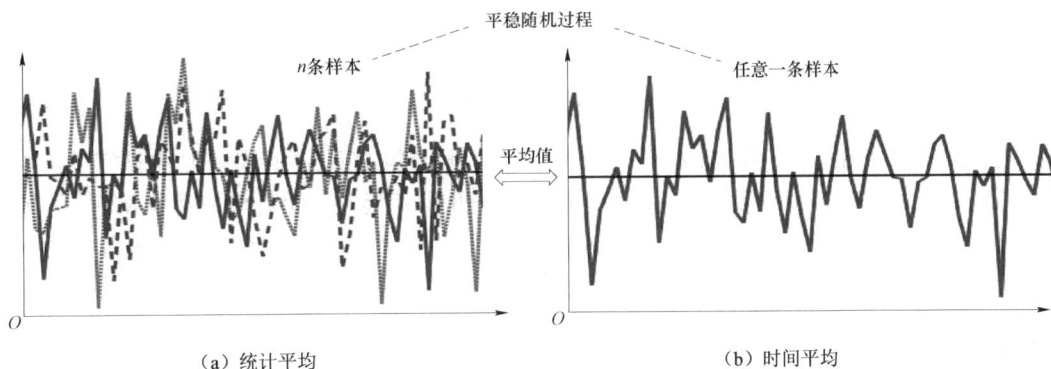

图 3-14　平稳随机过程的各态历经性：只需研究任意一条样本曲线

① 不特别说明，本教材一般所说的平稳随机过程都是指广义平稳随机过程（简称平稳过程）。

各态历经性使平稳随机过程在时间序列分析和信号处理等领域中非常有用。因为在实际应用中，我们通常只能观测到平稳随机过程的一部分样本函数，而不能观测到所有的样本函数。通过各态历经性的特征，我们可以利用这些样本函数来推断整个平稳随机过程的统计特性，从而进行预测和分析。

3.5.3 平稳随机过程自相关函数的性质

对于平稳随机过程而言，它的自相关函数是特别重要的一个函数。这是因为：①平稳随机过程的统计特性，如数字特征等，可通过自相关函数来描述；②自相关函数与平稳随机过程的谱特性有着内在的联系。

设 $\xi(t)$ 为平稳随机过程，则它的自相关函数 $R(\tau)=E\left[\xi(t)\xi(t+\tau)\right]$ 具有下列性质。

① $R(0)$ 为 $\xi(t)$ 的平均功率，即 $R(0)=E[\xi^2(t)]=S$。

② $R(\infty)$ 为 $\xi(t)$ 的直流功率，即 $R(\infty)=E^2[\xi(t)]=a^2$。

这里，利用了当 $\tau \to \infty$ 时，$\xi(t)$ 与 $\xi(t+\tau)$ 没有依赖关系，即统计独立，且认为 $\xi(t)$ 中不含周期分量。

③ 平稳随机过程的自相关函数为 τ 的偶函数，即 $R(\tau)=R(-\tau)$。

④ $R(\tau)$ 有上界，即 $|R(\tau)| \leqslant R(0)$。

⑤ 根据方差定义推论（式 3–21），以及上述性质①、②可知，$\xi(t)$ 的交流功率 $\sigma^2=R(0)-R(\infty)$，且当均值为 0 时，有 $R(0)=\sigma^2$。

3.5.4 平稳随机过程的功率谱密度

我们知道，确定的非周期功率信号的自相关函数与其谱密度是一对傅氏变换关系（详见 2.5.2 中自相关函数的性质）。对于平稳随机过程，也有类似的关系，即

$$P_\xi(\omega) = \int_{-\infty}^{\infty} R(\tau)\mathrm{e}^{-\mathrm{j}\omega\tau}\mathrm{d}\tau \tag{3–30}$$

$$R(\tau) = \int_{-\infty}^{\infty} P_\xi(\omega)\mathrm{e}^{\mathrm{j}\omega\tau}\mathrm{d}\omega \tag{3–31}$$

简写为

$$R(\tau) \leftrightarrow P_\xi(\omega) \tag{3–32}$$

在式（3–32）中，$R(\tau)$ 和 $P_\xi(\omega)$ 分别表示平稳随机过程的自相关函数和功率谱密度，两者是傅氏变换关系。功率谱密度 $P_\xi(\omega)$ 描述了随机过程的频率特性，而自相关函数 $R(\tau)$ 描述了随机过程在不同时间点之间的相关性。通过这种傅氏变换关系，我们可以从自相关函数推导出功率谱密度；反之亦然。这种关系在信号处理和通信系统中非常重要，为我们在频率域和时域之间进行转换提供了计算方便。

例 3–1 某随机相位余弦波 $\xi(t)=A\cos(\omega_c t+\theta)$，其中 A 和 ω_c 均为常数，θ 是在（0，2π）内均匀分布的随机变量。求 $\xi(t)$ 的自相关函数与功率谱密度。

解 （1）先考察 $\xi(t)$ 是否平稳。

$\xi(t)$ 的数学期望为

$$a(t) = E[\xi(t)] = \int_0^{2\pi} A\cos(\omega_c t + \theta) \frac{1}{2\pi} \mathrm{d}\theta$$

$$= \frac{A}{2\pi} \int_0^{2\pi} (\cos\omega_c t \cos\theta - \sin\omega_c t \sin\theta) \mathrm{d}\theta$$

$$= \frac{A}{2\pi} (\cos\omega_c t \int_0^{2\pi} \cos\theta \mathrm{d}\theta - \sin\omega_c t \int_0^{2\pi} \sin\theta \mathrm{d}\theta) = 0(常数)$$

$\xi(t)$ 的自相关函数为

$$R(t_1, t_2) = E[\xi(t_1)\xi(t_2)]$$

$$= E[A\cos(\omega_c t_1 + \theta) A\cos(\omega_c t_2 + \theta)]$$

$$= \frac{A^2}{2} E[\cos\omega_c(t_2 - t_1) + \cos[\omega_c(t_2 + t_1) + 2\theta]$$

$$= \frac{A^2}{2} \cos\omega_c(t_2 - t_1) + \frac{A^2}{2} \int_0^{2\pi} \cos[\omega_c(t_2 + t_1) + 2\theta] \frac{1}{2\pi} \mathrm{d}\theta$$

$$= \frac{A^2}{2} \cos\omega_c(t_2 - t_1) + 0$$

$$= \frac{A^2}{2} \cos\omega_c\tau$$

可见，$\xi(t)$ 的数学期望为常数，而自相关函数只与时间间隔 τ 有关，所以 $\xi(t)$ 为广义平稳随机过程。其功率谱密度与自相关函数为傅里叶变换对，因此，该随机过程的功率谱密度为

$$P_\xi(\omega) = \frac{\pi A^2}{2} [\delta(\omega + \omega_c) + \delta(\omega - \omega_c)]$$

3.6 高斯随机过程

高斯过程即高斯随机过程，又称正态随机过程，它是一种普遍存在且十分重要的随机过程。这是由于：①高斯过程的许多性质都能得到解析结果；②用高斯模型表示物理现象所产生的一些随机过程时，常常是适宜的。在通信信道中的噪声通常是一种高斯过程。

3.6.1 高斯随机过程定义

随机过程 $\xi(t)$，若它的任意 n 维分布服从正态分布（$n=1,2,\cdots$），则称它为高斯过程，其 n 维正态概率密度函数表示为

$$f_n(x_1, x_2, \cdots, x_n; t_1, t_2, \cdots, t_n)$$

$$= \frac{1}{(2\pi)^{n/2} \sigma_1, \sigma_2, \cdots, \sigma_n} \exp\left[\frac{-1}{2|\boldsymbol{B}|} \sum_{j=1}^{n} \sum_{k=1}^{n} |\boldsymbol{B}|_{jk} \left(\frac{x_j - a_j}{\sigma_j}\right) \left(\frac{x_k - a_k}{\sigma_k}\right)\right] \quad (3-33)$$

式中，$a_k = E[\xi(t_k)]$，$\sigma_k^2 = E\{[\xi(t_k) - a_k]^2\}$。

$|\boldsymbol{B}|$ 为归一化协方差矩阵的行列式，即

$$|\boldsymbol{B}| = \begin{vmatrix} 1 & b_{12} & \dots & b_{1n} \\ b_{21} & 1 & \dots & b_{2n} \\ \vdots & \vdots & \ddots & \vdots \\ b_{n1} & b_{n2} & \dots & 1 \end{vmatrix}$$

$|\boldsymbol{B}|_{jk}$ 为行列式 $|\boldsymbol{B}|$ 中元素 b_{jk} 的代数余因子，b_{jk} 为归一化协方差函数

$$b_{jk} = \frac{E\{[\xi(t_j) - a_j][\xi(t_k) - a_k]\}}{\sigma_j \sigma_k}$$

3.6.2 高斯随机过程性质

① 设 $x_1, x_2, \cdots, x_n$ 是一组在 $t_1, t_2, \cdots, t_n$ 时，对随机过程 $\xi(t)$ 进行观察所得到的随机变量。如果随机过程 $\xi(t)$ 是高斯的，则随机变量 $x_1, x_2, \cdots, x_n$ 的 n 维概率密度函数仅由各随机变量的数学期望、方差和两两之间的归一化协方差函数所决定。这一点可从式（3–33）得到。

② 如果一个高斯过程是广义平稳的，则也是严平稳的。因为广义平稳随机过程的均值与时间无关，协方差函数只与时间间隔有关，而与时间起点无关，由性质①，则它的 n 维分布与时间无关，所以它也是严平稳的，即：对于高斯过程来说，宽平稳和严平稳是一致的。

注意，对于其他随机过程，此结论不一定成立。

③ 如果高斯过程中的随机变量之间互不相关，则它们也是统计独立的。即对于高斯随机过程的任何两个时刻的随机变量，不相关也就是统计独立。这一性质说明，若 $\xi(t)$ 是高斯过程，并且如果各随机变量 $x_1, x_2, \cdots, x_n$ 是不相关的，则可以用这些随机变量各自的概率密度函数的乘积表示它们的 n 维联合概率密度函数。

注意，对于其他随机过程，此结论不一定成立。

3.6.3 高斯随机过程的一维分布（正态分布）

分析问题时会经常用到高斯过程中的一维分布。高斯过程在任一时刻上的样值是一个一维高斯随机变量，其一维概率密度函数可表示为

$$f_\xi(x) = \frac{1}{\sqrt{2\pi}\sigma} \exp\left[-\frac{(x-a)^2}{2\sigma^2}\right] \tag{3–34}$$

$f_\xi(x)$ 曲线如图 3–15 所示，曲线具有以下明显特性。

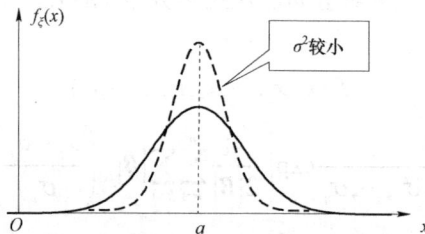

图 3–15 高斯随机过程的一维概率密度函数

① $f_\xi(x)$ 对称于直线 $x=a$，即高斯随机过程的一维随机变量数学期望是常数。

② a 表示分布中心，σ 表示集中程度，$f_\xi(x)$ 图形将随着 σ 的减小而变高和变窄。当 $a=0$，$\sigma=1$ 时，称 $f_\xi(x)$ 为标准正态分布的密度函数。

③ $\int_{-\infty}^{\infty} f_\xi(x)\mathrm{d}x = 1$，且有 $\int_{-\infty}^{a} f_\xi(x)\mathrm{d}x = \int_{a}^{\infty} f_\xi(x)\mathrm{d}x = \dfrac{1}{2}$。

3.6.4 高斯随机变量的正态分布函数

有时候会用到概率密度函数的积分去求某一段区间内随机变量的概率（详见 3.14 节中关于概率密度函数的性质）。类似的，当我们需要求高斯随机变量 $\xi(x)$ 小于或等于任意取值 x 的概率 $P[\xi(x)\leqslant x]$ 时，还要用到正态分布函数。

正态分布函数是高斯概率密度函数的积分，即

$$F(x) = P\big[\xi(x) \leqslant x\big] = \int_{-\infty}^{x} \frac{1}{\sqrt{2\pi}\sigma} \exp\left[-\frac{(z-a)^2}{2\sigma^2}\right]\mathrm{d}z \tag{3-35}$$

麻烦的是，这个积分无法用闭合形式计算，我们要设法把这个积分式和可以在数学手册上查出积分值的特殊函数联系起来，一般常用以下几种特殊函数。

1. 误差函数

误差函数的定义式为

$$\mathrm{erf}(x) = \frac{2}{\sqrt{\pi}} \int_{0}^{x} \mathrm{e}^{-t^2}\mathrm{d}t \tag{3-36}$$

它是自变量的递增函数，$\mathrm{erf}(0)=0$，$\mathrm{erf}(\infty)=1$，且 $\mathrm{erf}(-x)=-\mathrm{erf}(x)$。

2. 互补误差函数

$1-\mathrm{erf}(x)$ 为互补误差函数，记为 $\mathrm{erfc}(x)$，即

$$\mathrm{erfc}(x) = \frac{2}{\sqrt{\pi}} \int_{x}^{\infty} \mathrm{e}^{-t^2}\mathrm{d}t \tag{3-37}$$

它是自变量的递减函数，$\mathrm{erfc}(0)=1$，$\mathrm{erfc}(\infty)=0$，且 $\mathrm{erfc}(-x)=2-\mathrm{erfc}(x)$。实际应用中，只要 $x>2$ 即可近似有

$$\mathrm{erfc}(x) \approx \frac{2}{x\sqrt{\pi}} \mathrm{e}^{-x^2}$$

3. 概率积分函数

概率积分函数定义为

$$\Phi(x) = \frac{1}{\sqrt{2\pi}} \int_{-\infty}^{x} \mathrm{e}^{-t^2/2}\mathrm{d}t \tag{3-38}$$

这是另一个在数学手册上有数值和曲线的特殊函数，有 $\Phi(\infty)=1$。

这样，利用正态分布函数 $F(x)$ 和概率积分函数 $\Phi(x)$ 的定义，可得到式（3-35）即正态函数的结果。以后需要计算高斯随机过程有关概率问题时，可直接采用下面的结果，避免复杂的计算过程，简明的特性有助于今后分析通信系统的抗噪声性能。

首先换一下变量，令

$$u = \frac{z-a}{\sigma},$$

则

$$du = \frac{dz}{\sigma}$$

代入式（3-35），有

$$F(x) = \frac{1}{\sqrt{2\pi}} \int_{-\infty}^{\frac{x-a}{\sigma}} \exp\left(-\frac{u^2}{2}\right) du = \Phi\left(\frac{x-a}{\sigma}\right) \tag{3-39}$$

还可用误差函数和互补误差函数表示为

$$F(x) = \begin{cases} \frac{1}{2} + \frac{1}{2}\text{erf}\left(\frac{x-a}{\sqrt{2}\sigma}\right) \\ 1 - \frac{1}{2}\text{erfc}\left(\frac{x-a}{\sqrt{2}\sigma}\right) \end{cases} \tag{3-40}$$

3.7 白 噪 声

白噪声属于另一类特殊的随机过程。作为一般通信系统的噪声分析基础，它是一种理想化的噪声模型。

白噪声名字中的"白"字，来源于噪声 $n(t)$ 的功率谱密度 $P_n(f)$，在 $f \in (-\infty, \infty)$ 的整个频率范围内都是均匀分布的，类似于光学中包括了全部可见光光谱的白色光，即

$$P_n(f) = \frac{n_0}{2} \tag{3-41}$$

这种噪声被称为白噪声，它是一个理想的宽带随机过程。式中 n_0 为一常数，单位是瓦/赫。相应地，不符合这一条件的噪声就称为有色噪声。

图 3-16（a）为白噪声的功率谱密度图，可以看出功率谱密度为常数。

另外，通常认为白噪声首先是平稳噪声，且均值为零，所以白噪声是平稳的。这样，根据白噪声的功率谱密度 $P_n(f) = \frac{n_0}{2}$，并利用常数的傅里叶变换对（详见第 2 章表 2-4 常用函数的傅里叶变换对）：$\delta(t) \leftrightarrow 1$，可以得到白噪声的自相关函数表示为

$$R(\tau) = \frac{n_0}{2}\delta(\tau) \tag{3-42}$$

这说明，白噪声只有在 $\tau=0$ 时才相关，而它在任意两个时刻上的随机变量都是互不相关的，如图 3-16（b）所示。

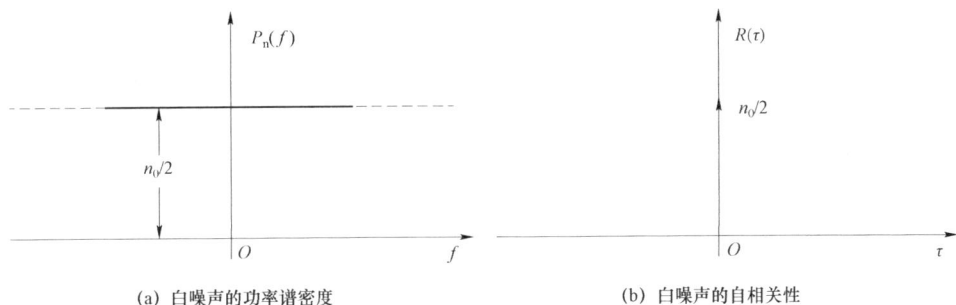

(a) 白噪声的功率谱密度　　　　　　　　　　　(b) 白噪声的自相关性

图 3-16　白噪声的特点

需要注意以下两个方面。

① 白噪声只是一种理想化模型,实际噪声的功率谱密度不可能具有无限宽的带宽。然而,白噪声在数学处理上比较方便,因此它是系统分析的有力工具。一般只要一个噪声过程所具有的频谱宽度远远大于它所作用系统的带宽,并且在该带宽中其频谱密度基本上可以作为常数来考虑,就可以把它作为白噪声来处理。

② 高斯噪声和白噪声是从不同角度来定义的：高斯噪声是指它的统计特性服从高斯分布,并不涉及其功率谱密度的形状；白噪声则是就其功率谱密度为均匀分布而言的。一般把既服从高斯分布而功率谱密度又是均匀分布的噪声称为高斯白噪声,简称 WGN。

例 3-2　设 $\xi(t) = x_1 \cos \omega_c t - x_2 \sin \omega_c t$,若 x_1, x_2 是彼此独立,且均值为 0,方差为 σ^2 的随机变量,求 $E[\xi(t)]$ 和 $E[\xi^2(t)]$。

解

$$E[\xi(t)] = E(x_1 \cos \omega_c t - x_2 \sin \omega_c t)$$
$$= E(x_1 \cos \omega_c t) - E(x_2 \sin \omega_c t)$$
$$= \cos \omega_c t E(x_1) - \sin \omega_c t E(x_2) = 0$$

根据随机过程方差的计算方法［详见式（3-21）］,并根据已知条件,有

$$E[x^2] = D(x) - m_x^2$$
$$= \sigma^2 - 0 = \sigma^2$$

并且,因为 x_1, x_2 彼此独立,故

$$E(x_1 x_2) = E(x_1)E(x_2) = 0$$

因此有

$$E[\xi^2(t)] = E[(x_1 \cos \omega_c t - x_2 \sin \omega_c t)^2]$$
$$= E[x_1^2 \cos^2 \omega_c t - 2x_1 x_2 \cos \omega_c t \sin \omega_c t + x_2^2 \sin^2 \omega_c t]$$
$$= \cos^2 \omega_c t E(x_1^2) - 2 \cos \omega_c t \sin \omega_c t E(x_1 x_2) + \sin^2 (\omega_c t) E(x_2^2)$$
$$= (\cos^2 \omega_c + \sin^2 \omega_c) \sigma^2$$
$$= \sigma^2$$

3.8　随机过程通过线性系统

在实际的通信系统中,传输的信号或噪声通常都是随机的,并且通信的首要目标在于传

输信号，而信号与系统在通信系统中是密不可分的。因此，我们在后续的讨论中，必然会深入探讨这样一个问题：当随机过程经过系统（或网络）处理后，输出的随机过程与原来的随机过程会有怎样的关联？这是我们理解通信系统性能、优化系统设计的重要环节。

在第 2 章中，我们已经分析过确定信号通过线性系统的一些规律。如图 3-17 所示，确定信号 $x(t)$ 经过线性系统后，其输出波形和频谱分别由系统的单位冲击响应 $h(t)$ 和传递函数 $H(\omega)$ 决定，即

$$y(t) = x(t) * h(t) \tag{3-43}$$

$$Y(\omega) = X(\omega)H(\omega) \tag{3-44}$$

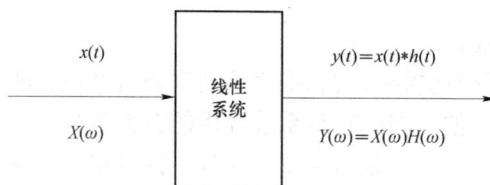

图 3-17　确定信号通过线性系统

若输入系统的是随机信号，这样的问题如何研究？

我们知道，随机过程 $\xi(t)$ 是由许多条确定的样本函数曲线组成的，如果把 $x(t)$ 看作输入随机过程的任意一个样本，则 $y(t)$ 可看作输出随机过程的一个样本。显然，输入过程 $\xi_i(t)$ 的每个样本与输出过程 $\xi_o(t)$ 的相应样本之间都满足式（3-43）的关系。这样，就整个随机过程 $\xi(t)$ 而言，便有

$$\xi_o(t) = \xi_i(t) * h(t) = h(t) * \xi_i(t) = \int_{-\infty}^{\infty} h(\tau)\xi_i(t-\tau)\mathrm{d}\tau \tag{3-45}$$

现假定输入 $\xi_i(t)$ 是平稳随机过程，并根据式（3-45）来分析通过线性系统后的输出过程 $\xi_o(t)$ 的特性。

先确定输出过程的数学期望、自相关函数及功率谱密度，然后讨论输出过程的统计特性。

1. 输出过程的数学期望

对式（3-45）两边求统计平均，有

$$E[\xi_o(t)] = E[\int_{-\infty}^{\infty} h(\tau)\xi_i(t-\tau)\mathrm{d}\tau]$$

$$= \int_{-\infty}^{\infty} h(\tau)E[\xi_i(t-\tau)]\mathrm{d}\tau$$

$$= a\int_{-\infty}^{\infty} h(\tau)\,\mathrm{e}^{-\mathrm{j}0\tau}\mathrm{d}\tau \cdots [H(\omega)] = \int_{-\infty}^{\infty} h(\tau)\,\mathrm{e}^{-\mathrm{j}\omega\tau}\mathrm{d}\tau$$

$$= aH(0)$$

其中，a 为平隐随机过程的数学期望，是常数。

由此可见，输出过程的数学期望 $E[\xi_o(t)]$ 与 t 无关，且等于输入过程的数学期望与直流传递函数 $H(0)$ 的乘积。其物理意义是：由于随机过程的数学期望就是其直流分量，当它通过线性系统后，输出的直流分量就等于输入的直流乘以系统的直流传递函数 $H(0)$，即 $H(0)$ 是系统引起的直流增益。

2. 输出过程的自相关函数

$$R_o(t_1, t_1 + \tau) = E[\xi_o(t_1)\xi_o(t_1 + \tau)]$$
$$= E[\int_{-\infty}^{\infty} h(\alpha)\xi_i(t_1 - \alpha)\mathrm{d}\alpha \int_{-\infty}^{\infty} h(\beta)\xi_i(t_1 + \tau - \beta)\mathrm{d}\beta]$$
$$= \int_{-\infty}^{\infty}\int_{-\infty}^{\infty} h(\alpha)h(\beta)E[\xi_i(t_1 - \alpha)\xi_i(t_1 + \tau - \beta)]\mathrm{d}\alpha\mathrm{d}\beta$$

由于输入过程 $\xi_i(t)$ 是平稳的，所以有

$$E[\xi_i(t_1)\xi_i(t_2)] = R(t_1, t_2) = R(t_2 - t_1)$$

因此

$$E[\xi_i(t_1 - \alpha)\xi_i(t_1 + \tau - \beta)] = R[\xi_i(\alpha - \beta + \tau)]$$

得到输出过程的自相关函数

$$R_o(t_1, t_1 + \tau) = \int_{-\infty}^{\infty}\int_{-\infty}^{\infty} h(\alpha)h(\beta)R_i(\alpha + \tau - \beta)\mathrm{d}\alpha\mathrm{d}\beta \qquad (3\text{-}46)$$
$$= R_o(\tau)$$

可见，$\xi_o(t)$ 的自相关函数只依赖时间间隔 τ 而与时间起点 t_1 无关。由以上输出过程的数学期望和自相关函数证明，若线性系统的输入随机过程是平稳的，那么输出随机过程也是平稳的。

3. 输出过程的功率谱密度

在分析平稳随机过程时我们知道，平稳随机过程的自相关函数与功率谱密度是一对傅里叶变换关系。因此，通过对式（3-46）得到的输出随机过程 $\xi_o(t)$ 的自相关函数 $R_o(\tau)$ 进行傅里叶变换，就可以得到 $\xi_o(t)$ 的功率谱密度的特征。

$$P_o(\omega) = \int_{-\infty}^{\infty} R_o(\tau)\mathrm{e}^{-j\omega\tau}\mathrm{d}\tau$$
$$= \int_{-\infty}^{\infty}\int_{-\infty}^{\infty}\int_{-\infty}^{\infty}[h(\alpha)h(\beta)R_i(\alpha + \tau - \beta)\mathrm{d}\alpha\mathrm{d}\beta]\mathrm{e}^{-j\omega\tau}\mathrm{d}\tau$$

令 $\tau' = \tau + \alpha - \beta$，则有 $\qquad\qquad\qquad\qquad\qquad\qquad (3\text{-}47)$

$$P_o(\omega) = \int_0^{\infty} h(\alpha)\mathrm{e}^{j\omega\alpha}\mathrm{d}\alpha \int_0^{\infty} h(\beta)\mathrm{e}^{-j\omega\beta}\mathrm{d}\beta \int_{-\infty}^{\infty} R_i(\tau')\mathrm{e}^{-j\omega\tau'}\mathrm{d}\tau'$$
$$= |H(\omega)|^2 P_i(\omega)$$

可见，系统输出功率谱密度 $P_o(\omega)$ 是输入功率谱密度 $P_i(\omega)$ 与系统传递函数（幅频特性）$|H(\omega)|^2$ 的乘积，因此，$|H(\omega)|^2$ 是随机过程通过线性系统后的功率增益。

在分析平稳随机过程通过线性系统时，往往先利用式（3-47）求得输出过程的功率谱密度 $P_o(\omega)$，然后通过反傅里叶变换，求出输出过程的自相关函数 $R_o(\tau)$，这比直接求解要简便得多。

4. 输出过程的分布特性

在已知输入过程分布的情况下，可以确定输出过程的分布。特别是高斯过程经过线性系统后其输出过程仍为高斯过程。但要注意，由于线性系统的介入，与输入正态过程相比，输出过程的数字特征已经改变了。

表 3-1 是随机过程通过线性系统后的结果。可以看出，输出随机过程的分布特性，如高斯特性、平稳特性保持不变，数字特征发生的改变主要出系统的传递函数 $|H(\omega)|$ 决定。

表 3-1 随机过程通过线性系统后的结果

$$\xi_o(t) = \xi_i(t) * h(t) = \int_{-\infty}^{\infty} h(\tau)\xi_i(t-\tau)d\tau$$

	输入过程 $\xi_i(t)$	输出过程 $\xi_o(t)$
均值	$E[\xi_i(t)] = a$ 常数	$E[\xi_o(t)] = aH(0)$ 常数
自相关函数	$R_i(\tau) \xleftrightarrow{\text{傅里叶变换}} P_i(\omega)$	$R_o(\tau) \xleftrightarrow{\text{傅里叶变换}} P_o(\omega)$
功率谱密度	$P_i(\omega)$	$P_o(\omega) = P_i(\omega)\left|H(\omega)\right|^2$
概率分布	平稳、高斯	平稳、高斯
$H(0)$是线性系统的直流增益，$\left|H(\omega)\right|^2$ 是功率增益		

例 3-3 功率谱密度为 $\dfrac{n_0}{2}$（单位：W/Hz）的理想白噪声通过理想低通滤波器（LPF）后成为带限白噪声。试求此带限白噪声的功率谱密度、噪声平均功率和自相关函数。LPF 的传递函数为

$$H(f) = \begin{cases} K_o, & |f| < f_H \\ 0, & \text{其他} \end{cases}$$

解 根据式（3-47），随机信号通过线性系统后，系统输出功率谱密度 $P_o(\omega)$ 是输入功率谱密度 $P_i(\omega)$ 与系统传递函数（幅频特性）$\left|H(\omega)\right|^2$ 的乘积，即

$$P_o(\omega) = P_i(\omega)\left|H(\omega)\right|^2$$

将角频率 ω 换成圆频率 f 后，关系仍成立，有

$$P_o(f) = P_i(f)\left|H(f)\right|^2$$

另外，根据理想低通滤波器的传递函数［如图 3-18（b）所示］，有

$$\left|H(f)\right|^2 = K_o^2$$

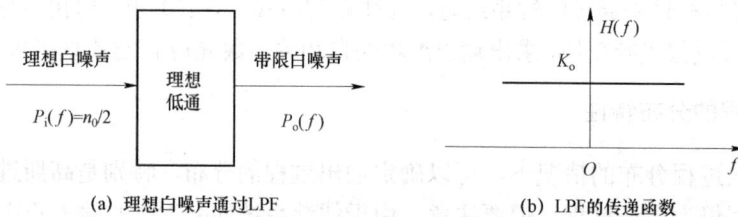

(a) 理想白噪声通过LPF　　　　　　(b) LPF的传递函数

图 3-18 例 3-3 相关图（1）

因此，通过理想低通滤波器后，输出白噪声的功率谱密度 $P_o(f)$ 为

$$P_o(f) = \begin{cases} \dfrac{n_0}{2}K_o^2, & |f| < f_H \\ 0, & \text{其他} \end{cases}$$

可见，输出噪声的功率谱密度在 $|f| < f_H$ 是均匀的，在此范围外则为零，如图 3-19（a）所示。由于有了一定的带宽限制，通常把这样的噪声称为带限白噪声，这也是其与理想白噪声的主要区别，但是两者的共性仍然存在，即功率谱密度是常数。

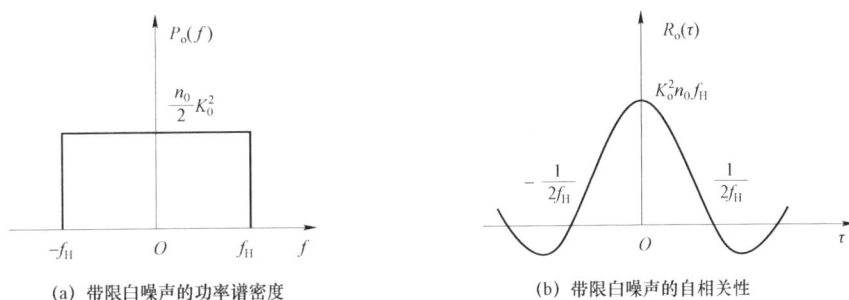

(a) 带限白噪声的功率谱密度　　　　(b) 带限白噪声的自相关性

图 3-19　例 3-3 相关图（2）

根据带限白噪声的功率谱密度进行反傅里叶变换，可以求得其自相关函数为

$$R_o(\tau) = \int_{-\infty}^{\infty} P_o(f) e^{j2\pi f \tau} df$$
$$= K_o^2 n_0 f_H \frac{\sin \omega_H \tau}{\omega_H \tau}$$

由此可见，带限白噪声只有在 $\tau = k/2f_H$（$k=1,2,3,\cdots$）时得到的随机变量才不相关，而在其他时延处具备相关性，如图 3-19（b）所示。如果对带限白噪声按抽样定理抽样（抽样频率恰为 $k/2f_H$），则各抽样值是互不相关的随机变量，这是一个很重要的概念。这一点与理想白噪声不同，根据图 3-16（b），理想白噪声只有在 $\tau=0$ 时才相关，而它在任意两个时刻上的随机变量都是互不相关的。

带限白噪声的自相关函数 $R_o(\tau)$ 在 $\tau=0$ 处有最大值，这就是带限白噪声的平均功率，即

$$P = R(0) = K_o^2 n_0 f_H$$

3.9　窄带随机过程

3.9.1　窄带随机过程定义

信号通过线性系统后，随机过程的带宽范围会发生变化，具体由带通系统的带宽决定。

1. 窄带系统

如果有一种系统，中心频率 f_c 很大，但带宽 Δf 很窄，如果 $f_c \gg \Delta f$，称这样的系统为窄

带系统，如图 3-20（a）所示。

2. 窄带随机过程

由于大多数通信系统都是窄带带通型的，因此通过窄带系统的信号或噪声必然是窄带随机过程，称为窄带信号、窄带噪声，对应的波形称为窄带波形，如图 3-20（b）所示。对比图 3-20（d）正弦信号波形，窄带随机过程的波形类似包络（信号的振幅随着时间变化的曲线叫包络）和相位缓慢变化的正弦波。

为什么窄带随机过程的波形与正弦波类似呢？我们知道，正弦信号由于波形具有周期性，因此其频谱如图 3-20（c）所示，是离散的。由图 3-20（a）可知，随机过程通过窄带系统后形成的窄带随机过程，其带宽 Δf 相对较小，可以设想，如果带宽继续减小，极限情况 $\Delta f=0$，即正弦信号的频谱。因此，正因为频域上的类似，窄带随机过程的波形与正弦信号有相同之处。

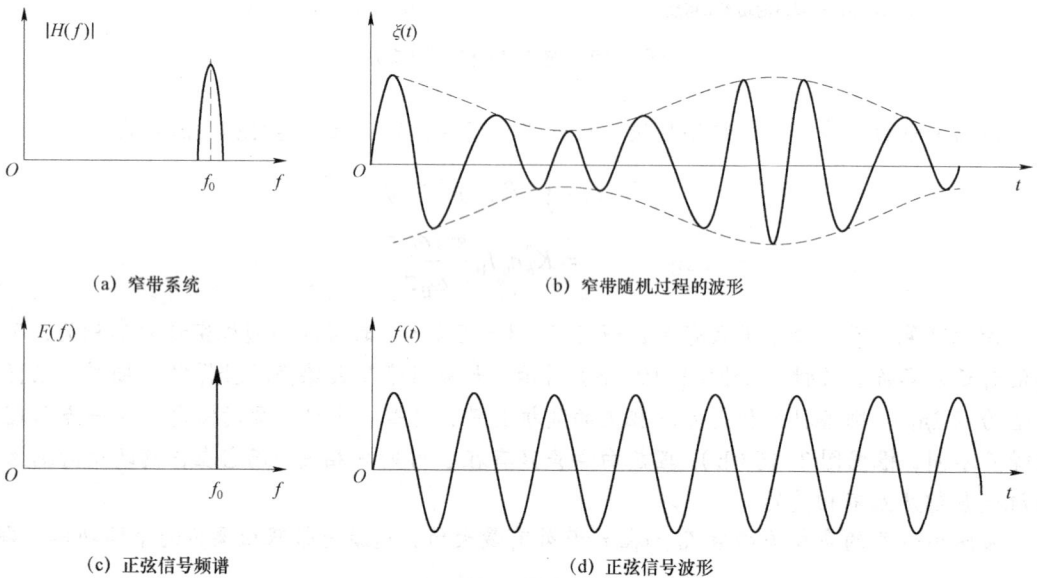

    （a）窄带系统   （b）窄带随机过程的波形

    （c）正弦信号频谱   （d）正弦信号波形

图 3-20 窄带随机过程与正弦信号比较

3.9.2 窄带随机过程表示方法

1. 方法 1：随机包络和相位

既然窄带随机过程的波形与正弦信号有类似之处，就可以将窄带随机过程写成一个包络和相位随机变化的正弦波，即

$$\xi(t) = a(t)\cos\left[\omega_c t + \varphi(t)\right] \tag{3-48}$$

其中，$a(t)$ 和 $\varphi(t)$ 是窄带随机过程 $\xi(t)$ 的包络函数和随机相位函数，它们也是随机过程；

ω_c 是中心角频率。显然，$a(t)$ 和 $\varphi(t)$ 随时间的变化比 $\cos\omega_c t$ 的变化要缓慢得多。

2. 方法 2：同相分量和正交分量

除式（3-48）外，窄带随机过程还经常用到另外一种表示方法，即

$$\begin{aligned}
\xi(t) &= a(t)[\cos\omega_c t \cos\varphi(t) - \sin\omega_c t \sin\varphi(t)] \\
&= a(t)\cos\varphi(t)\cos\omega_c t - a(t)\sin\varphi(t)\sin\omega_c t \\
&= \xi_c(t)\cos\omega_c t - \xi_s(t)\sin\omega_c t
\end{aligned} \tag{3-49}$$

其中，$\xi_c(t)$ 和 $\xi_s(t)$ 分别称为窄带随机过程 $\xi(t)$ 的同相分量和正交分量，即

$$\begin{aligned}
\xi_c(t) &= a(t)\cos\varphi(t) \\
\xi_s(t) &= a(t)\sin\varphi(t)
\end{aligned} \tag{3-50}$$

窄带随机过程 $\xi(t)$ 有两种表示方法。第一种：式（3-48）中，$\xi(t)$ 的统计特性可以由随机包络 $a(t)$ 和随机相位 $\varphi(t)$ 统计特性来确定。第二种：式（3-49）中，$\xi(t)$ 的统计特性由同相分量 $\xi_c(t)$ 和正交分量 $\xi_s(t)$ 的统计特性来确定。

3.9.3 同相分量 $\xi_c(t)$ 和正交分量 $\xi_s(t)$ 的统计特性

为方便研究窄带随机过程 $\xi(t)$ 的同相分量 $\xi_c(t)$ 和正交分量 $\xi_s(t)$ 的统计特性，首先假设 $\xi(t)$ 是一个零均值平稳高斯窄带过程，可以证明，它的同相分量和正交分量也是零均值的平稳高斯过程，而且与 $\xi(t)$ 具有相同的方差。

1. 数学期望

根据随机过程数学期望的定义，为了研究 $\xi(t)$ 的数学期望，对式（3-49）两端求统计平均，即

$$\begin{aligned}
E[\xi(t)] &= E[\xi_c(t)\cos\omega_c t - \xi_s(t)\sin\omega_c t] \\
&= E[\xi_c(t)]\cos\omega_c t - E[\xi_s(t)]\sin\omega_c t
\end{aligned}$$

根据假设，$\xi(t)$ 为平稳且均值为零，则对于任意时间 t，都应该有 $E[\xi(t)]=0$，为了满足此条件，只有

$$\begin{cases} \xi_c(t) = 0 \\ \xi_s(t) = 0 \end{cases}$$

结论 1： 零均值平稳高斯窄带过程的同相分量和正交分量均值也为零。

2. 自相关函数

根据随机过程自相关函数定义，有

$$R(t_1, t_2) = E[\xi(t_1)\xi(t_1 + \tau)]$$

则可以求得式（3-49）表示的窄带随机过程的自相关函数，有

$$R_\xi(t_1, t_1 + \tau) = E[\xi(t_1)\xi(t_1 + \tau)]$$
$$= E\{[\xi_c(t_1)\cos\omega_c t_1 - \xi_s(t_1)\sin\omega_c t_1][\xi_c(t_1 + \tau)\cos\omega_c(t_1 + \tau) - \xi_s(t_1 + \tau)\sin\omega_c(t_1 + \tau)]\}$$
$$= E[\xi_c(t_1)\xi_c(t_1 + \tau)\cos\omega_c t_1 \cos\omega_c(t_1 + \tau) - \xi_c(t_1)\xi_s(t_1 + \tau)\cos\omega_c t_1 \sin\omega_c(t_1 + \tau) -$$
$$\xi_s(t_1)\xi_c(t_1 + \tau)\sin\omega_c t_1 \cos\omega_c(t_1 + \tau) + \xi_s(t_1)\xi_s(t_1 + \tau)\sin\omega_c t_1 \sin\omega_c(t_1 + \tau)] \quad (3\text{-}51)$$

令

$$R_C(t_1, t_1 + \tau) = E[\xi_c(t_1)\xi_c(t_1 + \tau)]$$
$$R_{CS}(t_1, t_1 + \tau) = E[\xi_c(t_1)\xi_s(t_1 + \tau)]$$
$$R_{SC}(t_1, t_1 + \tau) = E[\xi_s(t_1)\xi_c(t_1 + \tau)]$$
$$R_S(t_1, t_1 + \tau) = E[\xi_s(t_1)\xi_s(t_1 + \tau)]$$

将上述中间变量代入式（3-51），窄带随机过程的自相关函数表示为

$$R_\xi(t_1, t_1 + \tau) = R_C(t_1, t_1 + \tau)\cos\omega_c t_1 \cos\omega_c(t_1 + \tau) -$$
$$R_{CS}(t_1, t_1 + \tau)\cos\omega_c t_1 \sin\omega_c(t_1 + \tau) -$$
$$R_{SC}(t_1, t_1 + \tau)\sin\omega_c t_1 \cos\omega_c(t_1 + \tau) +$$
$$R_S(t_1, t_1 + \tau)\sin\omega_c t_1 \sin\omega_c(t_1 + \tau)] \quad (3\text{-}52)$$

根据假设条件，$\xi(t)$是平稳的，即要求式（3-52）两边均与时间 t 无关，仅与 τ 有关，需要有

$$R_\xi(t_1, t_1 + \tau) = R_\xi(\tau)$$
$$R_C(t_1, t_1 + \tau) = R_C(\tau)$$
$$R_{CS}(t_1, t_1 + \tau) = R_{CS}(\tau)$$
$$R_{SC}(t_1, t_1 + \tau) = R_{SC}(\tau)$$
$$R_S(t_1, t_1 + \tau) = R_S(\tau)$$

结论2：同相分量$\xi_c(t)$和正交分量$\xi_s(t)$的自相关函数只与τ有关，并根据其数学期望为常数的特点，则可以知道，如果$\xi(t)$是平稳的，则其同相分量$\xi_c(t)$和正交分量$\xi_s(t)$也是平稳的。

由于 t_1 可以取任意值，因此可以令 $t_1=0$，此时式（3-52）中

$$\cos\omega_c t_1 = 1, \ \sin\omega_c t_1 = 0$$
$$\cos\omega_c(t_1 + \tau) = \cos\omega_c\tau, \ \sin\omega_c(t_1 + \tau) = \sin\omega_c\tau$$

则由式（3-52）得

$$R_\xi(\tau) = R_C(\tau)\cos\omega_c(\tau) - R_{CS}(\tau)\sin\omega_c(\tau) \quad (3\text{-}53)$$

由于 t_1 可以取任意值，因此也可以令 $t_1 = \pi/2\omega_c$，此时式（3-52）中

$$\cos\omega_c t_1 = 0, \ \sin\omega_c t_1 = 1$$
$$\cos\omega_c(t_1 + \tau) = -\cos\omega_c\tau, \ \sin\omega_c(t_1 + \tau) = \sin\omega_c\tau$$

则由式（3-52）得

$$R_\xi(\tau) = R_S(\tau)\sin\omega_c(\tau) + R_{SC}(\tau)\cos\omega_c(\tau) \quad (3\text{-}54)$$

由于 t_1 可以取任意值，式（3–53）和式（3–54）应同时成立，这就要求有

$$R_{\mathrm{C}}(\tau) = R_{\mathrm{S}}(\tau)$$
$$R_{\mathrm{CS}}(\tau) = -R_{\mathrm{SC}}(\tau)$$

（3–55）

结论 3： 平稳窄带过程的同相分量 $\xi_{\mathrm{c}}(t)$ 和正交分量 $\xi_{\mathrm{s}}(t)$ 的自相关函数不仅与时间起点无关，而且两者具有相同的自相关函数。

根据互相关函数的性质，应有

$$R_{\mathrm{SC}}(\tau) = R_{\mathrm{CS}}(-\tau)$$

代入式（3–55），有

$$R_{\mathrm{CS}}(\tau) = -R_{\mathrm{CS}}(-\tau)$$
$$R_{\mathrm{SC}}(\tau) = -R_{\mathrm{SC}}(-\tau)$$

因此，发现同相分量 $\xi_{\mathrm{c}}(t)$ 和正交分量 $\xi_{\mathrm{s}}(t)$ 的互相关函数都是 τ 的奇函数。在 $\tau = 0$ 时，应该有

$$R_{\mathrm{SC}}(0) = R_{\mathrm{CS}}(0) = 0$$

（3–56）

根据式（3–53）式（3–54）可以得到

$$R_{\xi}(0) = R_{\mathrm{C}}(0) = R_{\mathrm{S}}(0)$$

结论 4： 均值为零的平稳窄带随机过程 $\xi(t)$ 的方差与其同相分量 $\xi_{\mathrm{c}}(t)$ 及正交分量 $\xi_{\mathrm{s}}(t)$ 的方差都相同。

3. 分布特征

根据式（3–49）关于窄带随机过程两个分量的表示方法

$$\xi(t) = \xi_{\mathrm{c}}(t)\cos\omega_{\mathrm{c}}t - \xi_{\mathrm{s}}(t)\sin\omega_{\mathrm{c}}t$$

取 $t = t_1 = 0$ 时，有 $\qquad\qquad\qquad \xi(t_1) = \xi_{\mathrm{c}}(t_1)$

取 $t = t_2 = \pi/2\omega_{\mathrm{c}}$ 时，有 $\qquad\qquad \xi(t_2) = \xi_{\mathrm{s}}(t_2)$

所以，$\xi_{\mathrm{c}}(t_1)$，$\xi_{\mathrm{s}}(t_2)$ 也是高斯随机变量，从而 $\xi_{\mathrm{c}}(t)$，$\xi_{\mathrm{s}}(t)$ 也是高斯随机过程。又根据式（3–56）可知，$\xi_{\mathrm{c}}(t)$，$\xi_{\mathrm{s}}(t)$ 在同一时刻的取值是互不相关的随机变量，因而它们还是统计独立的。

重要结论： 一个均值为零的窄带平稳高斯过程 $\xi(t)$，它的同相分量 $\xi_{\mathrm{c}}(t)$ 及正交分量 $\xi_{\mathrm{s}}(t)$ 也是平稳高斯过程，而且均值都为零，方差也相同。此外，在同一时刻上得到的 $\xi_{\mathrm{c}}(t)$ 和 $\xi_{\mathrm{s}}(t)$ 是互不相关的或统计独立的。

3.9.4 窄带随机过程的包络和相位分布规律

重新看一下用随机包络 $a(t)$ 及相位 $\varphi(t)$ 表示的窄带随机过程

$$\xi(t) = a(t)\cos[\omega_{\mathrm{c}}t + \varphi(t)]$$

前面已经知道，窄带随机过程 $\xi(t)$ 的包络 $a(t)$ 及相位 $\varphi(t)$ 也是随机过程，分别具有各自的概率密度函数。

经过分析，知道包络 $a(t)$ 的概率密度函数 $f(t)$ 为

$$f(a_\xi) = \frac{a_\xi}{\sigma_\xi^2} \exp\left[-\frac{a_\xi^2}{2\sigma_\xi^2}\right], \qquad a_\xi \geqslant 0 \tag{3-57}$$

a_ξ 可以理解为随机过程 $a(t)$ 的一维随机变量取值，σ_ξ^2 为窄带随机过程 $\xi(t)$ 的方差。式（5-57）为瑞利函数，因此可以判定窄带随机过程的包络 $a(t)$ 服从瑞利分布，如图 3-21 所示，注意其与正态分布不同，主要区别为是否存在对称性。取 $\sigma_\xi = 1$，可以看出，当包络 $a_\xi = \sigma_\xi = 1$ 时，概率密度 $f(a_\xi)$ 取最大值，最大值为 $0.606/\sigma_\xi$。

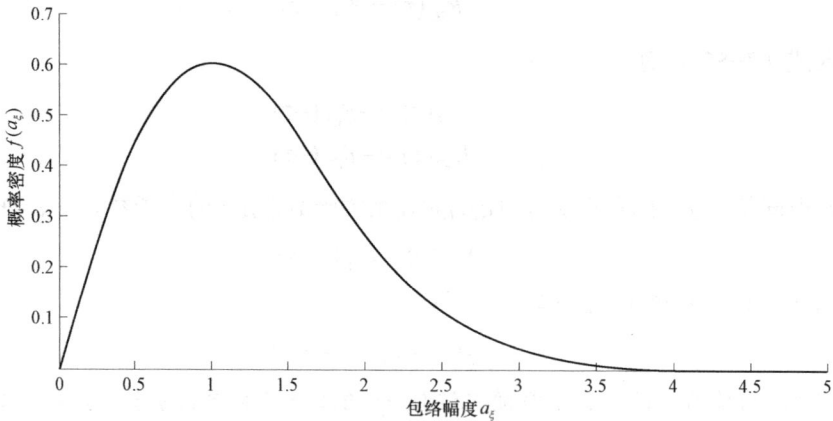

图 3-21 窄带随机过程的包络分布

经过分析，可知窄带随机过程随机相位 $\varphi(t)$ 的概率密度函数 $f(\varphi_\xi)$ 为均匀分布，即

$$f(\varphi_\xi) = \frac{1}{2\pi}$$

并且，窄带平稳高斯过程的包络和相位是统计独立的。

3.10 正弦波加窄带随机过程

信号经过信道传输后总会受到噪声的干扰，为了减少噪声的影响，通常在接收机前端设置一个带通滤波器，以滤除信号频带以外的噪声，如图 3-22 所示。因此，带通滤波器的输出是信号与窄带噪声的混合波形，最简单的分析模型为正弦波加窄带高斯噪声，这是通信系统中常会遇到的一种情况，所以有必要了解合成信号的包络和相位的统计特性。

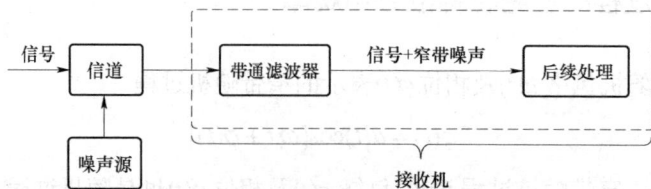

图 3-22 信号加窄带随机过程产生过程

经过带通滤波器后，信号与噪声的合成表示为

$$r(t) = A\cos(\omega_c t + \theta) + n(t) \qquad (3\text{-}58)$$

式（3-58）中，信号用正弦波 $A\cos(t+\theta)$ 简化表示，其幅值 A 与频率 ω_c 均为常数，θ 是在（0，2π）上均匀分布的随机变量；$n(t)$ 为窄带高斯白噪声，其均值为零，方差为 σ_n^2。

前面在分析窄带随机过程时已经知道，窄带随机过程可以用同相分量和正交分量来表示，因此窄带高斯白噪声可表示为

$$n(t) = n_c(t)\cos\omega_c t - n_s(t)\sin\omega_c t$$

因此，式（3-58）可以变形为

$$\begin{aligned}
r(t) &= [A\cos\theta + n_c(t)]\cos\omega_c t - [A\sin\theta + n_s(t)]\sin\omega_c t \\
&= z_c(t)\cos\omega_c t - z_s(t)\sin\omega_c t \\
&= z(t)\cos[\omega_c t + \varphi(t)] \qquad (3\text{-}59)
\end{aligned}$$

由式（3-59）可以得到，信号与噪声的合成波形 $r(t)$。

① 同相分量加噪声

$$z_c(t) = A\cos\theta + n_c(t)$$

② 正交分量加噪声

$$z_s(t) = A\sin\theta + n_s(t)$$

③ 合成包络

$$z(t) = \sqrt{z_c^2(t) + z_s^2(t)} \geqslant 0$$

④ 合成相位

$$\varphi(t) = \arctan\frac{z_s(t)}{z_c(t)}, \quad 0 < \varphi(t) < 2\pi$$

经过分析，可以得到合成包络的概率密度函数为广义瑞利分布，也称莱斯（Rice）函数，即

$$f(z) = \frac{z}{\sigma_n^2}\exp\left[-\frac{1}{2\sigma_n^2}(z^2 + A^2)\right]I_0\left(\frac{Az}{\sigma_n^2}\right), \ z \geqslant 0 \qquad (3\text{-}60)$$

其中，z 为包络幅值，σ_n^2 为噪声的方差，$I_0\left(\dfrac{Az}{\sigma_n^2}\right)$ 为 0 阶贝塞尔函数。

图 3-23 显示了正弦波加窄带随机过程的包络分布，横轴为 $f(z)$，纵轴为概率密度函数值。取 $\sigma_n = 2$，信号幅值 A 分别取 0，4，10 三种情况，可以看出，合成信号的包络概率密度函数存在以下两种极限情况。

① 当信号幅值很小，即 $A \to 0$，此时信噪比 $r = \dfrac{A^2}{\sigma_n^2} \to 0$，式（3-60）中的贝塞尔函数 $I_0(x)$ 中的 $x \to 0$，有 $I_0(x) = 1$，这时可认为合成波 $r(t)$ 中只存在窄带高斯噪声，式（3-60）近似为式（3-59），即由莱斯分布退化为瑞利分布。

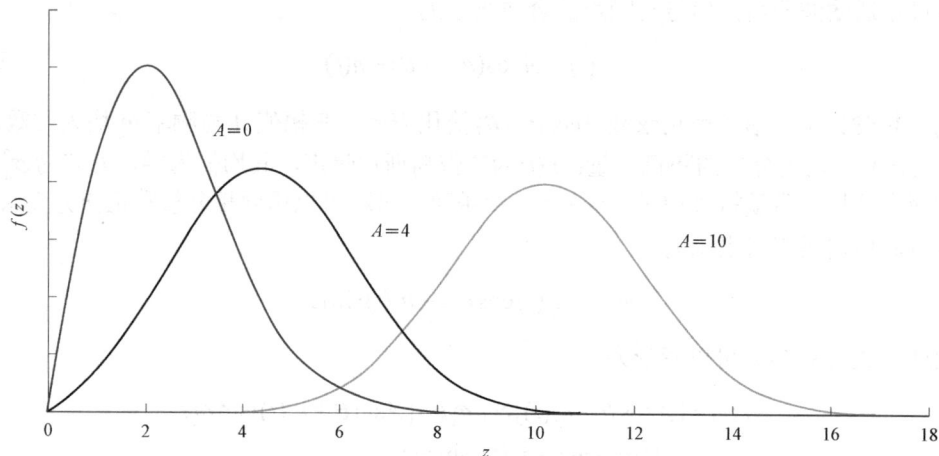

图 3-23　正弦波加窄带随机过程的包络分布

② 当信号幅值很大，即信噪比 r 很大时，式（3-60）中的贝塞尔函数 $I_0(x)$ 中的 $x \to \infty$，根据贝塞尔函数的性质，有 $I_0(x) = \dfrac{e^x}{\sqrt{2\pi x}}$，此时 $f(z)$ 近似于高斯分布，即

$$f(z) \approx \frac{1}{\sqrt{2\pi x}} \cdot \exp\left[-\frac{(z-A)^2}{2\sigma_n^2}\right]$$

信号加噪声的合成波相位分布 $f(\varphi)$ 比较复杂，这里就不再演算了。不难推想，$f(\varphi)$ 也与信噪比有关。小信噪比时，$f(\varphi)$ 接近于均匀分布，反映此时窄带高斯噪声为主的情况；大信噪比时，$f(\varphi)$ 主要集中在有用信号相位附近。

思考与练习题 >>>

思考题：

3-1　随机过程与随机变量有何联系？或者说，随机过程中何时出现随机变量？

3-2　分析随机过程的数学期望、方差对信号有何意义。

3-3　平稳随机过程中的"平稳"的含义是什么？

3-4　平稳随机过程的自相关函数具有什么特点？

3-5　什么是高斯噪声？高斯噪声是否都是白噪声？

3-6　窄带随机过程的表示方式有哪些？

3-7　一个均值为 0 的窄带平稳高斯过程的功率与它的两个正交分量的功率有何关系？

3-8　为什么窄带随机过程的波形类似正弦波？

3-9　窄带随机过程的包络、相位分布特性各是什么？

3-10　窄带高斯白噪声中的"窄带""高斯""白"的含义各是什么？

3-11　理想白噪声与带限白噪声的自相关函数有何不同？

3-12　高斯过程通过线性系统时，输出过程的一维概率密度函数如何？输出过程和输入过程的数字期望及功率谱密度之间有什么关系？

3-13 何谓随机过程的各态历经性?

3-14 研究正弦波加窄带随机过程有何实际意义?

3-15 正弦波加窄带随机过程的包络、相位分布特性各是什么?

练习题:

3-1 某随机过程可表示成 $\xi(t) = 4\cos(4\pi t + \varphi)$,式中 φ 是一个离散随机变量,且 $P(\varphi=0)=1/2$,$P(\varphi=\pi/2)=1/2$,试求 $E_\xi(1)$ 及 $R_\xi(0,1)$。

3-2 设 X 是一个高斯随机变量,均值 $a=1$,方差 $\sigma^2 = 4$,试确定随机变量 $Y=2X+3$ 的概率密度函数 $f(y)$。

3-3 设 $\xi(t) = x_1\cos\omega_0 t + x_2\sin\omega_0 t$ 是一随机过程,若 x_1 和 x_2 是彼此独立且具有均值为 0、方差为 σ^2 的高斯随机变量,试求:

(1) $E[\xi(t)]$ 和 $E[\xi^2(t)]$。

(2) $R_\xi(t_1,t_2)$。

3-4 已知 $X(t)$ 和 $Y(t)$ 是统计独立的平稳随机过程,且它们的均值分别为 a_x 和 a_y,自相关函数分别为 $R_x(\tau)$ 和 $R_y(\tau)$,试求:

(1) 乘积 $Z(t)= X(t) \cdot Y(t)$ 的自相关函数。

(2) $Z(t)=X(t)+Y(t)$ 的自相关函数。

3-5 设有一随机过程 $X(t) = m(t)\cos(\omega t + \theta)$,其中 $m(t)$ 是一广义平稳随机过程,且其自相关函数为

$$R_m(\tau) = \begin{cases} 1+\tau, & -1 < \tau < 0 \\ 1-\tau, & 0 \leqslant \tau \leqslant 1 \\ 0, & 其他 \end{cases}$$

随机变量 θ 在 $(0,2\pi)$ 上服从均匀分布,它与 $m(t)$ 彼此统计独立。

(1) 求出 $Z[X(t)]$ 和 $R_X(t_1,t_2)$,判断 $X(t)$ 是否平稳。

(2) 画出自相关函数 $R_X(\tau)$ 的曲线。

(3) 求出 $X(t)$ 的功率谱密度。

3-6 已知一噪声 $n(t)$ 的自相关函数为

$$R_n(t) = \frac{k}{2}e^{-k|t|}, \quad k 为常数$$

(1) 求该噪声的功率谱密度 $P_n(f)$ 和功率 P。

(2) 画出 $R_n(t)$ 和 $P_n(f)$ 的曲线,并分析其特点。

第4章

信　　道

本章教学基本要求

掌握：

1. 信道模型；

2. 随参信道特点；

3. 信道容量计算。

理解：

1. 信道分析方法；

2. 恒参信道与随参信道区别；

3. 多径传输特征。

本章核心内容

1. 信道的定义、分类和数学模型；

2. 恒参信道的特性及对信号传输的影响；

3. 随参信道的特性及对信号传输的影响；

4. 信道容量及香农公式。

　　信道作为信息传输的媒介，对保障通信的顺畅与高效起到决定性作用。例如：无线通信让人们摆脱了线缆的束缚，实现了随时随地的信息传递；光纤通信大幅提升了信息传输的速度和容量；卫星通信使全球范围内的信息传递成为可能。通过深入研究和探索信道的特性与规律，我们能够更好地利用信道资源，提升通信系统的性能和信息传递效率。

4.1 信道的基本特征

1. 必要性

在第 1 章介绍通信系统一般模型时已经知道，信道是通信系统必不可少的组成部分，它跨越千山万水，以有线或无线的形式，将发送设备与接收设备连接起来，构成以传输媒质为基础的信号通道。

2. 非理想特性

信道的非理想特性来自两个方面，即信道自身特性不理想、噪声和干扰。

首先，一般来说，实际信道都不是理想的，这意味着信道通常具有非理想的频率响应特性。第 1 章曾经分析过，非理想系统会对传输后的信号产生幅频畸变或相频畸变；而且在实际信道中，信道特性会呈现出时变性，这种不稳定使信号在传输过程中可能遭受衰减、相移、频率失真等问题。

其次，实际信道中不可避免地会受到噪声和干扰。噪声来源于传输媒介和周围环境，如热噪声、闪络噪声、互调噪声等。这些噪声与信号混合，会导致信号质量下降，从而降低通信系统的性能。

信道本身的非理想特性及噪声和干扰将影响信息传输的有效性与可靠性。

4.2 信道的定义及分类

4.2.1 信道

1. 信道定义

具体而言，信道是由有线或无线线路提供的信号通路，如音频电话线、视频同轴线缆、光纤等；抽象而言，信道是指定的一段频带（如北京交通广播电台的信道，是以 103.9 MHz 为中心频率的波段），它让信号通过，同时又对信号加以限制和损害。

2. 信道分类

为了更好地描述和分析不同类型的通信系统，根据信道研究的范围将信道分为狭义信道和广义信道，如图 4-1 所示。狭义信道又分为有线信道和无线信道，广义信道根据又分为调制信道和编码信道两类。

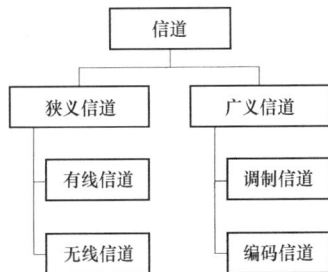

图 4-1 信道分类

4.2.2　狭义信道

狭义信道通常用于描述单一的通信链路，是指在通信系统中用于传输信号的物理媒介，具有明确的物理特性和技术规范，能够实现特定的数据传输功能。

有线信道包括电话系统里传输音频的双绞线、有线电视网络里传输视频的同轴电缆、网线、光纤等；无线信道是一种利用无线电波进行信号传输的媒介，具有广泛的覆盖范围和灵活的传输方式。

表 4-1 列出了传输不同波段电磁波的狭义信道。

长波细分为极长波、超长波、甚长波和长波，表 4-1 中只列出了后两种。甚长波波长达到 100 km，频率范围为 3～30 kHz，在海水中的传输衰减较小，入水深度可达 20 m，主要用于对潜艇单向发信；长波波段通信也称低频（LF）通信，波长范围为 1～10 km（频率为 30～300 kHz），长波主要用地波形式传播，在陆地一般传播距离为几十到几百千米，地波在海面上传播距离比陆地要远得多，可达数百到数千千米，可通电话和电报，被广泛用于海上通信，有的国家也用于广播。

中波频率范围为 300kHz～3 MHz，相应波长为 100～1 000 m。中波能以表面波或天波的形式传播，需要在比较深入的电离层处才能发生反射。这一波段可用于无线电通信和广播，但是多以调幅形式即 AM 广播为主。

短波波长在 10～100 m 之间，频率范围是 3～30 MHz。短波可以通过表面波和天波传播，适合远距离通信，因为天波在电离层中的损耗较小，可进行远距离无线电通信。超短波频率为 30～300 MHz，相应波长为 1～10 m，主要用于电视、调频广播、雷达探测和军事通信等领域。

微波波长在 1 mm～1 m 之间，频率范围是 30 MHz～300 GHz，又细分为特高频（UHF）、超高频（SHF）和极高频（EHF）三个波段，其中 EHF 常称为毫米波。微波具有容量大、质量好并可传至很远距离的特点，因此在国家通信网和各种专用通信网中得到广泛应用。特别是现有的无线通信系统采用的 700 MHz～2.6 GHz 频段受限于频谱资源，无法满足指数级增长的数据需求。毫米波频段由于其丰富的频谱资源，能够提供比传统低频段更大的通信带宽（1 GHz 或更大），同时具有更小的频谱干扰，成为 5G、6G 移动通信网络的核心技术。

太赫兹波介于微波和红外线之间，频率范围为 0.1～10 THz（注意和毫米波有重合），能量介于电子和光子之间。尽管红外和微波技术已经成熟，但太赫兹技术仍相对空白。太赫兹波具有瞬态性、宽带性、稳定性、相干性、穿透性和低能性等特点，在安检成像、材料研究、医学成像、宽带通信和军事领域有广泛应用前景。太赫兹通信利用太赫兹波进行空间通信，具有大带宽和高传输速率，能有效缓解频谱资源和无线系统容量限制，是未来无线通信的首选。然而，由于太赫兹频段的电磁波在空气中传播时衰减较大，传输距离较短，适用于室内短距离无线通信。总体而言，太赫兹通信在短距离超高速无线通信方面有巨大的应用潜力。

根据波长由长到短的顺序，光波依次为红外光、可见光和紫外光，这三个光波段都可以用于通信。光纤通信的主要工作窗口在红外区域，为 1 550 μm、1 310 μm 和 0.85 μm，而可见光通信利用室内灯泡充当无线基站实现高速大容量的无线光通信，对通信节能意义非常大，因此也称为下一代移动通信，即 6G 的建议波段。紫外光通信不受频率限制，干扰少，具有高机密性，适合遮挡多的场景，灵活性高的特点使其能够在复杂的地形环境中进行非视距通信。

表 4-1　传输不同波段电磁波的狭义信道

波段 （波长）	波段 （频率）	波长	频率范围	传输媒质	用途
甚长波	甚低频 VLF	10～100 km	3～30 kHz	有线、长波无线电	远程导航、水下通信、声呐
长波	低频 LF	1～10 km	30～300 kHz	有线、长波无线电	导航、水下通信、无线电信标
中波	中频 MF	100～1 000 m	300 kHz～3 MHz	同轴电缆、短波无线电	AM 广播、海事通信、业余无线电
短波	高频 HF	10～100 m	3～30 MHz	同轴电缆、短波无线电	远程广播、定点军用通信、业余无线电
超短波 （米波）	甚高频 VHF	1～10 m	30～300 MHz	同轴电缆、米波无线电	电视、调频广播、雷达探测和军事通信
分米波 （微波）	特高频 UHF	1～0.1 m	300 Mkz～3 GHz	波导、分米波无线电	卫星和空间通信、雷达、GPS、蜂窝网
厘米波 （微波）	超高频 SHF	1～10 cm	3～30 GHz	波导、厘米波无线电	卫星和空间通信、雷达
毫米波 （微波）	极高频 EHF	1～10 mm	30～300 GHz	波导、毫米波无线电	雷达、微波接力、射电天文学
太赫兹波	THF	30 μm～3 mm	0.1～10 THz	波导、毫米波无线电	宽带通信、射电天文学、成像和无损检测
光波		100 nm～30 μm		光纤、空间传播	通信、无损检测、安检成像

4.2.3　广义信道

与狭义信道相比，广义信道的含义范围更广泛、更抽象，可用于描述整个通信系统中的多个信道和干扰。广义信道指在信息传输系统中，用于传输信息的任何通道或介质，包括狭义信道，同时也包括信道编码、调制、解调、信道估计和均衡等信道处理技术。通过研究广义信道，可以更好地了解信号在传输过程中受到的干扰和衰减，适用于复杂的通信环境和多种信号传输需求，能够对信号进行处理和优化，提高传输效率和可靠性，可以为新型通信技术的发展提供重要的理论基础和指导。

按照广义信道包含的功能，信道可以划分为调制信道和编码信道，如图 4-2 所示。

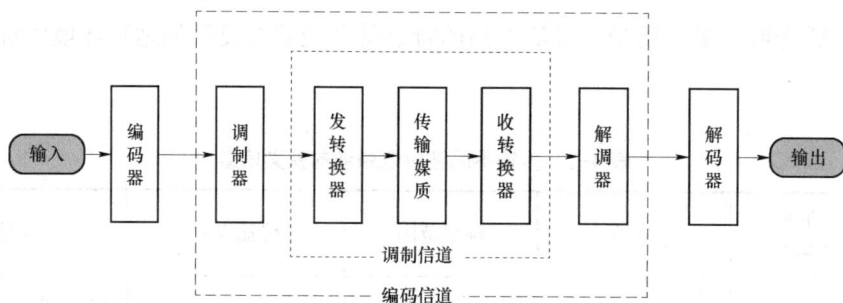

图 4-2 广义信道：调制信道和编码信道

调制信道是指从调制器输出端到解调器输入端的部分（调制和解调，第 5 章会有详细的讲解），具体包含发转换器、传输媒质和收转换器三个部分，可以将其看作传输已调信号的一个整体，相当于对已调制信号进行某种变换。而已调信号由于引入了载波波形，因此调制信道的核心问题是波形的处理过程，关心的是波形畸变和延迟等问题，可以说调制信道为连续信道。

编码信道范围更广，包含调制信道在内，指的是编码器输出端到解码器输入端的部分。它包含调制器、发转换器、传输媒质、收转换器和解调器五个部分，可以将其看作传输数字信号的一个整体。

从编译码的角度来看，编码器的输出是某一数字序列，而解码器的输入同样也是某一数字序列，它们可能是不同的数字序列，取决于编码信道的性质。因此，从编码器输出端到解码器输入端，可以用一个对数字序列进行变换的整体来代表编码信道。相应地，编码信道也叫作离散信道。

4.3 信道的数学模型

信道的数学模型的主要目标是描述信息在传输过程中所面临的各种挑战和限制。为了构建一个可靠的信道的数学模型，需要深入研究以下几个关键方面。

① 信道应视为一个线性系统，可以通过简单的叠加信号来处理多路信号，从而实现高效的信息传输。然而，在实际应用中，线性系统的要求可能受到一定程度的妥协。

② 信道在传输过程中会遭受传输损耗和时延。传输损耗主要包括信号强度的衰减和信号传播速度的降低，导致信号在传输过程中能量损失；时延则是信号在信道中传播的时间延迟，可能影响信号的实时性和同步性。

③ 信道中存在噪声。噪声呈现为与信号无关的随机变量并叠加在信号上，从而降低信号接收端的信噪比。

④ 实际信道中还可能出现失真现象，导致信号的形状发生改变，从而影响信息的传输效果。

⑤ 信道是一个带限系统。这意味着信道对信号的传输具有频率选择性，只有特定频率范围内的信号才能顺利通过。

⑥ 信道的功率受限。

总之，建立一个可靠的信道数学模型是一项极具挑战性的任务。我们需要充分考虑信道的线性特性、传输损耗、噪声、失真、带限特性和功率限制等多个方面，以准确地描述信息在传输过程中的各种现象。

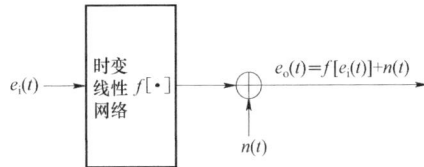

4.3.1　调制信道数学模型

调制信道传输的是已调信号，对信号的影响是由信道的特性及外界干扰造成的，只需关心输出信号与输入信号之间的关系，即信号的失真情况及噪声对信号的影响。具体来讲，调制信道的数学模型，应包含以下因素：

① 有一对（或多对）输出端和一对（或多对）输入端；

② 绝大多数的信道是线性的；

③ 信号通过信道具有一定迟延时间，而且还会存在（固定或时变的）损耗；

④ 即使没有信号输入，在信道的输出端仍有一定的功率输出（噪声）。

基于以上考虑，首先研究调制信道本身的特性。将调制信道包含的发转换器、传输媒质和收转换器三个部分看作一个整体，用一个多对端的时变线性网络来表示，如图 4-3 所示。一般情况下，调制信道可能有不止一个输入端（假设为 m 个）和不止一个输出端（假设为 n 个）。$f[\cdot]$ 为信道线性算子，表示对输入信号的数学处理过程。

图 4-3 的调制信道模型能反映其作为一个系统对输入信号的响应特点。除此之外，还应该考虑外界噪声的影响。如图 4-4 所示，调制信道输出信号与输入信号的关系可以由调制信道数学模型完整地表示出来。

图 4-3　多输入、多输出调制信道模型　　　图 4-4　调制信道数学模型

由图 4-4 可以看出，信号经过编码、调制后进入调制信道，输出信号受到两个方面的影响：信道本身的特性及外部噪声的叠加，即输出信号表示为

$$e_o(t) = f[e_i(t)] + n(t) \tag{4-1}$$

其中：$e_i(t)$ 为信道输入端信号，$e_o(t)$ 为信道输出端信号，$n(t)$ 为噪声。可以看出，噪声与输入端信号为独立关系，其对信号的影响是叠加形式，称为加性干扰或加性噪声。与噪声对信号影响形式不同的是，信道本身对信号的影响为乘性干扰，包括各种线性和非线性畸变，即

$$f[e_i(t)] = k(t) \cdot e_i(t) \tag{4-2}$$

$$e_o(t) = k(t) \cdot e_i(t) + n(t) \tag{4-3}$$

根据 $f[\cdot]$ 随时间变化的特点，可以将调制信道分为两类：恒参信道和随参信道。

（1）恒参信道："恒参"的字面意思很明显，即恒定参量，说明此类信道对信号的影响是固定的或即使有变化也是极为缓慢的，该类信道的 $f[\cdot]$ 为非时变线性算子。

（2）随参信道：随参信道对信号的影响是快速变化的，其算子 $f[\cdot]$ 随时间随机变化。很明显，随参信道比恒参信道复杂。

4.3.2 编码信道数学模型

从信道处理的信号特征来看，编码信道与调制信道完全不同，调制处理的是波形，而编码信道的输入和输出都是数字序列（信号），因此在通信理论中称编码信道为离散信道或数字信道。而且，编码信道包含调制信道，因此其性能依赖于调制信道的性能。另外，噪声的干扰体现在误码上，关心的是误码率而不是信号失真情况。编码信道的数学模型反映其输出数字序列和输入数字序列之间的关系，通常是一种概率关系。输入和输出之间的关系可以通过转移概率来加以刻画，转移概率反映了信道在传输过程中的不确定性。图 4-5 是二进制数字传输系统的编码信道数字模型，可以看出，由于信道本身的特性不理想及外界噪声的干扰，编码器输出的二进制信号经过编码信道传输后共产生四种情况。

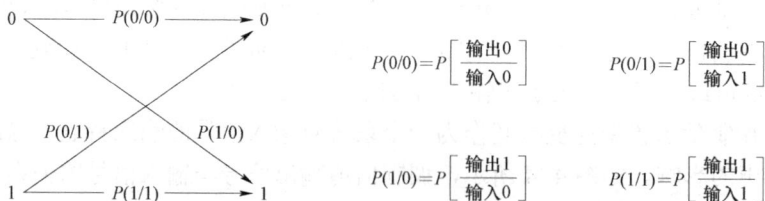

图 4-5 二进制数字传输系统的编码信道数学模型

二进制编码信道数学模型可用转移概率矩阵表示为

$$\begin{bmatrix} P(0/0) & P(0/1) \\ P(1/0) & P(1/1) \end{bmatrix}$$

根据信道码元的转移概率与其前后码元的取值情况独立与否，可把编码信道分为两类。

（1）无记忆编码信道：信道码元的转移概率与其前后码元的取值无关。

（2）有记忆编码信道：信道码元的转移概率与其前后码元的取值有关。

对于二进制无记忆编码信道来说，如果转移概率 $P(0/1)=P(1/0)$，则该信道为对称编码信道，而非对称编码信道的转移概率 $P(0/1) \neq P(1/0)$。通信系统中多数信道属于无记忆对称编码信道。

4.4 恒 参 信 道

调制信道中的恒参信道能提供稳定的传输性能，归因于信道的性质不随时间变化或者变化极慢。一般的有线信道可以看作恒参信道，部分无线信道也可看作恒参信道。下面介绍一些典型的有线恒参信道，包括双绞线、同轴电缆和光纤，如图 4-6 所示。典型的无线恒参信道为卫星通信道和微波信道。

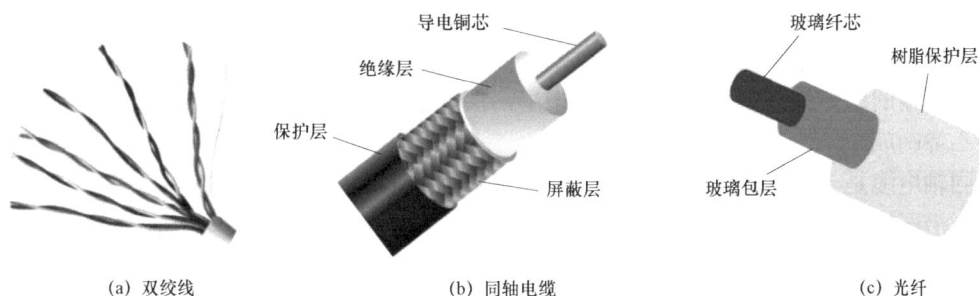

(a) 双绞线　　　　　　　　(b) 同轴电缆　　　　　　　　(c) 光纤

图 4-6　典型的有线恒参信道

4.4.1　典型有线恒参信道

1. 双绞线

双绞线是由两根绝缘金属线按一定规则紧密绞合而成的传输媒质，"双绞线"的名字也是由此而来的。这种巧妙而简单的绞合结构，使每一根导线在传输中辐射的电波会被另一根线上发出的电波所抵消，并可以抵御一部分外界电磁波的干扰，降低了信号干扰的程度，使双绞线在一定条件下可以被视为恒参信道，常用于电话线和网络线。

实际使用时，双绞线是由多对双绞线一起包在一个绝缘电缆套管里的，比较经典的是四对双绞线。更多对双绞线放在一个电缆套管里，称为双绞线电缆。不同线对具有不同的扭绞长度，按逆时针方向扭绞。相邻线对的扭绞长度在 12.7 cm 以上，一般扭线越密其抗干扰能力就越强，与其他传输介质相比，双绞线在传输距离、信道宽度和数据传输速度等方面均受到一定限制，但具备成本优势。

虽然是传统的信道，双绞线的性能也在不断改进。从 20 世纪 80 年代主要用于语音传输的一类线，一直发展到最新的六类线。从二类线开始用于数据传输，最高传输速率为 4 Mbit/s，传输频率为 1 MHz；三类线、四类线用于语音传输及最高传输速率分别为 10 Mbit/s 和 16 Mbit/s 的数据传输；五类线和超五类线则主要用于高速以太网的传输，速率分别为 100 Mbit/s 和 1 000 Mbit/s；六类线适用于传输速率高于 1 Gbit/s 的应用，提供 2 倍于超五类的带宽。

2. 同轴电缆

同轴电缆是另一种传统的有线信道，广泛用于有线电视和早期的以太网中。同轴电缆的电磁干扰抗扰度较高，能够提供一定范围内的恒定信道特性。从用途上可分为基带同轴电缆和宽带同轴电缆（即网络同轴电缆和视频同轴电缆），同轴电缆的价格比双绞线贵一些，但其抗干扰性能比双绞线强。当需要连接较多设备而且通信容量相当大时可以选择同轴电缆。

同轴电缆由一个中心金属导体、一个绝缘层、一个金属网状屏蔽层和一个保护层组成。中心金属导体通常由铜或铝制成，是主信号的通路，可采用单股线或多股线，其直径和材质会直接影响到电缆的传输性能。绝缘层将屏蔽层与中心导体隔离，同时给予线缆阻抗特性，阻止信号泄漏和保护内导体不受外界干扰。绝缘层外面是屏蔽层，通常由铝箔或铜网制成，形成线缆的金属外导体，也是同轴线的两个导体之一，与中心金属导体形成电流回路，并因为两个导体是同轴关系而得名。外导体既是回路，又具有抗干扰功能，能屏蔽外界干扰，提高信号传输的稳定性。最外层是一个保护层，保护电缆不受外界物理损坏，通常由聚氯乙烯或聚乙烯制成。

同轴电缆是一种宽带传输线，具有低损耗和高隔离度的特点。同时，由于其同轴的结构特点，沿同轴线分布的电容和电感会在整个结构中产生分布阻抗，即特性阻抗。沿同轴电缆分布的电阻损耗使沿线的损耗和行为具有可预测性。在这些因素的共同作用下，同轴电缆在传输电磁（EM）能量时产生的损耗比在自由空间传播条件下的天线要少得多，产生的干扰也更少。

同轴电缆已经使用了 70 多年，在全世界范围内广泛部署，根据不同口径、介质，能传输截止频率几十 MHz 到几十 GHz 的射频和微波信号。同轴电缆在传输中具备可靠性、高带宽、低损耗及高隔离度的优点，因此成为射频和微波应用中最常用的传输线。广播电视、雷达、GPS、应急管理系统、飞机和船舶等传输设备的主要制造商都会采用同轴电缆。同轴电缆的缺点为体积大、无法承受压力和弯曲、成本高等，因此在现代局域网环境中，双绞线已经取代了同轴电缆。

3. 光纤

光纤利用光波传输信息，是一种高度透明的玻璃纤维。从横截面上看，光纤由三部分组成，由内到外依次为纤芯、包层和涂覆层。纤芯和包层的材料都是玻璃，区别是纤芯的折射率更高一些，称为光密介质；涂覆层由树脂类材料组成，增加光纤柔韧性的同时起到保护作用。

光纤导光原理主要基于全反射。根据光的传播定律，光在两个介质分界面处入射时会发生反射和折射，尤其是当光由光密介质（纤芯）射向光疏介质（包层）时，折射角会大于入射角，随着入射角的增加，折射角为 90°，此时包层中不存在折射光，即产生了全反射。这种传输方式使光信号被束缚在纤芯中反复反射而不会进入包层损失掉，并且由于玻璃提纯工艺的提升，光纤的透明度非常高，传输损耗小于 0.2 dB/km，从而实现长距离的传输。而且，由于光纤工作波段在光波范围，不能导电，因此受到的电磁干扰小，在长距离传输中表现出相对恒定的信道特性，为通信质量提供了可靠的保障。

光纤的类别非常多，按照传播模式的数量来分，有单模光纤和多模光纤。单模光纤的纤芯中只能传输一个模式，这是因为单模光纤的纤芯孔径较细，只有十个微米左右；而多模光纤由于纤芯孔径可达几十微米，因而在纤芯内有多个传输模式，如图 4-7 所示。需要注意的是，单模光纤和多模光纤的包层孔径是统一的，标准尺寸为 125 μm。另外，多模光纤在传输光信号时，多个模式在传输时延上存在差别，随着传输距离的增加，这种时延差会变得很大，从而使信号脉冲变得很宽，很容易在相邻脉冲之间形成串扰，从而影响传输质量，因而现在主要铺设的光纤为单模光纤。

按照技术发展的时间顺序，光纤通信的工作波段主要有三个，中心波长分别是 850 nm、1 310 nm 和 1 550 nm，称为光通信的三个窗口。其中，第一窗口开发最早，损耗也是最大的，主要用于短距离通信场景，如局域网等；第二窗口的色散最小，传输窄脉冲的高速信号时脉冲展宽较小，因而适合高速通信；第三窗口的损耗最低，适合远距离通信。

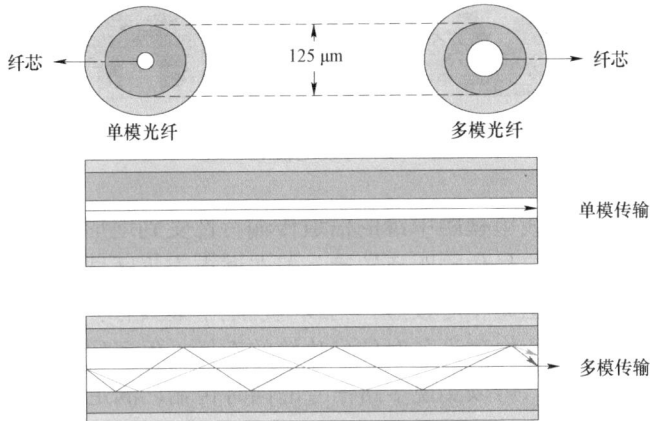

图 4-7　单模光纤和多模光纤

光纤的带宽优势使其成为现代通信网络的重要支柱。在我国，光纤通信技术已经得到广泛应用，不仅在长途通信领域展现出卓越的性能，而且在接入网、城域网等各个层面都发挥着重要作用。在过去的 30 年中，无线频谱和互联网传输量呈指数增长，光纤通信网络作为信息传输基础，承载了全球 90% 以上的数据传输。其传输容量从 8 Mbit/s 提升至 9 600 Gbit/s，传输距离从 10 km 扩展至 3 000 km。

4.4.2　典型无线恒参信道

无线通信集中在微波频段。广义上的微波通信指使用微波频段的电磁波进行的通信，包括地面微波接力通信、卫星通信、对流层散射通信、空间通信及工作于微波频段的移动通信；狭义的微波通信则特指地面微波接力通信，实际在通信行业提到的微波通信都专指地面微波接力通信，也称作无线电视距中继。

电波频率与其承载信息能力呈正相关关系，即频率越高，承载信息的能力越强。在同等天线条件下，电波频率越高，通信波束越窄，功率利用得越充分。在其他条件不变的情况下，电波频率越高，天线发射（接收）效率越高，相应的天线口径可以做得越小。然而，电波频率越高，穿透能力和绕射能力则相对较弱；反之，电波频率越低，穿透能力和绕射能力则较强。

1. 无线电视距中继

无线电视距中继通信工作在超短波和微波波段。由于电磁波频率相对较高，波长较短，在传输时绕射能力较差，树木、建筑物很容易对信号形成遮挡，因此常采用发射塔架高天线的形式，如图 4-8 所示。由于大气吸收造成的损耗，一般传输距离为 50 km，长距离通信需要采用定向天线实现点对点的视距中继方式不断接力传向更远的目的地（"无线电视距中继"名字由来）。由于中继站之间距离较短，因此传播条件比较稳定。这种系统传输容量大、发射功率小、通信可靠稳定，因此可以看作恒参信道。

图 4-8　无线电视距中继

（1）信道传输特性：无线电视距中继的信道传输特性受到地形、建筑物和电磁干扰等因素的影响。在开阔的地区，信号传输距离较远；但在城市密集区域，信号传输受到建筑物和其他电磁设备的干扰，传输距离相对较短。无线电视距中继具有一定的抗干扰能力，能够在一定程度上克服建筑物和其他电磁设备对信号传输的干扰，保证信号的稳定传输。无线电视距中继的频谱利用效率较高，可以实现多路信号的同时传输，满足不同频道的需求。

（2）频段范围：无线电视距中继的频段范围通常包括 VHF（very high frequency）和 UHF（ultra high frequency）频段。VHF 频段适用于长距离传输，UHF 频段适用于城市密集区域的短距离传输。

（3）应用场景：无线电视距中继广泛应用于电视信号的传输，能够覆盖城市和乡村地区，为用户提供清晰稳定的电视节目；在自然灾害等紧急情况下，无线电视距中继可以作为紧急通信的手段，为救援人员和受灾群众提供通信支持；无线电视距中继也可以用于无线广播的传输，为用户提供音乐、新闻等多种节目内容。

2. 卫星通信信道

卫星通信使用卫星作为中继站，转发微波信号实现地面通信，实现对地面的"无缝"覆盖，如图 4-9 所示。卫星通信信道在地球站与通信卫星之间形成，之所以是一种恒参信道，主要因为卫星的位置通常是固定的。另外，在理想情况下，如果环境因素（如天气、太阳黑子活动等）保持不变，即使卫星通信信道的特性受到路径损耗、天线指向性和卫星功率等因素影响，但在短时间内这些参数通常保持稳定。这两点因素造成卫星通信信道的传输特性相对稳定，并且可用频带非常宽；不足之处在于功率受限，干扰较大，信噪比较低。卫星通信覆盖范围远大于移动通信系统，尤其在应急或偏远地区，成为重要的通信手段。

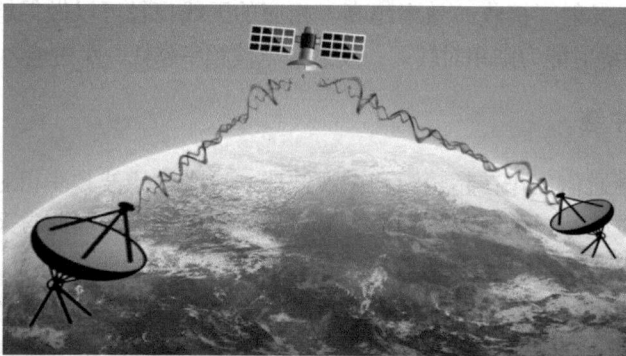

图 4-9　卫星通信

（1）主要频段：由图 4-10 可知，卫星通信信道频段主要位于 UHF、SHF 和 EHF 区域内的微波频段。L 频段以下适用于移动通信，S 至 Ku 频段适用于地球表面通信，其中 C 频段最普遍。毫米波适用于空间通信及近距离地面通信。为满足通信容量不断增长的需要，已开始采用 K 和 Ka 频段进行地球站与空间站之间的通信。卫星通信目前使用 4/6 GHz 频段，带宽 500 MHz，转发器频带 36 MHz，一颗卫星可拥有 12 个或更多转发器。通过同步卫星转发信号，两个地球站之间通信距离可达 13 000 km，不受距离影响，但信号传输时延较长（约 0.26 s）。卫星通信适用于远距离通信，尤其超过一定范围时，每话路成本低于地面微波通信，质量和可靠性更优。

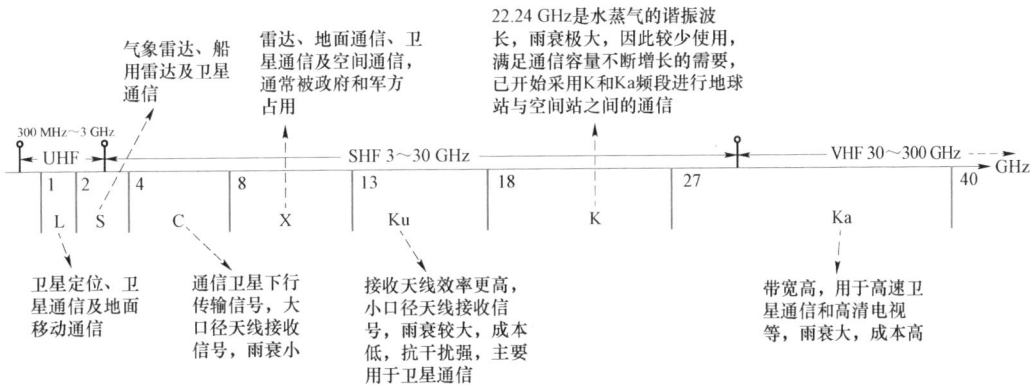

图 4-10　卫星通信信道频段

（2）发展情况：20 世纪 80 年代，摩托罗拉提出了铱星计划，旨在用 77 颗卫星环绕地球提供通信服务，但最终只部署了 66 颗。然而，随着地面通信技术的迅速发展，这一服务几乎没有市场需求。2010 年后，埃隆•马斯克的星链计划成为新的热点，计划发射 4 425 颗低轨卫星（后增至 4.2 万颗），为全球提供高速宽带互联网服务。天通一号是我国卫星通信系统的首发星，于 2016 年 8 月 6 日发射，采用 S 频段，带宽 30 MHz，可形成数百个点波束，传输损耗小。鸿雁全球卫星通信系统由东方红卫星通信有限公司提出，由 300 颗低轨道小卫星及全球数据业务处理中心组成，具有全天候、全时段及在复杂地形条件下的实时双向通信能力。2018 年 12 月 29 日，"鸿雁"星座首颗试验星由长征二号丁运载火箭成功送入预定轨道，该星具有 Ka 频段的通信载荷、导航增强载荷、航空监视载荷。此外，"鸿雁"还可提供航空数据业务，支持飞机前舱的安全通信业务和后舱宽带互联网接入服务。

（3）分类：根据卫星轨道的高度，可将卫星通信系统分为低轨道、中轨道及地球静止轨道卫星。低轨道地球卫星（LEO）距地面高度低于 2 000 km，具有路径损耗小、传输时延低的特点。随着发射成本的下降，多个 LEO 卫星可组成星座，实现全球覆盖，频率复用更有效。中轨道地球卫星（MEO）高度为 2 000～35 786 km，覆盖范围更大，传输时延一般小于 50 ms。地球静止轨道卫星（GEO）位于距地面 35 786 km 的同步静止轨道上，虽可用三颗卫星实现全球覆盖，但链路损耗严重，传播时延远大于 LEO 和 MEO。

4.4.3　恒参信道传输特性

在了解了典型恒参信道的稳定特征后，并在 4.3 节分析调制信道数学模型方法的基础上，完全可以将恒参信道看作一个非时变线性网络。同时，在第 2 章回顾确定信号分析方法时已经掌握，线性网络或系统的特性是依靠其单位冲击响应 $h(t)$（时域）和传递函数 $H(\omega)$（频域）来表征的，如图 4-11 所示。

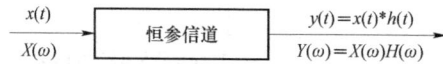

$$x(t) \qquad \qquad y(t)=x(t)*h(t)$$
$$X(\omega) \qquad 恒参信道 \qquad Y(\omega)=X(\omega)H(\omega)$$

图 4-11　时不变线性系统——恒参信道

需要注意的是，恒参信道的特性是恒定的，或者说信道对信号的影响是稳定的，仅是时间上的范畴，但是这种稳定的影响后果有可能是好的影响（不失真）。此外，信道可能也会具备恒定的不利特性，造成信号传输后失真。

1. 理想信道对信号不失真

根据 2.7 节中的理想系统特性，信号经过恒参信道不失真，则要求该信道是一理想系统，频域上信道的传递函数应满足

$$\begin{cases} |H(\omega)| = K \\ \Delta\varphi(\omega) = \omega t_0 \end{cases} \qquad (4-4)$$

其中，K（信号幅度影响）与 t_0（信号延迟）均为常数。式（4-4）意味着不同频率的信号通过恒参信道后，信号幅度均同样变化，即信道对不同频率的信号均"一视同仁"。另外，信号经过系统后均产生同样的延迟 t_0，导致信号经过传输后相位变化量 $\Delta\varphi(\omega)$ 与信号频率 ω 的关系 ωt_0 是线性的。以上结果如图 4-12 所示。

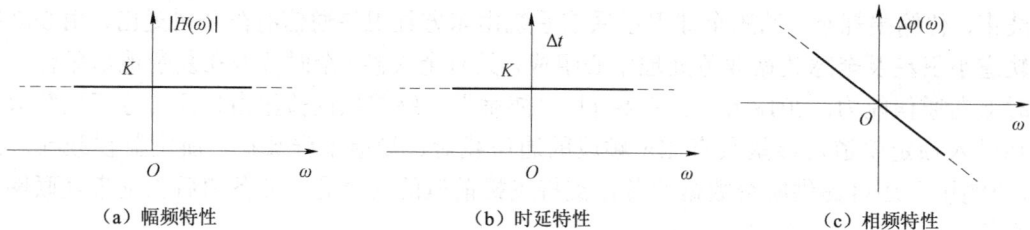

（a）幅频特性　　　　　　　　（b）时延特性　　　　　　　　（c）相频特性

图 4-12　恒参信道对信号影响不失真条件

信号 $x(t)$ 经过如图 4-12 所示的恒参信道后，输出信号波形为

$$y(t) = Kx(t-t_0) \qquad (4-5)$$

即信号经过这种恒参信道后，信号的波形发生两种变化：幅度整体放大（或缩小），在时间轴上平移。很显然，这样的波形没有失真。

式（4-5）是不失真的充分条件。对于实际限带信号，只需在信号的频谱范围以内成立即可，即恒参信道为理想低通系统或理想带通系统。

2. 非理想信道会造成信号失真

实际上的恒参信道并不理想，会对信号造成两种失真。

（1）幅频失真：在信道有效的传输带宽内，信道的 $|H(\omega)|$ 不是常数，而是随频率的变化有所波动，如图 4-13 所示。这种振幅频率特性的不理想导致信号通过信道时波形发生失真，频率不同的信号幅值衰减不同，在接收端造成信号波形畸变，称为幅度频率失真，简称幅频失真。

（2）相频失真（群迟延失真）：频率不同，时延不同，在接收端同样会造成信号波形畸变，产生误码，称为相位频率失真，简称相频失真。

需要采用均衡技术处理幅频失真和相频失真。

图 4-14 演示了实际信道对信号造成的幅频失真和相频失真。输入信道的信号由 $\sin \omega t$ 与 $0.5\sin 3\omega t$ 叠加而成，详见图 4-14（a）。假设经过信道传输后发生两种不理想情况。

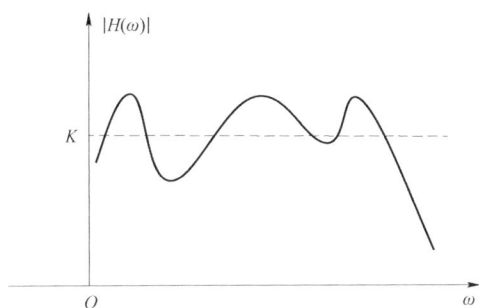

图 4-13　实际信道的幅频特性

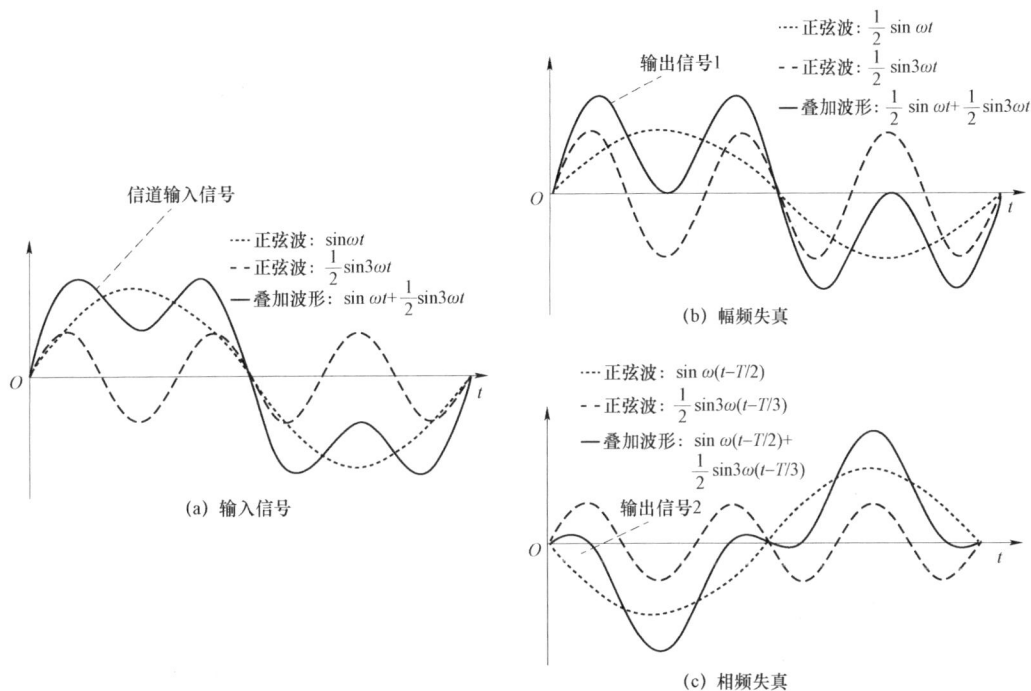

图 4-14　不理想的恒参信道对信号造成失真

（1）幅频失真：频率为 ω 的信号 $\sin \omega t$ 幅度减半，即输出为 $\dfrac{1}{2}\sin \omega t$，频率为 3ω 的信号幅度不变，输出仍为 $\dfrac{1}{2}\sin 3\omega t$。如图 4-14（b）所示，很显然，信道的幅频特性不理想，对不同频率的信号没有做到"一视同仁"，经过信道后的合成波形与输入前比，明显发生了畸变。

（2）相频失真：此时信道对信号的幅度处理都相同，但是，问题发生在信号的相位或时间延迟方面。通过观察图 4-14（c）中输出信号 2，频率为 ω 的信号幅度不变，延迟 $\dfrac{T}{2}$，即输出为 $\sin\omega\left(t-\dfrac{T}{2}\right)$，相位变化 $\Delta\varphi=\dfrac{T\omega}{2}$；频率为 3ω 的信号幅度不变，延迟 $\dfrac{T}{3}$（若为理想信道，则两个信号时间延迟应相同），输出为 $\dfrac{1}{2}\sin 3\omega\left(t-\dfrac{T}{3}\right)$，该信号相位变化 $\Delta\varphi=3\omega\cdot\dfrac{T}{3}=T\omega$（若理想信道，则两个信号的相位变化应与频率成正比）。很显然，信道的相位频率特性不理想，对不同频率的信号相位变化不成线性关系，或者说信号的时延不同，造成输出信道后的合成波形与输入前比，明显发生了畸变，只不过此时的畸变是由于信道的相频特性不理想引起的。

4.5 随 参 信 道

随参信道属于调制信道的另一种类型。与恒参信道比较，随参信道传输特性随时间随机快速地变化，比恒参信道复杂得多，对信号影响较为严重。具体而言，随参信道存在以下三种特性。

① 信道对信号不仅存在衰耗，而且衰耗会因气候变化、信道的物理特性变化而随时间而变。
② 除衰耗外，信号在信道中传输的时延也随时间而变。
③ 多径传输：信号在传输过程中经过多条路径传播到达接收端。无线通信中，信号会经过直射路径和反射、绕射等多条路径传播到达接收端，导致接收端收到来自不同路径的多个信号。

很显然，随参信道的复杂性为通信系统尤其是接收端的设计带来了挑战。为了克服随参信道特性带来的问题，通信系统通常会采用自适应调制、自适应编码等技术来适应信道的变化，以提高通信系统的性能和可靠性；同时，也可以采用多天线技术、信道估计和均衡技术等手段来抵消随参信道特性带来的影响，以保证通信质量。

4.5.1 典型随参信道实例

1. 陆地移动通信信道

陆地移动通信信道是指移动终端与基站之间用于传输语音、数据和控制信息的通道，是典型的无线随参信道。这是由于大气传播环境下信号的传播存在多种不确定性：除了直射路径，环境的影响会造成反射、衍射、散射和绕射等现象，从而形成多径效应。另外，移动终端在通信过程中不断移动，有可能发生多普勒频移。这些因素会增加信道的不确定性，导致信道的特性不断变化。

如图 4-15 所示，直射传播是指电波在自由空间中沿直线传播到达接收端，不被吸收、反射、折射或散射；信号遇到比波长大得多的物体（如地面、建筑物和墙壁表面等）会发生反射；衍射是指信号通过障碍物的缝隙或边缘时发生弯曲传播；散射则发生于介质中存在小于波长的物体，并且单位体积内阻挡体的个数非常多时，如树叶等；绕射是指电磁波能够绕过长度不大于波长的障碍物传播，发生弯曲传播。无线电波传播机制包括直射、反射、绕射和散射等方式，这些方式会受到地形、建筑物等因素的影响，进而影响无线通信的质量和覆盖范围。

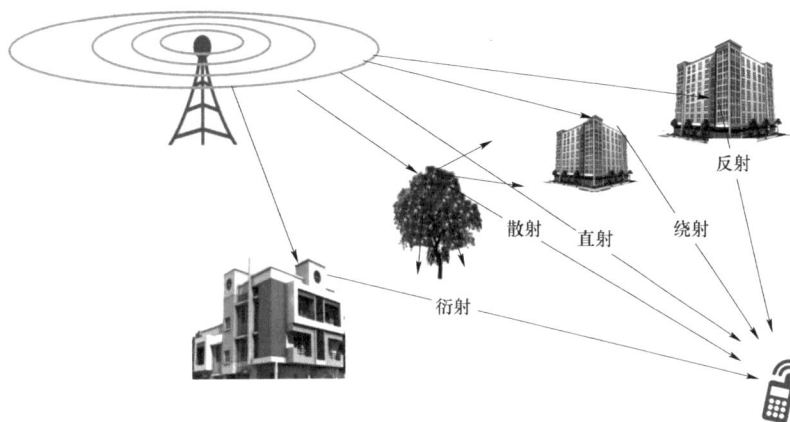

图 4-15　陆地移动通信信道的多径传播

表 4-2 列出了移动通信技术演进。从信道的角度来看，从第一代移动通信（1G）开始采用 0.8～1.8 GHz 的工作频段，向更高频率的波段发展，可以预计 6G 将采用太赫兹波作为载波以实现更高的数据传输速率。信道的传播特性还需要等待标准化组织和行业的进一步研究和规范。

表 4-2　移动通信技术演进

名称	工作频段	通信技术	业务范围	带宽
1G	0.8～1.8 GHz	模拟调制技术	语音	较低
2G	0.8～2.4 GHz	数字调制技术	语音、短信	较低
3G	1.8～2.2 GHz	宽带无线接入技术	语音、数据、多媒体	高
4G	2·～2.7 GHz	OFDM 技术	高速数据、视频、VoIP	更高
5G	3～100 GHz	毫米波通信技术和大规模 MIMO 技术	超高速数据、大容量连接、低时延	极高

2. 短波电离层反射信道

短波通常指的是 3～30 MHz 的无线电频率范围，对应的波长为 10～100 m。这一频段的无线电波能够在大气中传播很远的距离，短波可以由地面传播，简称为地波传播。由于地面的吸收作用，地波传播的距离较短，约为几十千米。因此，短波通信大部分依靠电离层反射传播，简称为天波传播。由于电离层的高度优势和反射特性，它有"空中魔镜"之称。天波传播经一次反射的最大距离约为 4 000 km，或多次反射使传播距离可达上万千米，传输无盲区，设备简单、灵活，因此短波电离层反射信道在短波广播、应急通信、抗灾通信、军事通信等远距离通信中得到广泛应用；缺点是传输可靠性差，需经常更换工作频率。

根据大气的高度，大气层可以依次分为对流层、平流层、中间层和外层（外层包括电离层）。对流层是大气层中天气现象发生的主要区域。平流层内的气体运动相对平稳，因此得名。中间层位于平流层之上，这一层的大气温度随着高度的升高而逐渐降低，直至接近绝对零度。电离层距离地球表面 60～600 km，是太阳辐射引起的大气层中的电离气体层，具有很强的反射和折射能力。电离层的结构和特性受太阳辐射及地球磁场等因素的影响剧烈，通常在白天更加活跃，而在夜晚则会减弱，并且电离层的密度和高度也会随着太阳活动的变化而发生变化。显而易见，正是这些因素造成短波电离层信道的复杂性，是典型的随参信道。

电离层通常分为 D 层、E 层和 F 层。D 层位于电离层的最低部分，高度在 50～90 km 之间。这一层对较低频率的无线电信号有很强的吸收作用，因此会减弱或阻挡这些信号的传播。E 层位于 D 层之上，高度在 90～120 km 之间。这一层在白天比较活跃，可以反射中等频率的无线电信号。F 层是电离层中最高的一层，通常分为 F1 层和 F2 层。F1 层在夜间和黎明时段比较活跃，可以反射高频率的无线电信号。F2 层是电离层中最重要的一层，它通常在夜间保持活跃状态，使短波信号可以传播到很远的地方。

信号在电离层传输时，会因一次和多次反射及经历不同反射层高度，通过多条路径到达接收端，如图 4-16 所示。多径传播主要影响信号的衰落和延时，其中衰落由电离层电特性随机变化导致，接收信号的强度随机起伏。根据持续时间，衰落分为快衰落和慢衰落。延时是最大传输延时与最小传输延时之差，与通信距离、频率和工作时刻有关。

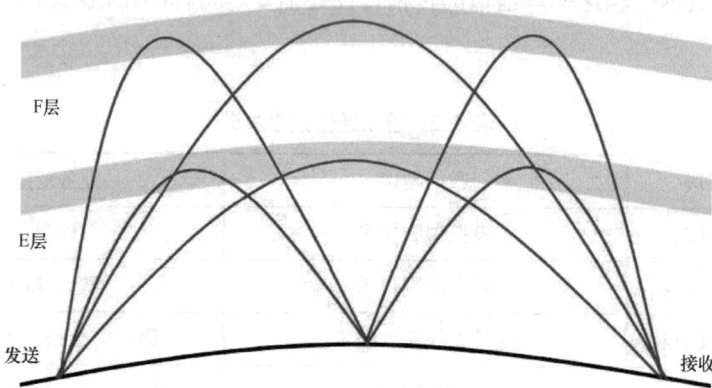

图 4-16 短波电离层信道的多径传播

4.5.2 随参信道对信号传输的影响

通过上述两种典型的随参信道，我们已经了解到这类信道的复杂特性，即时变特征和多径传播。下面，假设基站天线发射的信号经过多条不同的路径到达接收端，通过简单模型分析随参信道对信号传输产生的影响。

1. 多径衰落与频率弥散

假设发送信号为单一频率正弦波，即

$$s(t) = A\cos\omega_0 t$$

此信号进入随参信道进行多径传输，多径信道一共有 n 条路径，各条路径具有不同的时变衰耗（导致不同的信号幅值 $u_i(t)$ ）和时变传输时延 $\tau_i(t)$ ，且从各条路径到达接收端的信号相互独立，则接收端接收到的合成波为

$$R(t) = u_1(t)\cos\omega_0[t - \tau_1(t)] + u_2(t)\cos\omega_0[t - \tau_2(t)] + \cdots + u_n(t)\cos\omega_0[t - \tau_n(t)]$$

变换形式后为

$$R(t) = \sum_{i=1}^{n} u_i(t)\cos\omega_0[t - \tau_i(t)]$$

$$= \sum_{i=1}^{n} u_i(t)\cos[\omega_0 t + \varphi_i(t)]$$

将随机变化部分 $u_i(t)$, $\tau_i(t)$ 及确定性变化部分 $\cos\omega_0 t$ 分开，有

$$R(t) = \sum_{i=1}^{n} u_i(t)\cos\varphi_i(t)\cos\omega_0 t - \sum_{i=1}^{n} u_i(t)\sin\varphi_i(t)\sin\omega_0 t$$

$$= X_c(t)\cos\omega_0 t - X_s(t)\sin\omega_0 t \tag{4-6}$$

$$= V(t)\cos[\omega_0 t + \varphi(t)]$$

其中，

$$X_c(t) = \sum_{i=1}^{n} u_i(t)\cos\varphi_i(t) \quad V(t) = \sqrt{X_c^{\,2}(t) + X_s^{\,2}(t)}$$

$$X_s(t) = \sum_{i=1}^{n} u_i(t)\sin\varphi_i(t) \quad \varphi(t) = \arctan\left(\frac{X_s(t)}{X_c(t)}\right)$$

将式（4-6）与第 3 章分析窄带随机过程时的式（3-49）进行对比，发现它们表达的数学关系是一致的，因此可以断定，式（4-6）描述的仍然是一个窄带随机过程，即由于随参信道的传输特性，发送的单频信号在接收端变成了包络和相位都受到调制的窄带随机信号。如图 4-17 所示，经过随参信道的传输，从时域来看，信号产生了多径时延扩散；从频域来看，发生了频率弥散或展宽。

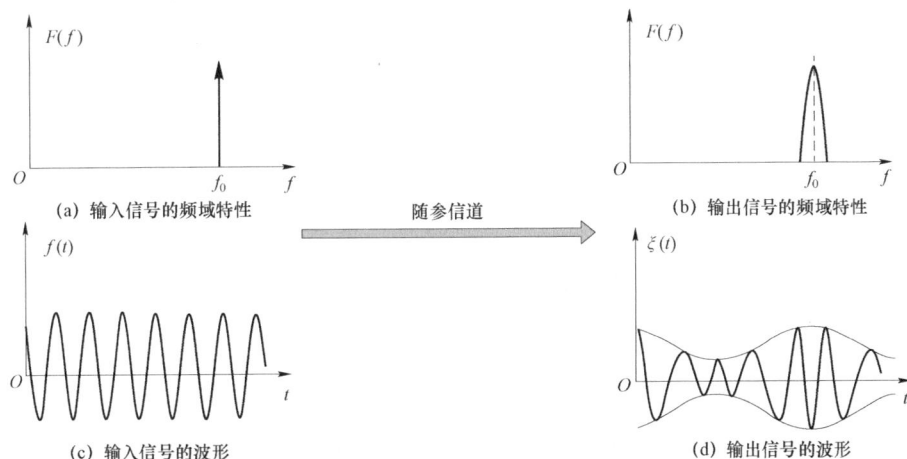

(a) 输入信号的频域特性　　随参信道　　(b) 输出信号的频域特性

(c) 输入信号的波形　　(d) 输出信号的波形

图 4-17　随参信道的多径传播使信号发生了频率弥散

2. 随参信道的频率选择性衰落与相关带宽

当发送信号具有一定频带宽度时，仍然是由于多径传播的原因，信号中不同频率分量经多条路径到达接收端后的相位不同，造成信号频谱中某些分量的衰落，对信号传输产生不利影响。

最简单的两径传输模型如图 4–18 所示。忽略信道的衰减差异，即两条路径衰减相同，均为 V_0，只考虑两条路径传输时延不同对信号造成的影响。

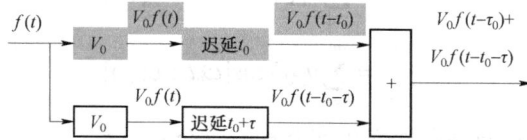

图 4-18　最简单的两径传播模型

信号 $f(t)$ 进入随参信道后，经过两条路径传输，第一条路径对信号的传输时间延迟为 t_0，另一条路径的传输时延为 $t_0+\tau$。两路信号到达接收端后信号合并接收，即收到信号波形为

$$V_0 f(t-t_0) + V_0 f(t-t_0-\tau)$$

设 $f(t)$ 的频谱密度函数为 $F(\omega)$，即有

$$f(t) \leftrightarrow F(\omega)$$

利用傅里叶变换对

$$Kf(t) \leftrightarrow KF(\omega)$$

$$f(t-t_0) \leftrightarrow F(\omega)\mathrm{e}^{-\mathrm{j}\omega t_0}$$

则接收信号频域表示为

$$V_0 F(\omega)\mathrm{e}^{-\mathrm{j}\omega t_0} + V_0 F(\omega)\mathrm{e}^{-\mathrm{j}\omega(t_0+\tau)}$$
$$= V_0 F(\omega)\mathrm{e}^{-\mathrm{j}\omega t_0}(1+\mathrm{e}^{-\mathrm{j}\omega\tau})$$

很显然，通过对比输入信号和接收信号的频谱密度函数，可知两径传输信道的传递函数为

$$H(\omega) = V_0\mathrm{e}^{-\mathrm{j}\omega t_0}(1+\mathrm{e}^{-\mathrm{j}\omega\tau})$$

其幅频特性为

$$|H(\omega)| = \left|(1+\mathrm{e}^{-\mathrm{j}\omega\tau})\right|$$
$$= V_0\left|1+\cos\omega\tau - \mathrm{j}\sin\omega\tau\right|$$
$$= 2V_0\left|\cos\pi f\tau\right|$$

图 4-19 为随参信道两径传播模型的幅频特性。可以看出，不同频率的信号，通过两径传播后将有不同的衰减，这就是所谓的频率选择性衰落。当信号频率 $f = n/\tau$ 时，传输最有利；相反，当信号频率 $f = (2n+1)/2\tau$ 时，不能传输。这意味着该类信道传输的信号带宽 $B = \Delta f$ 被

限制，B 与两信道的时延差 τ 有关，$\Delta f < 1/\tau$，τ 越大，信道带宽越小。

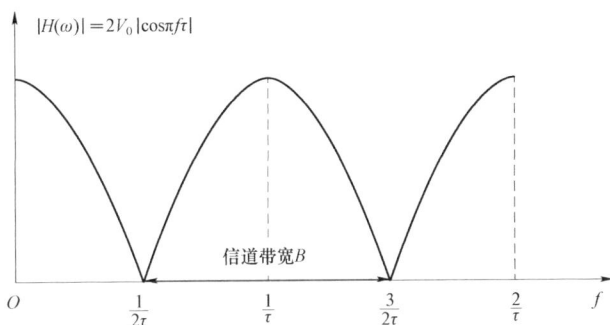

图 4-19 随参信道两径传播模型的幅频特性

需要注意的是，两条路径的传播时延差 τ 是变化的，故图 4-19 中的传输特性零点、极点也是变化的，这无疑增加了随参信道的传输复杂性。

以上只考虑最简单的两径传播模型。如果是多径传播，频率选择性衰落同样依赖相对时延差，只不过采用多径传播时最大延差 τ_m 来表征信道的相关带宽，即

$$B = \Delta f = \frac{1}{\tau_m}$$

当信号带宽 $B_s > B$ 时，接收信号 $R(t)$ 波形一定有畸变，产生频率选择性衰落。为减小频率选择性衰落，往往要限制数字信号的频谱宽度，实际上限制了数字信号的传输速率，即信号频带（Δf_s）必须远小于信道的相关带宽。一个工程上的经验公式为

$$\Delta f_s = \left(\frac{1}{5} \sim \frac{1}{3}\right)\Delta f$$

或者限制数字信号的码元脉冲宽度为

$$T_s = (3 \sim 5)\tau_m$$

4.5.3 改善随参信道特性的方法

由于存在多径与时变性，随参信道中的信号在接收端有可能会受到严重的衰减。这种衰减使接收端不可能正确地判断发送信号，除非有其他衰减程度比较小的信号副本提供给接收机，这种方法就被称为分集（diversity）接收。

分集接收就是为了克服各种衰落，提高系统性能而发展起来的移动通信中的一项重要技术，其基本思路是：将接收到的多径信号分离成不相关的（独立的）多路信号，然后将这些信号的能量按一定规则合并起来，使接收的有用信号能量最大。对于数字系统而言，分集接收可使接收端的误码率最小；对于模拟系统而言，分集接收可提高接收端的信噪比。

1. 分集方式分类

（1）角度分集：天线波束指向角度不同。
（2）频率分集：在不同的载波频率上发送符号，在频率域内提供信号的副本。

（3）空间分集：利用多副天线实现。

（4）极化分集：分别接收水平极化波和垂直极化波。

为获得好的分集效果，频率分集要求几个载波频率之间相互独立，而空间分集为保证多个发送信号或多个接收信号之间的独立性，要求各副天线之间的距离要足够大（大于若干波长）。空间分集技术是在不牺牲信号频率带宽和保证数据传输速率的同时获得分集增益，因而得到了广泛的应用。

2. 信号合并方式分类

（1）最佳选择式合并：选择信噪比最好的一路信号。

（2）等增益合并：各支路信号以相同的增益直接相加。

（3）最大比合并：各支路增益与本支路信噪比成正比。

在实际应用中，可以根据不同的需求选择合适的信号合并方式。例如：在要求较低的通信系统中，等增益合并可以满足基本需求；而在对信号质量要求较高的场合，最佳选择式合并或最大比合并可能是更好的选择。此外，随着通信技术的发展，针对不同应用场景的信号合并技术也将不断涌现，为通信系统性能的提升提供更多可能。

除了以上提到的三种合并方式，还有一些其他的信号合并技术，如基于人工智能的信号合并等。这些技术通过利用人工智能算法对接收到的信号进行处理，自动识别和选择最佳的信号进行合并，从而提高了信号的质量和接收可靠性。同时，基于人工智能的信号合并技术还可以根据实际应用需求进行自适应调整，具有很高的灵活性和适应性。

4.6 信道噪声

在 4.3 节分析调制信道数学模型时已经知道，噪声对信号的影响方式是叠加形式，称为加性干扰或加性噪声，即

$$e_o(t) = k(t) \cdot e_i(t) + n(t)$$

加性噪声与输入信号相互独立，并且始终存在，因此加性噪声的影响只能采取措施减小，而不能彻底消除。

下面将分析通信系统中加性噪声的来源、分类与特性。

4.6.1 噪声来源

通信系统中的加性噪声主要来源于以下几个方面。

1. 人为噪声

人为噪声主要是指人类活动产生的各种电磁干扰和射频干扰。例如：无线电广播、电视、手机等电子设备的辐射干扰，以及工业电气设备、电力线等产生的电磁干扰。这些干扰通过空气传播进入通信系统，叠加在信号上，导致信号质量下降。

2. 自然噪声

自然噪声主要包括宇宙射线、太阳耀斑、雷电等自然现象产生的电磁辐射。这些辐射具有很强的随机性和不可预测性，对通信系统中的信号产生随机干扰，从而影响通信质量。

3. 内部噪声

内部噪声是指通信系统内部元件和设备产生的噪声，主要包括以下几类：热噪声、闪噪、相位噪声和互调噪声。由于电子器件的工作原理，其内部会产生热噪声，这种噪声与设备的工作温度、带宽和放大器的增益等因素有关；闪噪是一种突发性噪声，通常出现在无线通信系统中，主要由大气电离层中的电子碰撞引起，具有很高的峰值功率和较宽的频率范围；相位噪声是指信号相位的随机变化引起的噪声，主要来源于通信系统中的振荡器、相位锁定环等部件；互调噪声是两个或多个频率信号经过非线性电路时产生的新的频率信号，通常出现在通信系统的射频部分，对信号质量产生严重影响。

4.6.2　噪声分类

根据噪声的性质，可以将噪声分为三大类：单频噪声、脉冲噪声和起伏噪声。

单频噪声是指频率单一或集中在某个特定频率范围内的噪声。这种噪声具有较高的可预测性和稳定性，在通信、音频和视频领域有着广泛的应用。单频噪声的主要来源包括电气设备、电机、交通等。在实际应用中，单频噪声通常可通过滤波器进行消除或衰减，以提高信号的质量和可靠性。

脉冲噪声是一种突发性较强的噪声，其主要特点是波动幅度大、持续时间短。脉冲噪声通常是由于外部冲击、设备故障或突发事件等因素引起的。这种噪声对信号的干扰较大，可能导致信号丢失或误码。在通信系统中，脉冲噪声是一种常见的干扰源，对系统性能产生不利影响。为了降低脉冲噪声的影响，研究人员提出了许多抑制方法，如自适应滤波、噪声估计和前馈消减等。

起伏噪声是一种在广泛频率范围内随机波动的噪声，也称为宽带噪声。起伏噪声的主要来源包括热噪声、闪噪、宇宙噪声等。与单频噪声和脉冲噪声相比，起伏噪声具有较高的随机性和不可预测性。在实际应用中，起伏噪声通常通过加大信号幅度或使用噪声抑制技术来降低其影响。

4.6.3　起伏噪声性质

在起伏噪声中，我们主要讨论热噪声、散弹噪声和宇宙噪声的产生原因，分析其统计特性。

热噪声是由于物体内部粒子的无规则运动所产生的噪声。在微观层面上，粒子不断地做无规律的热运动，这种运动会导致宏观表现在各个方面的噪声。热噪声在许多自然过程和工程系统中都有表现，如电子设备中的电流噪声、通信系统中的信号干扰等。热噪声的统计特性表现为随机性和各态历经性，其强度与温度、频率和系统的几何尺寸等因素有关。

散弹噪声，是由于电子管和晶体管器件发射粒子不均匀，粒子在介质传播过程中受到随机波动引起的。散弹噪声的统计特性表现为具有很高的峰值和宽的频谱，其强度与粒子的速度、粒子的数量和传播介质的性质等因素密切相关。

宇宙噪声是指来自宇宙空间的各种射线和粒子的噪声。宇宙噪声主要包括宇宙微波背景辐射、银河系射线和宇宙线等。宇宙噪声对地球大气层和生物体具有一定的影响，但在通信、导航和遥感等领域也有广泛的应用。宇宙噪声的统计特性表现为具有周期性和谱线特征，其产生与宇宙大爆炸、星际物质、宇宙射线等的运动和相互作用密切相关。

通常将热噪声、散弹噪声和宇宙噪声都看成高斯白噪声，并由于其对信号的影响形式，噪声的模型多处理为加性高斯白噪声，即 AWGN（additive white gaussian noise），是一种在通信系统和信号处理领域广泛应用的噪声模型。它主要由两部分组成：一是高斯噪声，二是白噪声，同时噪声对信号的影响形式是叠加的，即加性影响。高斯噪声的噪声功率谱密度与频率无关，具有恒定的值；白噪声的噪声功率谱密度与频率成正比，即在所有频率上具有相同的功率。

4.7 信 道 容 量

信息必须经过信道才能传输。单位时间内信道上所能传输的最大信息量称为信息容量，因此信道容量的单位为 bit/s 或 bps。而且，信息到信道上总是存在干扰，在存在干扰情况下，如何计算信道容量，是本节所要讨论的内容。

4.7.1 离散信道的容量

在 4.3 节分析信道数学模型时知道，从信道处理的信号特征来看，编码信道的输入和输出都是数字序列，因此称为离散信道或数字信道。而且，编码信道的输出和输入数字序列之间的关系可以通过转移概率来表征，这些转移概率反映了信道在传输过程中的不确定性。

1. 离散信道输出符号与输入符号的对应关系

由图 4-20 可以明显看出：当信道中不存在干扰时，离散信道的输入符号 x_i 和输出符号 y_i 之间具有一一对应的确定关系；当信道中存在干扰，输入符号 x_i 和输出符号 y_i 之间存在某

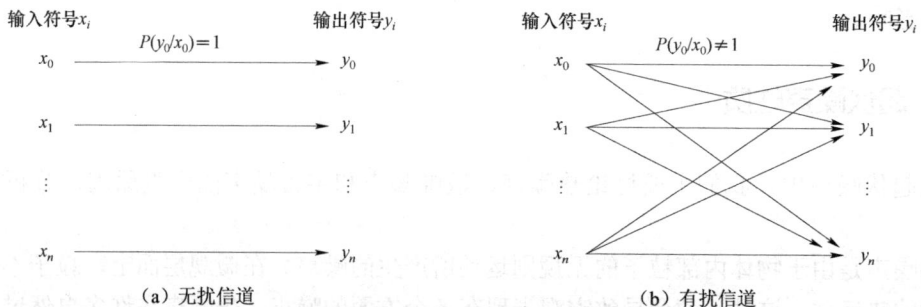

图 4-20 离散信道输出符号与输入符号的对应关系

种随机性,而不存在一一对应的确定关系,只具有一定的统计相关性,这种统计相关性取决于转移概率 $P(y_j/x_i)$,它是信道输入符号为 x_i 而信道输出为 y_j 的条件概率。以输入符号 x_0 而接收端收到符号 y_0 为例,在无扰信道中,$P(y_0/x_0)=1$;在有扰信道中,由于存在其他转移,两个符号之间的转移概率 $P(y_0/x_0)\neq1$。

需要注意的是,在离散信道中,除转移概率 $P(y_j/x_i)$ 外,还存在三种其他概率:信源产生 x_i 的概率 $P(x_i)$,接收端收到符号中存在 y_j 的概率 $P(y_j)$,收到符号 y_j 验证是 x_i 的后验概率 $P(x_i/y_j)$。幸运的是,一般信道中,后验概率 $P(y_j/x_i)$=转移概率 $P(x_i/y_j)$。

2. 对称、无记忆离散信道

典型离散信道特点为对称、无记忆。图 4-21 给出了对称、无记忆二进制离散信道的数学模型。

对称是指错误传输时一个码元错成其他码元的概率都相同。图 4-21 可以看出,如果存在干扰,二进制离散信道会产生两类错误转移,即发 "0" 收 "1" 或发 "1" 收 "0"。由于是对称信道,因此有 $P(1/0)=P(0/1)=\varepsilon$。二进制离散信道的传输特性可以用图 4-21 中的转移概率矩阵表示。无记忆信道是信道的状态不受先前传输的信息影响,换句话说,无记忆信道不会记住之前传输的信息,每次传输都是独立的。

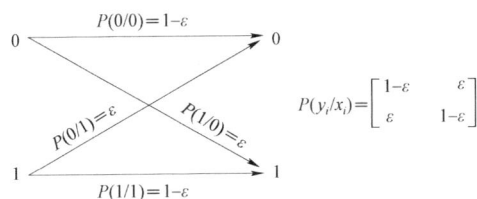

图 4-21 对称、无记忆二进制离散信道的数字模型

3. 事件——发送符号 x_i、收到符号 y_j 的信息量

为了分析离散信道传输的信息量,先从最简单的情况入手,即发送一个符号 x_i 进入离散信道,在接收端收到一个符号 y_i 这样的一个事件。根据信息论,该事件的互信息量为

$$I(x_i,y_j)=\underbrace{\log_2\frac{1}{P(x_i)}}_{\text{传递信息}}-\underbrace{\log_2\frac{1}{P(x_i/y_j)}}_{\text{丢失信息}}$$

$$\underbrace{}_{\text{产生信息}}$$

$$=I(x_i)-I(x_i/y_j)$$

$$=\log_2[P(x_i/y_j)/P(x_i)]$$

$I(x_i,y_j)$ 反映了两个随机事件之间的统计关联程度。事件 1,信源产生符号 x_i;事件 2,收到符号 y_j 验证是否为 x_i,其物理意义为接收端获取信源信息的能力,即信道传输的信息量,可以理解为信源产生 x_i 包含的信息量减去信道损失的信息量。互信息量存在以下三种情况。

① 若出现 y_j 就一定要出现 x_i,$P(y_j/x_i)=1$,$I(x_i/y_j)=I(x_i)$,互信息量等于信源信息量(理想信道)。

② 若 x_i 与 y_j 之间统计独立,即出现 y_j 与出现 x_i 无关,则 $I(x_i/y_j)$ 可能为 0 甚至为负值,说

明信道没有传输关于 x_i 的任何一点有用信息。

③ 一般情况介于以上两个极端之间。

4. 事件——发送符号集 X、收到符号集 Y 的平均信息量

在离散信道发送符号 x_i、收到符号 y_j 的传递信息量的基础上，将事件扩展为向离散信道发送符号集 X、收到符号集 Y，利用第 1 章平均信息量的概念很容易得到：发送一个符号、收到一个符号信道传递的平均信息量为

$$
\begin{aligned}
I(X,Y) &= H(X) - H(X/Y) \\
&= -\sum_{i=1}^{n} P(x_i)\log_2 P(x_i) - \left[-\sum_{j=1}^{m} P(y_j)\sum_{i=1}^{n} P(x_i/y_j)\log_2 P(x_i/y_j) \right] \quad (4-7) \\
&= -\sum_{i=1}^{n} P(x_i)\log_2 P(x_i) - \left[-\sum_{i=1}^{n} P(x_i/y_j)\log_2 P(x_i/y_j) \right]
\end{aligned}
$$

即有扰信道上所传输的信息量不但与条件熵 $H(X/Y)$ 或 $H(Y/X)$ 有关，而且与熵 $H(X)$ 有关。

注意：式（4-7）中二重求和变为一重求和的条件是：离散信道为对称信道。例 4-1 中会有所显示。

5. 有扰离散信道的信道容量

假设通信系统发送端每秒发出 r 个符号，则有扰信道的信息传输速率 R 为

$$
R = I(X,Y) \cdot r = [H(X) - H(X/Y)] \cdot r
$$

则有扰信道的信道容量 C（即最高信息传输速率）为

$$
C = R_{\max} = \max\{[H(X) - H(X/Y)] \cdot r\}
$$

例 4-1 如图 4-22 所示，设信息源由 0、1 组成，信息源每秒传 1 000 个符号且等概率，在传输中若干扰引起的差错是每 100 个符号中有 1 个，这时传输信息的速率是多少？

解 根据已知条件，信源产生 0、1 为等概率，因此信源产生符号的平均信息量为

$$
H(X) = \sum P_i \log_2 \frac{1}{P_i} = 1
$$

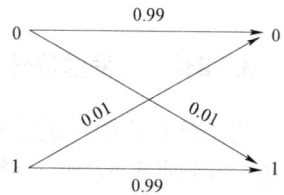

图 4-22

根据式（4-7），有

$$
\begin{aligned}
H(X/Y) &= -\sum_{j=1}^{m} P(y_j)\sum_{i=1}^{n} P(x_i/y_j)\log_2 P(x_i/y_j) \\
&= -P(0)[P(0/0)\log_2 P(0/0) + P(1/0)\log_2 P(1/0)] - \\
&\quad P(1)[P(1/1)\log_2 P(1/1) + P(0/1)\log_2 P(0/1)]
\end{aligned}
$$

根据题意，该信道为对称信道，即 $P(1/0) = P(0/1)$，且 $P(0/0) = P(1/1)$，则上式可以改写为

$$
H(X/Y) = -[P(0) + P(1)][P(0/0)\log_2 P(0/0) + P(1/0)\log_2 P(1/0)]
$$

或

$$
H(X/Y) = -[P(0) + P(1)][P(1/1)\log_2 P(1/1) + P(0/1)\log_2 P(0/1)]
$$

很显然，$P(0)+P(1)=1$，因此可得

$$H(X/Y) = 0.99\log_2\frac{1}{0.99} + 0.01\log_2\frac{1}{0.11} = 0.081$$

则信道传输信息的速率为

$$\begin{aligned}R = I(X,Y) \cdot r &= [H(X) - H(X/Y)] \cdot r \\ &= [1 - 0.081] \times 1\,000 \\ &= 919\,(\text{bit/s})\end{aligned}$$

4.7.2　连续信道的容量

与编码信道不同，连续信道（调制信道）的输入和输出都是时间连续的信号波形。

连续信道的信道容量是指在给定信噪比条件下，该信道能够传输的最大信息速率。香农公式用来计算连续信道的信道容量，它由克劳德·香农于 1948 年提出，具体表示为

$$C = B\log_2\left(1 + \frac{S}{N}\right) = B\log_2\left(1 + \frac{S}{n_0 B}\right) \qquad (4-8)$$

由式（4-8）可以看出，连续信道的信道容量 C 主要由信道内部的三个因素决定：信道带宽 B，单位 Hz；信号平均功率 S，单位 W；噪声平均功率 N 或噪声功率谱密度 n_0 的限制。

重要结论：

① 提高信噪比 S/N 可以增加信道容量 C。

具体来说，可以增加发射信号功率（$S \to \infty$），或减小噪声（$N \to 0$），二者都可以将信噪比 $S/N \to \infty$，从而使得信道容量 $C \to \infty$。

② 增加信道带宽 B 也可以增加信道容量 C。但是需要注意，噪声功率 $N = n_0 B$，因此信道带宽 B 的增加也会导致噪声功率的增大。通过计算可知，$B \to \infty$ 时有

$$C \to \frac{S}{n_0}\log_2 e \approx 1.44\frac{S}{n_0}$$

可见，增加信道带宽 B，C 并不会无穷大。

③ 在保障一定的信道容量 C 时，信道带宽 B 和信噪比 S/N 可以互换。如果增大信道带宽 B，那么可以降低信噪比 S/N。反之，如果降低信道带宽 B，那么需要提高信噪比 S/N 以维持相同的信道容量 C。

④ 如果 $R \leqslant C$，总可以找到一种信道编码方法实现无误码传输；相反，若 $R \geqslant C$，则不可能实现无错传输。

思考与练习题 >>>

思考题：

4-1　信道的非理想特性表现在哪些方面？

4-2　从广义的角度看，调制信道和编码信道哪个范围更人？

4-3 调制信道和编码信道分别处理的信号有何不同？

4-4 恒参信号和随参信道的差别表现在哪里？

4-5 信道特性与噪声对信号的影响方式有何不同？

4-6 恒参信道是理想信道吗？

4-7 实际应用中，有哪些信道属于恒参信道？

4-8 随参信道的特点有哪些？

4-9 实际应用中，有哪些信道属于随参信道？

4-10 举例说明多径传播形成的原因。

4-11 随参信道对信号会形成哪些不利影响？

4-12 在通信系统中常见噪声模型简写为 AWGN，其含义是什么？

4-13 信道容量的含义是什么？其单位是什么？

4-14 分析香农公式，提升信道容量的方式有哪些？

4-15 根据香农公式，分析光通信技术的容量特点。

练习题：

4-1 一个恒参信道传输特性为 $H(\omega) = (1 + \cos \omega t_0) e^{-j\omega t_d}$，试分析并求：

（1）信道的幅频特性是什么？判断信号经过此信道后是否存在幅频畸变。

（2）信道的相频特性是什么？判断信号经过此信道后是否存在相频畸变。

4-2 假设某随参信道的两径时延差为 1 ms，分析哪些频率的信号传输最有利，哪些频率的信号传输损耗最大。

4-3 假设某随参信道的两径时延差为 2 ms，为了避免发生频率选择性衰落，估算该信道上传输的数字信号的最大码元宽度。

4-4 设信息源由 0、1 组成，信息源每秒传 1 000 个符号且等概率，在传输中若干扰引起的差错是每 100 个符号中有 1 个，这时传输信息的速率是多少？

4-5 已知彩色电视图像由 5×10^5 个像素组成，设每个像素有 64 种彩色度，每个彩色度有 16 个亮度等级，所有彩色度和亮度等级的组合机会均等，并统计独立。

（1）计算每秒传输 100 个画面所需的信道容量。

（2）如果接收信噪比为 1 000，为了传输彩色图像所需信道带宽为多少？

第5章

模拟调制通信系统

本章教学基本要求

掌握:

1. 调制目的和分类;

2. 模拟调制、解调过程的时域与频域分析方法;

3. 调制技术的抗噪声性能分析方法。

理解:

1. 模拟线性调制技术分类与对应的解调技术;

2. 线性调制与非线性调制技术的区别;

3. 抗噪性能分析模型。

本章核心内容

1. 调制的目的、定义和分类;

2. 线性调制的一般模型;

3. 各种线性调制技术的具体调制和解调方法;

4. 线性调制系统的抗噪声性能与门限效应;

5. 非线性调制(角度调制)及抗噪声性能;

6. 频分复用的概念。

调制技术在通信系统中扮演着至关重要的角色,它是一种将原始信号转换为适合在信道中传输的信号的技术。调制带来的好处有很多:首先调制后信号频率提高,波长变小,从而导致发射天线尺寸减小;其次调制后的信号更适应信道特性——信道对不同频率的信号有不同的响应,调制可以将信息信号转换为适合在特定信道中传输的信号,如调制可以将基带信号转换为适合在无线电频谱中传输的射频信号;通过调制可以将信息信号分布在频率或相位上,使信号在传输过程中对干扰的影响降低,这样可以提高信号的抗干扰能力;调制可以将多个信号在不同的频率或相位上叠加在一起传输,实现信道的多路复用,从而提高信道的利用率。

5.1 调 制 技 术

5.1.1 调制基本概念

1. 调制的目的

在第 1 章中，通过分析通信系统基本模型我们知道，由信源直接转化而来的原始电信号称为基带信号，通常具有低频特征，如语音信号频率范围为 300～3 400 Hz，图像信号为 0～6 MHz。然而，大多数信道具有带通特性，更适合传输高频信号，如图 5-1（a）所示。为了解决这个问题并发挥通信系统更多优势，需要将基带信号转换为适合在信道中传输的频带信号，如图 5-1（b）所示，这种转换过程称为调制。在接收端，实现相反功能，称为解调。

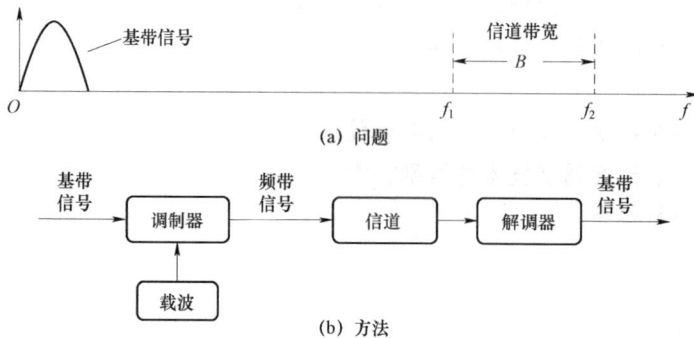

图 5-1　调制的目的

2. 调制器基本结构

由图 5-1 还可以看出，调制器有两个输入端口和一个输出端口。输入信号分别为需要调制的基带信号和载波。载波是指特定高频电磁波，具体频率由信道的传输特性决定，形状可以是正弦波或脉冲串。在调制过程中，基带信号的信息会被调制到载波上。

3. 调制后信号的优势

基带信号被调制后，除了更适合在信道中传输，还具备以下优势。

1）调制后可减小信号发射天线的尺寸

无线通信时，发射天线的长度应当接近或是整数倍于信号的波长，这样才能更好地接收或发射信号。调制可以使信号的频率增加，从而减小信号波长，可以使用更小尺寸的天线来发射这个信号。较小尺寸的天线可以更容易地集中和聚焦信号的能量，使信号的传输更加高效和可靠。此外，使用较小尺寸的天线也可以减少系统的占地面积和建设成本。

2）调制后可根据信道频率特性实现频率分配及频分复用

如图 5-2 所示，根据信道的频率特性及无线管理部门的分配，通过调制选择合适的载波频率来传输音频广播信号，不同用户可以使用不同的载波频率同时进行通信，从而实现频率的合理分配和利用，避免信号之间的干扰，有效利用频谱资源，实现频分复用。

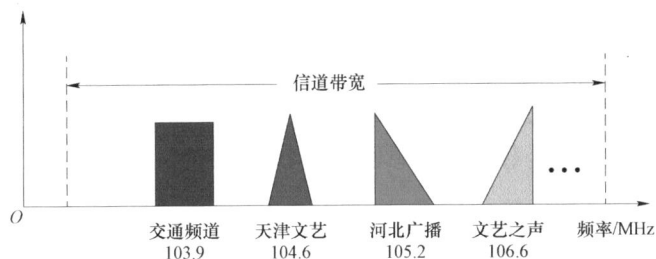

图 5-2　调制可以实现频率分配及频分复用

3）调制后可减少噪声和干扰的影响

调制技术可以使信号更加适应传输介质和环境，从而提高信号的抗干扰能力和传输质量，这可以在学习到具体的调制方法后更有体会。

5.1.2　调制技术分类

调制技术的类别非常丰富，如图 5-3 所示。如果采用高频正弦波作为载波，既可以用来调制模拟基带信号，也可以调制数字基带信号，根据基带信号的类别可以分为模拟调制技术和数字调制技术；除了正弦波，也可以采用高频脉冲串作为载波来调制抽样后的模拟信号，称为脉冲调制。另外，每一种调制技术还可以根据调制载波参量的不同继续分为调幅、调频和调相，这也是通信原理课程的重要内容，后续章节中会详细进行分析。

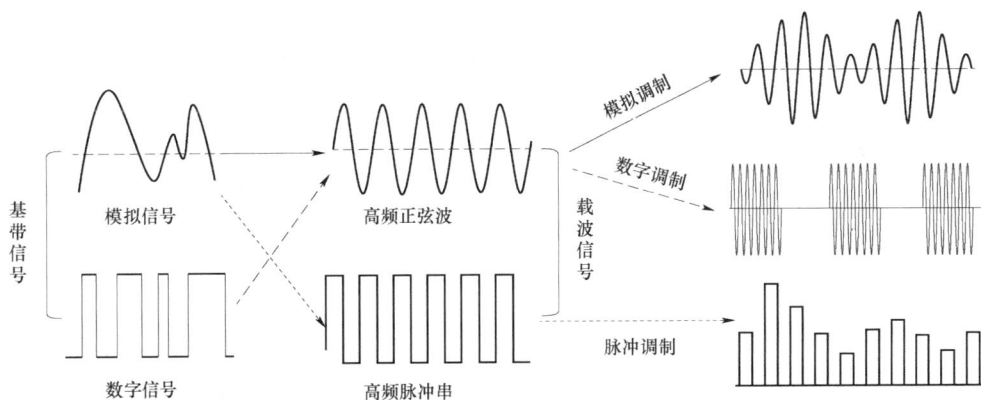

图 5-3　调制技术分类

5.2 模拟调幅技术（线性调制）

下面我们开始分析模拟调制技术。先来看一下载波，即高频正弦波在没有调制信号时的状态为

$$c(t) = A\cos(\omega_c t + \theta_c)$$

其中，A, ω_c, θ_c 分别为载波的幅度、频率和初始相位，都是常数，$\omega_c t + \theta_c = \varphi(t)$ 为载波的相位，随时间线性变化。作为载波，要想使 $c(t)$ 调制基带信号 $m(t)$，或者说携带基带的信息，可以有三种方式。

（1）幅度调制（即调幅）：载波幅度发生变化，并且发生的变化与基带信号 $m(t)$ 有关。

（2）频率调制（即调频）：载波频率不再保持常数 ω_c 不变，而与基带信号 $m(t)$ 有关。

（3）相位调制（即调相）：载波相位 $\varphi(t)$ 的变化与基带信号 $m(t)$ 产生联系。

三种调制方式中，调频技术和调相技术都会使得载波相位 $\varphi(t)$ 或角度发生变化，因此统称为角度调制；而调幅技术，又称为线性调制（后续学习过程中注意"线性"的由来）。

根据具体的调制过程，模拟调幅又可以分为常规调幅（AM）、抑制载波的调幅或双边带调制（DSB）、单边带调制（SSB）及残留边带调制（VSB）。

5.2.1 常规调幅

1. 常规调幅（amplitude modulation，AM）信号调制过程

AM 信号的波形 $s_{AM}(t)$ 表示为

$$s_{AM}(t) = [m_0 + m(t)]\cos\omega_c t \qquad (5-1)$$

式（5-1）中，$\cos\omega_c t$ 为载波，为了简化分析，假设其幅度为 1，初始相位为 0；$m(t)$ 就是需要调制的基带模拟信号，后续我们直接称之为调制信号；m_0 为常数，意味着直流信号。

从 AM 信号的波形表达式中可以看出，AM 信号的调制过程分为两个步骤。

（1）加直流：调制信号 $m(t)$ 加入一定的直流 m_0。

（2）与载波相乘：加入直流后的调制信号 $m_0 + m(t)$ 与载波相乘，实现调制。

具体过程如图 5-4 所示。

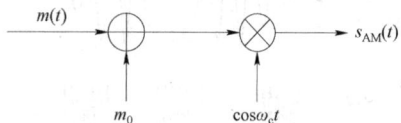

图 5-4　AM 调制过程

2. AM 信号波形特点

AM 信号的波形特点非常明显，这一点可以由图 5-5 看出：（a）为调制信号 $m(t)$ 波形，（b）为调制信号 $m(t)$ 加入直流后的波形，（b）比（a）整体上升，导致（a）中幅度为负值成分超过 0；加入直流后的信号与（c）载波相乘后得到（d），即 AM 信号波形，此时的高频正弦载波的幅度受到 $m_0+m(t)$ 的控制，表现为 AM 波形的包络（顶点连线）与 $m(t)$ 完全一致。

需要特别注意的是，要想使 AM 信号波形的包络呈现出与 $m(t)$ 一致的效果，关键在于加入直流成分的大小。为了直观看出直流大小对 AM 信号波形的影响，引入特殊的调制信号为正弦信号，即单音信号

$$m(t) = A_{\mathrm{m}} \cos \omega_{\mathrm{c}} t$$

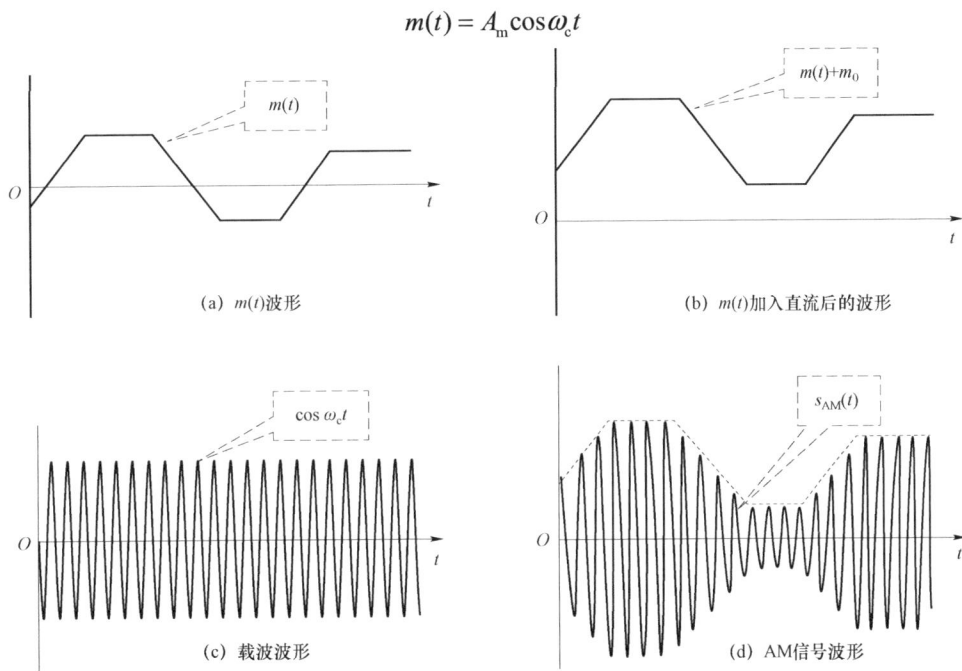

图 5-5　AM 调制信号波形

加入直流成分 m_0 后，AM 信号为

$$s_{\mathrm{AM}}(t) = m_0 \left[1 + \frac{A_{\mathrm{m}}}{m_0} \right] \cos \omega_{\mathrm{c}} t$$

定义调幅指数 β_{AM} 为

$$\beta_{\mathrm{AM}} = \frac{A_{\mathrm{m}}}{m_0}$$

调幅指数 β_{AM} 对 AM 信号波形的影响可由图 5-6 明显看出：加入直流成分 m_0=1，当调制信号幅度 A_{m}=0.5 时，调幅指数 β_{AM}=0.5，AM 信号波形包络为调制信号 $m(t)$；调制信号幅度 A_{m}=1 时，调幅指数 β_{AM}=1，AM 信号波形包络刚好为调制信号 $m(t)$；调制信号幅度 A_{m}=1.5 时，调幅指数 β_{AM}=1.5，AM 信号波形的包络和调制信号 $m(t)$ 不保持一致，称为过调幅，AM 信号的包络会失真，应当避免。

因此得出结论，AM 信号波形的包络与调制信号 $m(t)$ 保持一致的条件为

$$\beta_{\mathrm{AM}} \leqslant 1$$

以上结论是以正弦信号作为调制信号来分析，换为其他调制信号，上述条件可变为

$$m_0 \geqslant \left| m(t) \right|_{\max} \tag{5-2}$$

后面将会看到，只有满足上述条件时，AM 信号才可以采用包络检波方式实现解调。

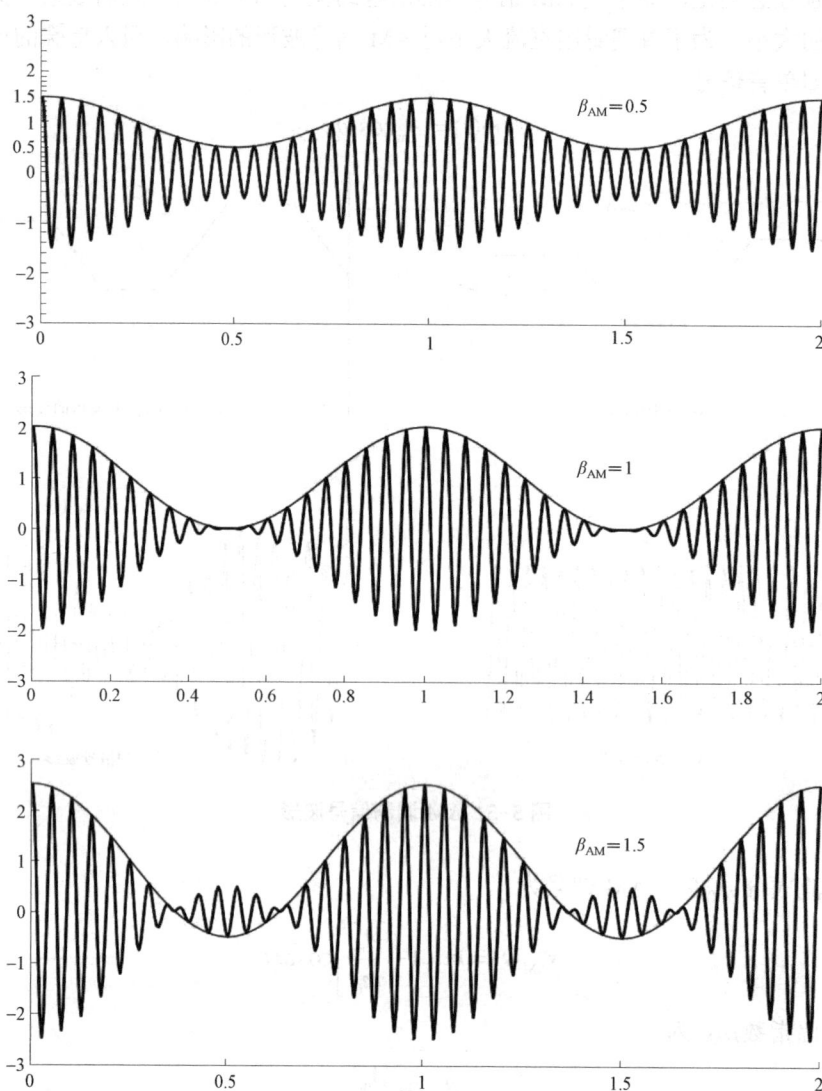

图 5-6　调幅指数对 AM 信号波形的影响

3. AM 信号频域分析

设调制信号 $m(t)$ 傅里叶变换后其频谱为 $M(\omega)$，即

$$m(t) \leftrightarrow M(\omega)$$

载波为正弦信号，其频谱可利用傅里叶变换对得到

$$\cos\omega_c t \leftrightarrow \pi\left[\delta(\omega - \omega_c) + \delta(\omega + \omega_c)\right]$$

直流信号为常数，也有对应的傅里叶变换对，即

$$m_0 \leftrightarrow 2\pi m_0 \delta(\omega)$$

利用傅里叶变换的运算性质

$$f_1(t)f_1(t) \leftrightarrow \frac{1}{2\pi}[F_1(\omega) \cdot F_1(\omega)]$$

则 AM 信号的频谱为

$$s_{\text{AM}}(\omega) = \frac{1}{2\pi}\{[2\pi m_0\delta(\omega) + M(\omega)] \cdot \pi[\delta(\omega-\omega_c) + \delta(\omega+\omega_c)]\}$$

$$= \frac{1}{2}[M(\omega-\omega_c) + M(\omega+\omega_c)] + \pi m_0[\delta(\omega-\omega_c) + \delta(\omega+\omega_c)]$$

（5-3）

由式（5-3）看出，AM 信号的频谱包含两类成分。

（1）信号分量 $\frac{1}{2}[M(\omega-\omega_c)+M(\omega+\omega_c)]$：由原来的调制信号 $M(\omega)$ 搬移到载波频率位置，而且是左右搬移。

（2）载波分量 $\pi m_0[\delta(\omega-\omega_c)+\delta(\omega+\omega_c)]$：由原来的直流分量 $2\pi m_0\delta(\omega)$ 同样搬移到载波频率位置。

图 5-7 显示了 AM 信号的频谱特点。

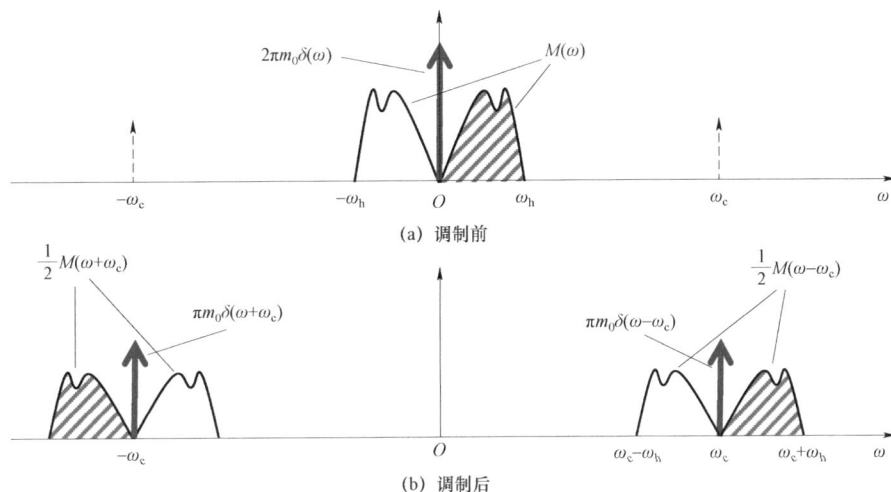

图 5-7　AM 信号的频谱

（1）频谱搬移（线性调制）。AM 信号的频谱［图 5-7（b）］就是由原来的调制信号、直流信号［图 5-7（a）］在频率轴上平移过来的，频谱形状没有变形，因而信息得以保留，即线性调制的含义。从数学上讲，因为信号波形与正弦信号相乘，频域上造成了频谱直接搬移。

（2）双边带。调制信号 $M(\omega)$ 有两个关于 0 对称的边带，其中一个边带为负频率，但是经过整体搬移，对称中心到了 $+\omega_c$ 和 $-\omega_c$ 附近出现两个边带：$|\omega| \geqslant \omega_c$ 部分为上边带（USB）；$|\omega| \leqslant \omega_c$ 部分为下边带（LSB）。

$$B_{\text{AM}} = 2\omega_h = 2B_M$$

可以看出，AM 信号的带宽是调制信号的两倍，由于两个边带是对称的，实际上只需传输一个边带即可，对信道利用率不利。

（3）两个冲击。AM 信号在传输有用信息的同时，还必须携带载波信号一起传输，从能量利用效率来说，非常不利。

4. AM 信号的解调

1）包络检波（非相干解调）

在满足式（5-2）的条件下，AM 信号可以采取简单的解调方式：不需要在接收端生成载波，直接从 AM 信号中解调出包络信号即原调制信号，故称为包络检波或非相干解调。

由图 5-8（a）可以看出，包络检波过程非常简单：到达接收端后，AM 信号先经过一个带通滤波器（BPF），作用是滤除信号带宽之外的噪声并使得 AM 信号完整通过，如图 5-8（b）所示。很显然，该 BPF 的中心频率为 ω_c，带宽为 $2\omega_h$；然后，信号由二极管滤除"负半周期"信号进行整流，如图 5-8（c）所示；最后信号经过 LPF，去掉高频载波分量，只保留低频（包络）成分，即输出调制信号和原来的直流，即 $m_0 + m(t)$，如图 5-8（d）所示。

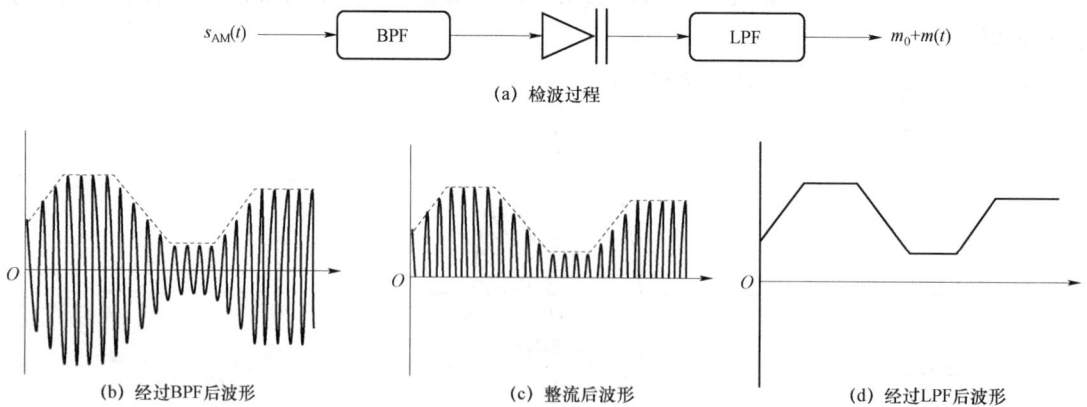

(a) 检波过程

(b) 经过BPF后波形　　　　　　(c) 整流后波形　　　　　　(d) 经过LPF后波形

图 5-8　AM 解调（包络检波）

需要注意的是，该解调方式的条件是在发射端加入直流且满足式（5-2）的条件，即不产生过调幅的 AM 信号；否则，应该采取下一种解调方式——相干解调。

2）相干解调

与包络检波不同，相干解调方式需要在本地（接收端）产生一个载波，并且该载波必须与发送端的载波同频同相，即满足相干条件，如图 5-9 所示。

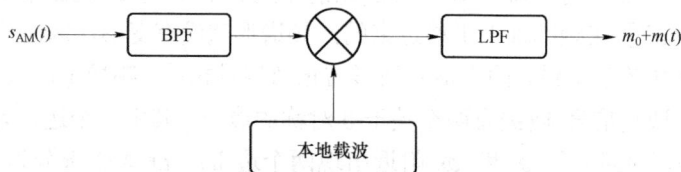

图 5-9　AM 相干解调

在发送端，AM 信号产生过程如式（5-1）所示，即

$$s_{AM}(t) = [m_0 + m(t)]\cos\omega_c t$$

在接收端，本地载波应仍为 $\cos\omega_c t$，因此经过相乘器后的输出信号波形为

$$s_{AM}(t) \cdot \cos\omega_c t = [m_0 + m(t)] \cdot \cos\omega_c t \cdot \cos\omega_c t$$
$$= \frac{1}{2}[m_0 + m(t)](1 + \cos 2\omega_c t)$$

可见，公式中包含频率为 $2\omega_c$ 的高频信号以及低频信号，经过 LPF 后滤除高频部分，只保留 $m_0 + m(t)$，实现了解调。

AM 调制技术的优点是：结构简单，实现容易，适用于广播通信。缺点是：常规调幅信号的频谱中存在载波分量，这一部分载波不传递任何信息，传输效率低，能量耗费大，并干扰其他信道的信号，通常只在对线性要求较高的模拟通信中使用。频谱效率也不高，为信号带宽的 2 倍。

5.2.2　双边带调幅

1. 双边带调幅（double-side band，DSB）调制过程

若 $m(t)$ 不加直流，而是与载波直接相乘，则输出已调信号就是抑制载波的双边带调幅信号，即 DSB 调制，其时域表示式为

$$s_{DSB}(t) = m(t)\cos\omega_c t$$

调制过程如图 5–10 所示。

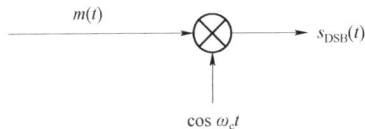

图 5–10　DSB 调制过程

2. DSB 波形特点

很显然，由于调制前没有加直流，DSB 信号波形的包络与基带信号没有保持一致，这一点从图 5–11 可以明显看出：利用频率为 20 Hz 的载波调制一个频率为 1 Hz 的正弦信号，调制后 DSB 的包络只与调制信号的正值部分吻合，并且在正负交替位置，载波出现反相点。

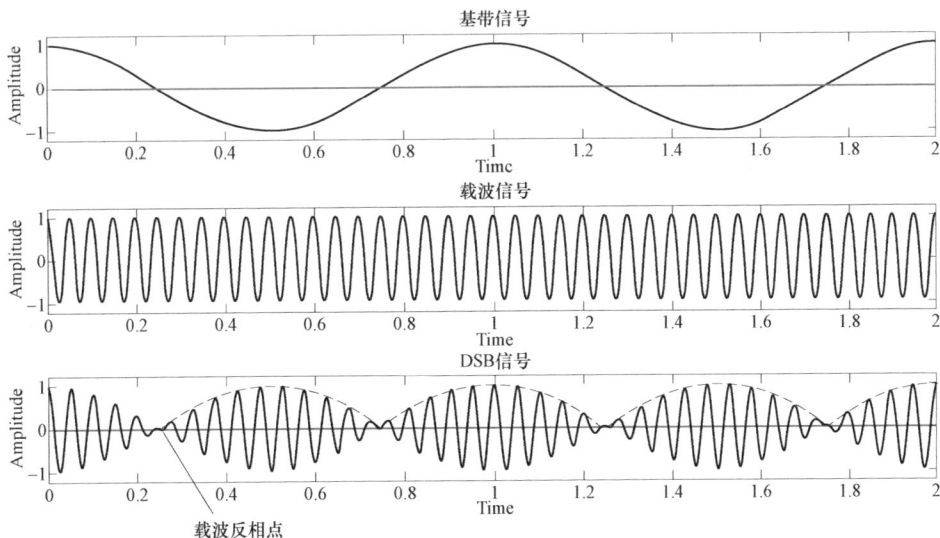

图 5–11　DSB 信号波彩

3. DSB 信号频谱

同样的原因，由于调制时不用加直流，因此 DSB 的频域表达式比 AM 也要简单得多，即

$$s_{\text{DSB}}(\omega) = \frac{1}{2}\big[M(\omega+\omega_{\text{c}})+M(\omega-\omega_{\text{c}})\big] \tag{5-4}$$

图 5-12（b）为 DSB 信号的频谱图。DSB 信号频谱由图 5-12（a）中的基带信号在频域图上"搬移"而来。信号中不存在载波分量，但是与 AM 信号一样，仍然是双边带，因此 DSB 信号的带宽仍然是 $2\omega_{\text{h}}$。

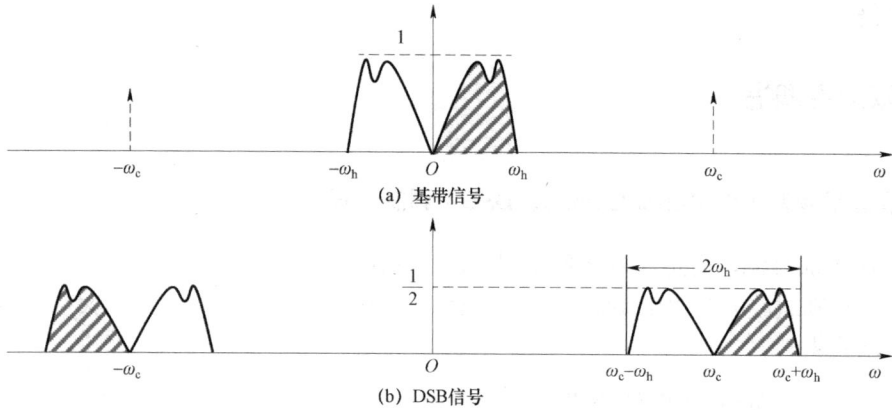

图 5-12 DSB 信号的频谱

4. DSB 信号解调

解调 DSB 信号时，不能采用包络检波方式，只能采用相干解调，解调过程参考图 5-9 的 AM 相干解调方法，DSB 信号在接收端与本地载波相乘，然后经过 LPF 输出即可。

解调分析过程可参考 AM 解调过程。

5.2.3 单边带调幅

1. 单边带调幅（single-side band，SSB）调制过程

DSB 调制信号与 AM 一样，都是双边带传输，因此从频谱资源利用效率来说是不利的。改进方式就是将 DSB 信号的双边带滤除一个，只保留其中一个边带（上边带 USB 或下边带 LSB）传输即可，即单边带调幅 SSB。调制过程如图 5-13 所示，只需要让 DSB 信号经过单边带滤波器即可。

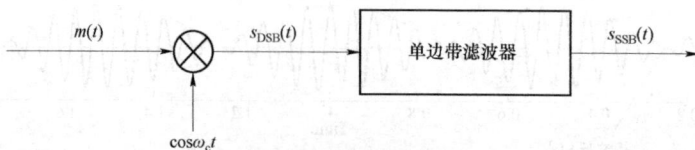

图 5-13 SSB 调制过程

2. SSB 信号频域分析

对于 SSB 调制，先从频域分析较为简便。DSB 信号经过不同的单边带滤波器 $H_{SSB}(\omega)$ 后形成单边带信号 $s_{SSB}(\omega)$，有

$$s_{SSB}(\omega) = s_{DSB}(\omega)H_{SSB}(\omega)$$

图 5-14 显示了 DSB 信号经过不同的单边带滤波器后保留边带的情况：（a）中的 DSB 信号经过上边带滤波器 $H_{USB}(\omega)$ 后，下边带被滤除，（b）中只保留上边带 USB 在信号中传输；经过下边带滤波器 $H_{LSB}(\omega)$ 后，（c）中下边带 LSB 被保留。与 DSB 信号比较，SSB 带宽减小了一半。

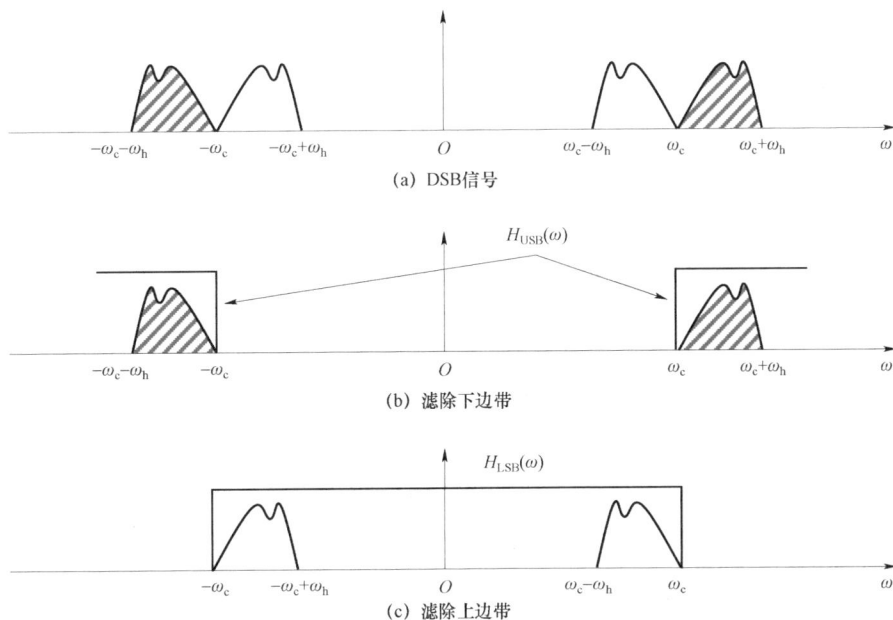

(a) DSB信号

(b) 滤除下边带

(c) 滤除上边带

图 5-14 SSB 信号形成过程

对于单边带滤波，其滤波特性可以表示为

$$H_{SSB}(\omega)\begin{cases} H_{USB}(\omega) = \begin{cases} 1, & |\omega| \geqslant \omega_c \\ 0, & |\omega| \leqslant \omega_c \end{cases} & （上边带） \\ H_{LSB}(\omega) = \begin{cases} 0, & |\omega| \geqslant \omega_c \\ 1, & |\omega| \leqslant \omega_c \end{cases} & （下边带） \end{cases}$$

为了便于分析其数学特性，引入符号函数 $sgn(\omega)$。

$$sgn(x) = \begin{cases} 1, & x > 0 \\ 0, & x = 0 \\ -1, & x < 0 \end{cases}$$

在载频位置 ω_c 和 $-\omega_c$ 处出现的符号函数为 $sgn(\omega - \omega_c)$ 和 $sgn(\omega + \omega_c)$，其图像如图 5-15 所示。

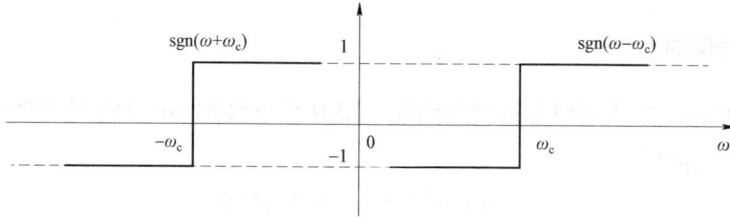

图 5-15 符号函数的图像

将图 5-15 符号函数图像与图 5-14 单边带滤波器特性对比分析，单边带滤波器可以用符号函数表示为

$$H_{\text{SSB}}(\omega) = \begin{cases} H_{\text{USB}}(\omega) = \dfrac{1}{2}\left|\text{sgn}(\omega+\omega_{\text{c}}) + \text{sgn}(\omega-\omega_{\text{c}})\right| & （上边带） \\[2mm] H_{\text{LSB}}(\omega) = \dfrac{1}{2}[\text{sgn}(\omega+\omega_{\text{c}}) - \text{sgn}(\omega-\omega_{\text{c}})] & （下边带） \end{cases} \qquad (5\text{-}5)$$

以下边带为例，则下边带 SSB 信号的频谱可以表示为

$$\begin{aligned} s_{\text{LSB}}(\omega) &= s_{\text{DSB}}(\omega)H_{\text{LSB}}(\omega) \\ &= \frac{1}{2}[M(\omega-\omega_{\text{c}}) + M(\omega+\omega_{\text{c}})] \cdot \frac{1}{2}[\text{sgn}(\omega+\omega_{\text{c}}) - \text{sgn}(\omega-\omega_{\text{c}})] \end{aligned} \qquad (5\text{-}6)$$

运用符号函数的性质，式（5-6）的运算结果为

$$\begin{aligned} s_{\text{LSB}}(\omega) &= \frac{1}{4}[M(\omega+\omega_{\text{c}}) + M(\omega-\omega_{\text{c}})] + \\ &\quad \frac{1}{4}[M(\omega+\omega_{\text{c}})\text{sgn}(\omega+\omega_{\text{c}}) - M(\omega-\omega_{\text{c}})\text{sgn}(\omega-\omega_{\text{c}})] \end{aligned} \qquad (5\text{-}7)$$

3. SSB 信号时域分析

下面将在式（5-7）的基础上，将 SSB 信号由频域转换到时域表示。

在第 2 章回顾确定信号分析方法时，我们曾学习过除傅里叶变换之外的另一个变换，即希尔伯特变换，记作 $\hat{M}(\omega)$。实际上，它是一个宽带移相（$-\pi/2$）网络，其频率特性与符号函数有关，为

$$H_{\text{h}}(\omega) = -\text{j}\,\text{sgn}(\omega) = \begin{cases} -\text{j}, & \omega > 0 \\ 0, & \omega = 0 \\ \text{j}, & \omega < 0 \end{cases}$$

也就是说，一个信号 $M(\omega)$，其在频域上的希尔伯特变换为

$$\hat{M}(\omega) = M(\omega)H_{\text{h}}(\omega) = M(\omega)[-\text{j}\,\text{sgn}(\omega)]$$

$\hat{M}(\omega)$ 进行傅里叶逆变换即可得到信号在时域上的希尔伯特变换，即

$$\hat{M}(\omega) \xrightarrow{\text{傅里叶逆变换}} \hat{m}(t)$$

由此可以计算得出式（5-7）中单边带信号的时域表达式，其中

$$\frac{1}{4}\big[M(\omega+\omega_c)+M(\omega-\omega_c)\big] \xrightarrow{\text{傅里叶逆变换}} \frac{1}{2}m(t)\cos\omega_c t$$

而另一项变形为希尔伯特变换形式，即

$$\frac{1}{4}[M(\omega+\omega_c)\text{sgn}(\omega+\omega_c)-M(\omega-\omega_c)\text{sgn}(\omega-\omega_c)]$$

$$=-\frac{1}{4j}\{M(\omega+\omega_c)[-j\,\text{sgn}(\omega+\omega_c)]-M(\omega-\omega_c)[-j\,\text{sgn}(\omega-\omega_c)]\}$$

$$=-\frac{1}{4j}[\hat{M}(\omega+\omega_c)-\hat{M}(\omega-\omega_c)]$$

其傅里叶逆变换为

$$-\frac{1}{4j}\Big[\hat{M}(\omega+\omega_c)-\hat{M}(\omega-\omega_c)\Big] \xrightarrow{\text{傅里叶逆变换}} \frac{1}{2}\hat{m}(t)\sin\omega_c t$$

综上，可得下边带 SSB 调制信号的时域表达式为

$$s_{\text{LSB}}(t)=\frac{1}{2}m(t)\cos\omega_c t+\frac{1}{2}\hat{m}(t)\sin\omega_c t \qquad (5-8)$$

同理，可得上边带 SSB 调制信号的时域表达式为

$$s_{\text{USB}}(t)=\frac{1}{2}m(t)\cos\omega_c t-\frac{1}{2}\hat{m}(t)\sin\omega_c t \qquad (5-9)$$

4. SSB 调制方法

1）滤波法

SSB 信号可由滤波法产生，可参考图 5-13，也就是说，DSB 信号产生后经过一个单边带滤波器即可，但是也可以看出，这样的单边带滤波器比较"陡峭"，难以实现。

2）相移法

相移法的原理来自式（5-8）和式（5-9），具体过程如图 5-16 所示：调制信号 $m(t)$ 分为两路：一路直接与载波 $\cos\omega_c t$ 相乘；另一路进行希尔伯特变换，然后与经过相移$-\pi/2$ 的载波相乘。两路信号叠加即产生单边带信号波形。很显然，该方法对相移的精度要求较高，需要载波及信号的所有频率成分相移$-\pi/2$，实现困难。

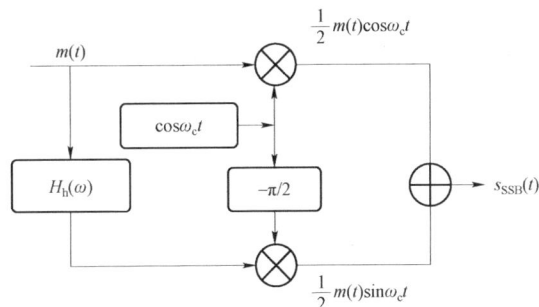

图 5-16 相移法产生 SSB 信号

5. SSB 解调方法

与 DSB 信号类似，SSB 信号只能采用相干解调方式解调。解调过程同样参考图 5-9，SSB 信号在接收端与本地载波相乘，然后经过 LPF 输出。

5.2.4 残留边带调幅

以上已经分析了三类调幅技术，其中，DSB、SSB 在 AM 技术上进行了改进：DSB 方法不再有 AM 信号中的载波信号，但仍然是双边带传输；SSB 方法实现了单边带传输，提高了频谱和能量利用效率，但是在调制时的单边带滤波器具有"陡峭"特性，难以实现。针对此类问题，人们提出了残留边带调幅（vestigial-side band，VSB）技术，除了继续保留 SSB 的带宽优势，还克服了 SSB 边带滤波器难以实现的缺点。具体思路针对"陡峭"的单边带滤波器进行设计。

1. VSB 调制过程

VSB 调制过程与 SSB 类似，如图 5-17 所示，区别就在于滤波器的特性，将单边带滤波器 $H_{SSB}(\omega)$ 换为残留边带滤波器 $H_{VSB}(\omega)$ 即可。

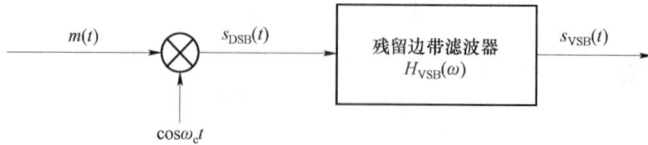

图 5-17 VSB 调制过程

2. VSB 信号频域分析

根据图 5-17 的信号流程，与 SSB 信号调制过程类似，DSB 信号经过残留边带滤波器后形成 VSB 信号，即

$$s_{VSB}(\omega) = s_{DSB}(\omega)H_{VSB}(\omega) \tag{5-10}$$

图 5-18 显示了残留边带滤波器 $H_{VSB}(\omega)$ 对 DSB 信号双边带的影响。可以看出，$H_{VSB}(\omega)$ 的滤波特性与"陡峭"的 SSB 滤波器不同，通过滤波器后，信号的大部分上边带保留，而下边带大部分被滤除，这也是"残留边带"名字的由来。另外，也可以设计残留大部分下边带信号的 $H_{VSB}(\omega)$。

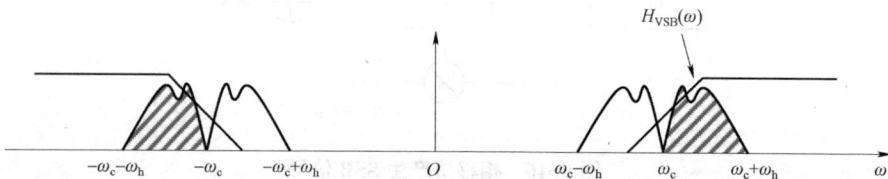

图 5-18 VSB 滤波器对信号频谱的影响

根据图 5-18 所示的残留边带滤波器 $H_{VSB}(\omega)$ 特性，可以看出，满足"非陡峭"的该类滤波器有很多。那么，是不是任意一个残留边带滤波器都能够用于 VSB 调制系统中，或者 $H_{VSB}(\omega)$ 有没有条件限制？下面讨论此问题。

3. VSB 滤波器条件

在接收端，VSB 信号需要相干解调，如图 5-19 所示：VSB 信号 $s_{VSB}(\omega) = s_{DSB}(\omega)H_{VSB}(\omega)$ 经过长距离传输到达接收端，与本地载波相乘后经过 LPF。分析思路是只要能在接收端恢复调制信号 $m(t)$，那么发送端的 $H_{VSB}(\omega)$ 就是有效的。

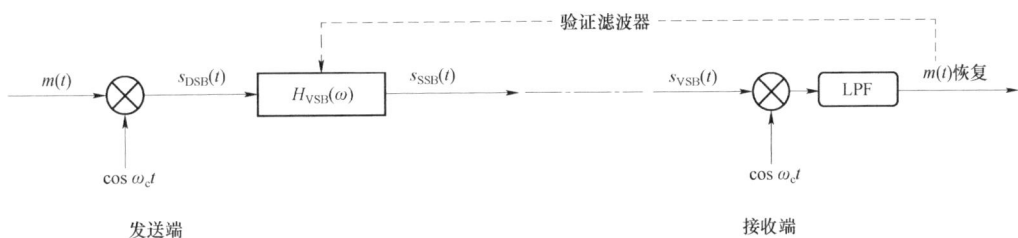

图 5-19　在接收端验证 VSB 滤波器的有效性

在接收端，VSB 信号 $s_{VSB}(t)$ 与载波 $\cos\omega_c t$ 相乘后的信号波形，可通过傅里叶变换到频域，即

$$s_{VSB}(t)\cos\omega_c t \leftrightarrow \frac{1}{2}[s_{VSB}(\omega+\omega_c) + s_{VSB}(\omega-\omega_c)] \tag{5-11}$$

将式（5-10）中的 $s_{VSB}(\omega)$ 代入式（5-11），可得到图 5-19 中接收端位置的乘法器后面的信号频谱为

$$\frac{1}{2}[s_{DSB}(\omega+\omega_c)H_{VSB}(\omega+\omega_c) + s_{DSB}(\omega-\omega_c)H_{VSB}(\omega-\omega_c)] \tag{5-12}$$

将 DSB 信号的频谱 $s_{DSB}(\omega) = \frac{1}{2}[M(\omega+\omega_c) + M(\omega-\omega_c)]$ 代入式（5-12），即可得到

$$\frac{1}{4}[M(\omega+2\omega_c) + M(\omega)]H_{VSB}(\omega+\omega_c) + \frac{1}{4}[M(\omega) + M(\omega-2\omega_c)]H_{VSB}(\omega-\omega_c)$$

经过 LPF 将上式中的高频滤除，即接收端最终输出信号为

$$\frac{1}{4}M(\omega)[H_{VSB}(\omega+\omega_c) + H_{VSB}(\omega-\omega_c)] \tag{5-13}$$

由式（5-13）可以看出，要想在接收端不失真地解调出原调制信号 $M(\omega)$，发送端的残留边带滤波器 $H_{VSB}(\omega)$ 必须满足

$$H_{VSB}(\omega+\omega_c) + H_{VSB}(\omega-\omega_c) = C \quad \omega \leqslant \omega_h \tag{5-14}$$

ω_h 为调制信号最高频率，也是接收端位置的低通滤波器 LPF 的带宽；C 为常数。

结论：为了获得合适的残留边带信号，发送端的残留边带滤波器必须满足 $H_{VSB}(\omega+\omega_c)$ 与 $H_{VSB}(\omega-\omega_c)$ 在 $\omega=0$ 处具有互补对称的截止特性。换句话说，$H_{VSB}(\omega)$ 在 ω_c 处互补对称，即在

ω_{c} 两侧对称频率处 $H_{\mathrm{VSB}}(\omega)$ 的值互补。图 5-20 为一个残留大部分下边带的 VSB 滤波器的图像，可以看出，该滤波器在 ω_{c} 处实现了互补对称，当该滤波器向右、向左各平移 ω_{c} 后，会在频率 0 位置出现重叠，并且重叠部分的纵轴值和为常数，即在 $\omega=0$ 处呈现互补对称的截止特性，满足式（5-14）的条件。

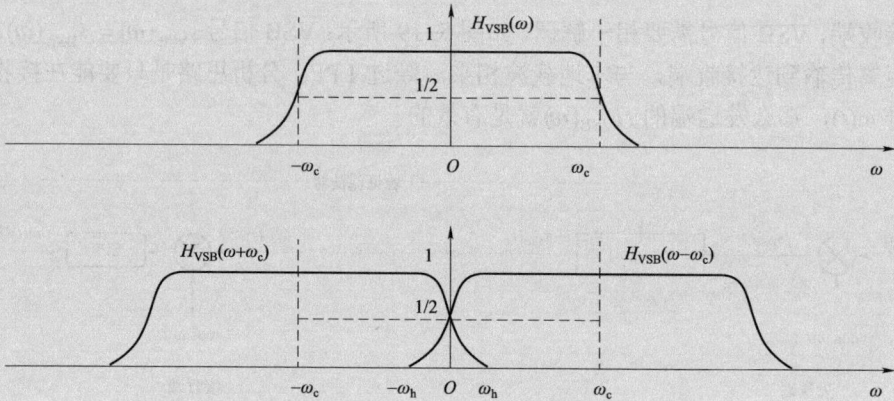

图 5-20　VSB 滤波器的条件

5.3　模拟线性调制系统的抗噪性能

通信系统的抗噪性能是指系统在受到噪声干扰时能够保持良好的通信质量的能力。在现实通信环境中，噪声是不可避免的，噪声会导致信号失真、传输距离缩短和覆盖范围减小及通信成本的增加等各类不利影响。因此，研究通信系统的抗噪性能是通信系统设计和优化的关键方向之一。

同时应明确，衡量模拟通信系统的可靠性指标为接收端的信噪比。所谓信噪比，是指信号与噪声的平均功率之比。因此，本节将分析加性高斯白噪声对前面学习过的各类线性调制系统的影响，对比解调前后信噪比的变化来研究各种线性调制系统的抗噪性能。

5.3.1　抗噪性能分析模型

模拟线性调制系统的抗噪性能分析模型如图 5-21 所示。已调信号 $s_{\mathrm{m}}(t)$（如 AM、DSB、SSB、VSB）经过信道传输到达接收端，在传输过程中受到外界噪声 $n(t)$ 的干扰，最常见的噪声模型为 AWGN，即加性高斯白噪声，均值为零；带通滤波器 BPF 的带宽及中心频率需根据已调信号来设定，作用是滤除已调信号频带以外的噪声，因此解调器输入端的信号仍为已调信号 $s_{\mathrm{m}}(t)$，但是噪声经过 BPF 后变为窄带高斯噪声 $n_{\mathrm{i}}(t)$ 进入解调器；信号 $s_{\mathrm{m}}(t)$ 与噪声 $n_{\mathrm{i}}(t)$ 在解调器内部会经过完全相同的处理过程，最终输出原调制信号 $m_{\mathrm{o}}(t)$，而且包含一部分经过解调器处理后的噪声 $n_{\mathrm{o}}(t)$。

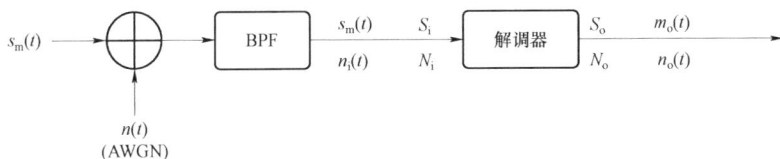

图 5-21 模拟调制系统的抗噪性能分析模型

下面，定量分析的参量主要集中在解调器输入信噪比与输出信噪比。

解调器输入信噪比为

$$\frac{S_\mathrm{i}}{N_\mathrm{i}} = \frac{\overline{s_\mathrm{m}^2(t)}}{\overline{n_\mathrm{i}^2(t)}}$$

解调器输出信噪比为

$$\frac{S_\mathrm{o}}{N_\mathrm{o}} = \frac{\overline{m_\mathrm{o}^2(t)}}{\overline{n_\mathrm{o}^2(t)}}$$

很明显，解调器的输出信噪比可以直接衡量一个模拟通信系统的可靠性。除此之外，还可以用信噪比增益 G（调制制度增益）来衡量，其定义为

$$G = \frac{S_\mathrm{o}/N_\mathrm{o}}{S_\mathrm{i}/N_\mathrm{i}}$$

显然，信噪比增益 G 反映了解调前后信噪比的关系。如 $G>1$，说明经过解调后信噪比得到了改善，否则说明解调后信噪比恶化。

输出信噪比 $S_\mathrm{o}/N_\mathrm{o}$ 和信噪比增益 G 不仅与调制方式有关，也与解调方式有关。在相同的 S_i 和 N_i 的条件下，输出信噪比越高，则解调器的抗噪性能越好。

5.3.2 相干解调的抗噪性能

已经知道，模拟调幅信号解调方式有两类：非相干解调和相干解调。其中，非相干解调，即包络检波方式，只能用来解调不发生过调的 AM 信号，而相干解调方式可以解调包括 AM 信号之内的 DSB、SSB 和 VSB 信号。下面以 DSB 和 SSB 信号为例，分析相干解调的抗噪性能。

1. DSB 相干解调抗噪性能

由于解调方式为相干解调，因此将图 5-21 的分析模型修改为图 5-22，其中的解调器内部为乘法器和低通滤波器 LPF，即相干解调。下面分别分析信号和噪声经过解调后发生的变化，以确定信噪比解调前后的关系。注意：在这里，已调信号 $s_\mathrm{m}(t)$ 为 DSB 信号，因此 BPF 的带宽 B 等于 DSB 信号的带宽，即两倍调制信号 $m(t)$ 的带宽： $B=2f_\mathrm{h}$。

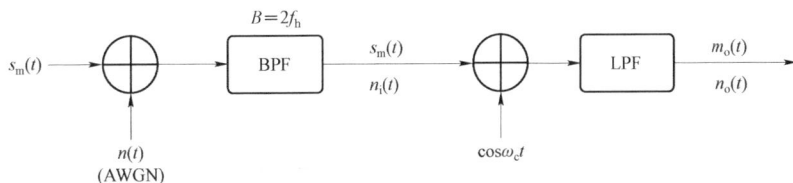

图 5-22 DSB 抗噪性能分析模型

1）信号部分

解调器输入信号为 DSB 信号，即

$$s_m(t) = s_{DSB}(t) = m(t)\cos\omega_c t$$

其平均功率为

$$S_i = \overline{s_m^2(t)} = \overline{[m(t)\cos\omega_c t]^2} = \frac{1}{2}\overline{m^2(t)}$$

与相干载波 $\cos\omega_c t$ 相乘后，信号为

$$s_m(t)\cos\omega_c t = m(t)\cos^2\omega_c t = \frac{1}{2}m(t) + \frac{1}{2}\cos 2\omega_c t$$

经过 LPF 滤除高频部分输出信号为

$$m_o(t) = \frac{1}{2}m(t)$$

也就是说，经过解调后有用信号功率为

$$S_o = \overline{m_o^2(t)} = \frac{1}{4}\overline{m^2(t)}$$

2）噪声部分

解调器输入噪声为窄带高斯白噪声，即

$$n_i(t) = n_c(t)\cos\omega_c t - n_s(t)\sin\omega_c t$$

在第 3 章随机过程中已经有过结论，窄带随机过程 $n_i(t)$ 由同相分量 $n_c(t)$ 和正交分量 $n_s(t)$ 组成，并且三者的平均功率相同，为

$$N_i = \overline{n_i^2(t)} = \overline{n_c^2(t)} = \overline{n_s^2(t)} = n_0 B \quad (B = 2f_h)$$

n_0 为白噪声的功率谱密度，B 为带通滤波器 BPF 或者 DSB 信号的带宽。

与信号一样，窄带白噪声输入解调器，也要先与载波 $\cos\omega_c t$ 相乘，有

$$n_i(t)\cos\omega_c t = n_c(t)\cos^2\omega_c t - n_s(t)\sin\omega_c t\cos\omega_c t$$

$$= \frac{1}{2}n_c(t) + \frac{1}{2}[n_c(t)\cos 2\omega_c t - n_s(t)\sin 2\omega_c t]$$

同样，LPF 会滤除噪声中的高频部分，只剩下同相分量的一半，即输出噪声为

$$n_o(t) = \frac{1}{2}n_c(t)$$

即解调后噪声功率为

$$N_o = \overline{n_o^2(t)} = \frac{1}{4}\overline{n_c^2(t)} = \frac{1}{4}n_0 B \quad (B = 2f_h)$$

3）信噪比

解调前的信噪比

$$\frac{S_i}{N_i} = \frac{\overline{s_m^2(t)}}{\overline{n_i^2(t)}} = \frac{\frac{1}{2}\overline{m^2(t)}}{n_0 B} \quad (B = 2f_h)$$

解调后的信噪比

$$\frac{S_{\mathrm{o}}}{N_{\mathrm{o}}} = \frac{\overline{m_{\mathrm{o}}^2(t)}}{\overline{n_{\mathrm{o}}^2(t)}} = \frac{\frac{1}{4}\overline{m^2(t)}}{\frac{1}{4}n_0 B} \quad (B = 2f_{\mathrm{h}})$$

制度增益

$$G = \frac{S_{\mathrm{o}}/N_{\mathrm{o}}}{S_{\mathrm{i}}/N_{\mathrm{i}}} = 2$$

可见，DSB 信号的相干解调使信噪比改善 1 倍，这是因为采用同步解调使输入噪声中的一个正交分量 $n_{\mathrm{s}}(t)$ 被消除的缘故。

2. SSB 相干解调抗噪性能

对于 SSB 相干解调，BPF 的带宽 B 应该等于 SSB 信号的带宽；与 DSB 相比，减少一半，即 $B = f_{\mathrm{h}}$，其他部分的处理过程与 DSB 完全一样，因此没有必要单独画出图形，可参考图 5-22。

1）信号部分

解调器此时输入为 SSB 信号，即

$$s_{\mathrm{m}}(t) = \frac{1}{2}m(t)\cos\omega_{\mathrm{c}}t \pm \frac{1}{2}\hat{m}(t)\sin\omega_{\mathrm{c}}t$$

其平均功率为

$$\begin{aligned}
S_{\mathrm{i}} &= \overline{s_{\mathrm{m}}^2(t)} = \frac{1}{4}\overline{[m(t)\cos\omega_{\mathrm{c}}t \pm \hat{m}(t)\sin\omega_{\mathrm{c}}t]^2} \\
&= \frac{1}{4}\left[\frac{1}{2}\overline{m^2(t)} \pm \frac{1}{2}\overline{\hat{m}^2(t)}\right] = \frac{1}{4}\overline{m^2(t)}
\end{aligned}$$

类似地，SSB 信号经过解调器内部的乘法器后信号为

$$\begin{aligned}
s_{\mathrm{m}}(t)\cos\omega_{\mathrm{c}}t &= \frac{1}{2}m(t)\cos^2\omega_{\mathrm{c}}t \pm \frac{1}{2}\hat{m}(t)\sin\omega_{\mathrm{c}}t\cos\omega_{\mathrm{c}}t \\
&= \frac{1}{4}m(t) + \frac{1}{4}m(t)\cos 2\omega_{\mathrm{c}}t \pm \frac{1}{4}\hat{m}(t)\sin 2\omega_{\mathrm{c}}t
\end{aligned}$$

然后经过 LPF 滤除高频部分，输出信号为

$$m_{\mathrm{o}}(t) = \frac{1}{4}m(t)$$

也就是说，经过解调后有用信号功率为

$$S_{\mathrm{o}} = \overline{m_{\mathrm{o}}^2(t)} = \frac{1}{16}\overline{m^2(t)}$$

2）噪声部分

对于噪声来说，同样是窄带高斯白噪声经过乘法器，最后经过 LPF 滤除高频分量，其过程、结果与 DSB 完全一样。

$$N_i = n_0 B \ (B = f_h)$$

$$N_o = \frac{1}{4} n_0 B \ (B = f_h)$$

3）信噪比

解调前的信噪比

$$\frac{S_i}{N_i} = \frac{\overline{s_m^2(t)}}{\overline{n_i^2(t)}} = \frac{\frac{1}{4}\overline{m^2(t)}}{n_0 B} \quad (B = f_h)$$

解调后的信噪比

$$\frac{S_o}{N_o} = \frac{\overline{m_o^2(t)}}{\overline{n_o^2(t)}} = \frac{\frac{1}{16}\overline{m^2(t)}}{\frac{1}{4}n_0 B} \quad (B = f_h)$$

制度增益

$$G = \frac{S_o / N_o}{S_i / N_i} = 1$$

可见，在 SSB 系统中，信号和噪声有相同表示形式，所以相干解调过程中，信号和噪声的正交分量均被抑制掉，故信噪比没有改善。

3. DSB 与 SSB 相干解调抗噪性能比较

1）制度增益 G

$$G_{DSB} = 2$$

$$G_{SSB} = 1$$

DSB 信号的相干解调使信噪比改善 1 倍，SSB 信号的相干解调信噪比没有改善。

2）输出信噪比

$$\left(\frac{S_o}{N_o}\right)_{DSB} = \frac{\overline{m^2(t)}}{2n_0 f_h}$$

$$\left(\frac{S_o}{N_o}\right)_{SSB} = \frac{\overline{m^2(t)}}{4n_0 f_h}$$

DSB 信号相干解调后信噪比比 SSB 的信噪比好 1 倍。但是需要注意，此结果有一个前提：解调前 DSB 的输入信号功率是比较强的，即

$$S_{i(DSB)} = \frac{1}{2}\overline{m^2(t)}$$

$$S_{i(SSB)} = \frac{1}{4}\overline{m^2(t)}$$

3）相同条件下比较

如果在相同的输入信号功率 S_i、相同输入噪声功率谱密度 n_0、相同基带信号带宽 f_h 条件

下，对这两种调制方式进行比较，可以发现它们的输出信噪比是相等的，即

$$
\left.\begin{array}{l}
S_{i(DSB)} = S_{i(SSB)} \\
N_{i(DSB)} = 2n_0 f_h \\
N_{i(SSB)} = n_0 f_h
\end{array}\right\} \rightarrow \frac{S_{o(DSB)}}{N_{o(DSB)}} = \frac{S_{o(SSB)}}{N_{o(SSB)}}
$$

结论：DSB 和 SSB 信号的抗噪声性能是相同的，但双边带信号所需的传输带宽是单边带的 2 倍。

4. VSB 相干解调抗噪性能

VSB 调制系统的抗噪性能的分析方法与 DSB、SSB 相似。但是，由于采用的残留边带滤波器的频率特性及形状不同，所以抗噪性能的计算是比较复杂的。

结论：残留边带不是太大的时候，近似认为与 SSB 调制系统的抗噪性能相同。

5.3.3　包络检波的抗噪性能

AM 信号可采用相干解调和包络检波。相干解调时，AM 系统的性能分析方法与前面双边带（或单边带）的相同。

在分析相干解调的抗噪性能时，信号与噪声叠加后，乘法器具备线性特征，意味着经过乘法器后信号与噪声仍可以分开处理，如图 5-23 所示。但非相干解调（包络检波）过程中的信号和噪声是合并在一起的。

1. 分析模型

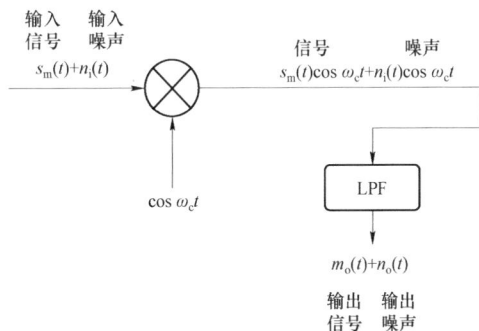

图 5-23　相干解调过程中信号与噪声关系

实际中，AM 信号的解调常用简单的包络检波法，分析模型如图 5-24 所示，其中的解调器为包络检波器，作用是恢复 AM 信号与噪声叠加后的合成包络，并分析合成包络中的信号与噪声成分。

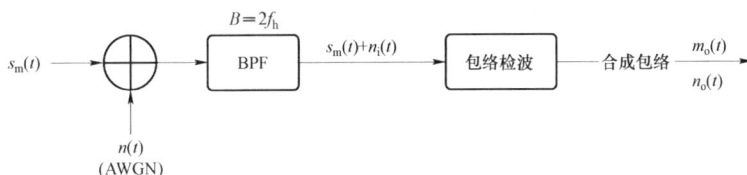

图 5-24　包络检波抗噪性能分析模型

2. 合成包络

图 5-25 显示了 AM 信号叠加噪声前后的状态。可以看出，未加噪声时，AM 信号的包络为调制信号 $m(t)$。实际情况是 AM 信号在传输过程中，不可避免地受到噪声的干扰，通过

图 5-25（b）可以看出，AM 叠加噪声后包络发生了明显的变化。

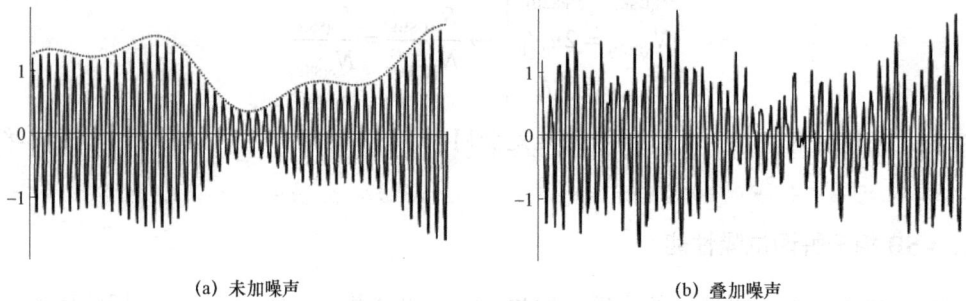

(a) 未加噪声　　　　　　　　　　　　　(b) 叠加噪声

图 5-25　AM 信号叠加噪声前后比较

包络检波器输入为 AM 信号

$$s_{\mathrm{m}}(t) = s_{\mathrm{AM}}(t) = \left[m_0 + m(t)\right]\cos\omega_{\mathrm{c}}t$$

其功率为

$$S_{\mathrm{i}} = \frac{1}{2}m_0^2 + \frac{1}{2}\overline{m^2(t)}$$

包络检波器输入噪声仍为窄带高斯白噪声

$$n_{\mathrm{i}}(t) = n_{\mathrm{c}}(t)\cos\omega_{\mathrm{c}}t - n_{\mathrm{s}}(t)\sin\omega_{\mathrm{c}}t$$

其功率为

$$N_{\mathrm{i}} = n_0 B \ \left(B = 2f_{\mathrm{h}}\right)$$

因此，包络检波器输入前的信噪比为

$$\frac{S_{\mathrm{i}}}{N_{\mathrm{i}}} = \frac{\overline{s_{\mathrm{m}}^2(t)}}{\overline{n_{\mathrm{i}}^2(t)}} = \frac{m_0^2 + \overline{m^2(t)}}{2n_0 B} \ \left(B = 2f_{\mathrm{h}}\right)$$

信号叠加噪声为

$$s_{\mathrm{m}}(t) + n_{\mathrm{i}}(t) = \left[m_0 + m(t) + n_{\mathrm{c}}(t)\right]\cos\omega_{\mathrm{c}}t - n_{\mathrm{s}}(t)\sin\omega_{\mathrm{c}}t$$

$$= E(t)\cos\left[\omega_{\mathrm{c}}t + \varPsi(t)\right]$$

合成包络 $E(t)$ 为

$$E(t) = \sqrt{\left[m_0 + m(t) + n_{\mathrm{c}}(t)\right]^2 + n_{\mathrm{s}}^2(t)} \tag{5-15}$$

合成相位 $\varPsi(t)$ 为

$$\varPsi(t) = \arctan\left[\frac{n_{\mathrm{s}}(t)}{m_0 + m(t) + n_{\mathrm{c}}(t)}\right]$$

　　为了便于对合成信号进行数学分析，考虑两种极端情况：一种是 AM 信号幅度远大于窄带高斯白噪声的幅度，即大信噪比；另一种相反，为小信噪比情况。

1）大信噪比

此时有

$$m_0 + m(t) \gg \sqrt{n_c(t)^2 + n_s^2(t)}$$

为了更加直观地看出 AM 信号与窄带噪声的叠加效果，采用矢量形式进行图形分析。如图 5-26 所示，横线为叠加后的同相分量，包括信号 $m_0 + m(t)$ 与噪声 $n_i(t)$ 的 $n_c(t)$ 分量相加，竖线为叠加后的正交分量，没有信号部分，只有噪声的 $n_s(t)$ 分量，两者叠加后的矢量长度即为合成包络 $E(t)$。

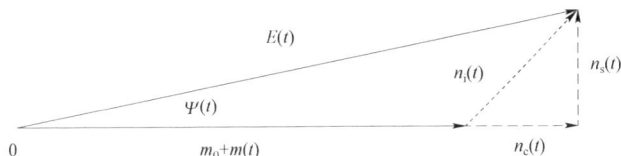

图 5-26　AM 信号叠加噪声矢量图

从图 5-26 可以看出，在大信噪比条件下，合成的包络为

$$E(t) \approx m_0 + m(t) + n_c(t) \qquad (5\text{-}16)$$

$E(t)$ 被包络检波器输出，其中有用信号为 $m(t)$，噪声部分为 $n_c(t)$，因此经过解调后输出的信号功率为

$$S_o = \overline{m^2(t)}$$

噪声功率为

$$N_o = \overline{n_o^2(t)} = \overline{n_c^2(t)} = \overline{n_i^2(t)} = n_0 B \quad (B = 2f_h)$$

输出信噪比为

$$\frac{S_o}{N_o} = \frac{\overline{m^2(t)}}{n_0 B} \quad (B = f_h)$$

可得 AM 信号在包络检波时，大信噪比条件下的调制制度增益 G 为

$$G = \frac{S_o / N_o}{S_i / N_i} = \frac{2\overline{m^2(t)}}{m_0^2 + \overline{m^2(t)}} \leqslant 1 \qquad (5\text{-}17)$$

根据式（5-17），可知：大信噪比条件下，AM 信号的调制制度增益随直流信号 m_0 的减小而增加。但是，如果 m_0 太小，AM 会发生过调制现象，在接收端不能采取包络检波方式接收。

仍以单音信号为例（参考 5.2 节部分内容），即

$$m(t) = A_m \cos \omega_m t$$

其功率为

$$\overline{m^2(t)} = \frac{1}{2} A_m^2$$

为避免发生过调制现象，调制时的直流应满足

$$m_0 \geqslant |m(t)|_{\max} = A_m$$

此时的调制制度增益

$$G \leqslant \frac{2}{3}$$

可见，AM 信号解调后的信噪比没有得到改善。

另外，不难证明，相干解调时 AM 的 G 与式（5-17）相同。这说明，对于 AM 调制系统来说，在大信噪比时，采用包络检波时的性能与相干解调时的性能几乎一样。但应该注意，后者的 G 不受信号与噪声相对幅度假设条件的限制。

2）小信噪比

此时有

$$m_0 + m(t) \ll \sqrt{n_c(t)^2 + n_s^2(t)}$$

包络检波器输出的包络为

$$E(t) \approx n_i(t) + \left[m_0 + m(t) \right] \frac{n_c(t)}{n_i(t)}$$

小信噪比时，信号 $m(t)$ 无法与噪声分开，而且有用信号"淹没"在噪声之中。这时候输出信噪比不是按比例地随着输入信噪比下降，而是急剧恶化。这种现象称为门限效应，如图 5-27 所示。开始出现门限效应的输入信噪比称为门限值。相干解调器不存在门限效应。原因是信号与噪声可分开解调，解调器输出端总是单独存有有用信号项。

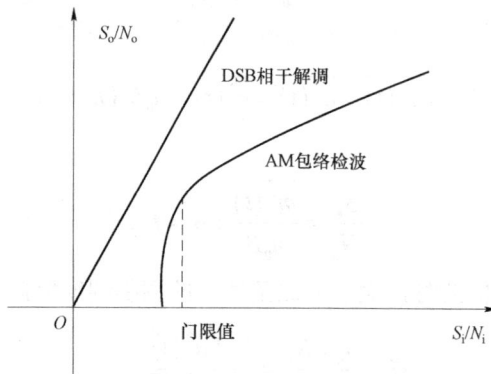

图 5-27　AM 包络检波的门限效应

5.4　模拟角度调制（非线性调制）

前面分析了模拟幅度调制，其特点是载波的幅度受调制信号 $m(t)$ 的控制，而且由于调制后信号频谱没有变形，仅仅实现了位置的移动，因此也称为线性调制。本节的调制方法保持载波幅度不变，通过调制信号 $m(t)$ 去改变载波的角度，因此称为角度调制，属于非线性调制。非线性调制有两种实现方式，即相位调制（PM）和频率调制（FM）。

5.4.1　角度调制实现方式

角度调制后，载波为

$$s_{m}(t) = A\cos\left[\varphi(t)\right] = A\cos\left[\omega_{c}t + \Delta\varphi(t) + \varphi_{0}\right] \tag{5-18}$$

此时载波幅度为常数 A，而载波的瞬时角度或瞬时相位 $\varphi(t)$ 为

$$\varphi(t) = \omega_{c}t + \Delta\varphi(t) + \varphi_{0}$$

很显然，载波相位在原来的相位（$\omega_{c}t + \varphi_{0}$）的基础上产生了角度变化 $\Delta\varphi(t)$，$\Delta\varphi(t)$ 称为瞬时角度偏移或相位偏移，简称瞬时相偏。其实现方式有以下两类。

1. 相位调制 PM

调制信号 $m(t)$ 直接引起瞬时相偏，即

$$\Delta\varphi(t) = K_{PM}m(t) \tag{5-19}$$

调相后载波的瞬时角度或瞬时相位为

$$\omega_{c}t + K_{PM}m(t) + \varphi_{0}$$

因此 PM 信号波形表达式为

$$s_{PM}(t) = A\cos\left[\omega_{c}t + K_{PM}m(t) + \varphi_{0}\right] \tag{5-20}$$

2. 频率调制 FM

调制信号 $m(t)$ 直接引起载波瞬时频率偏移（频偏）$\Delta\omega(t)$，最终也会导致瞬时相偏 $\Delta\varphi(t)$，具体过程如下。

FM 信号的瞬时频偏为

$$\Delta\omega(t) = K_{FM}m(t)$$

载波的瞬时频率为

$$\omega(t) = \omega_{c} + K_{FM}m(t)$$

载波的瞬时相位 $\varphi(t)$ 与瞬时频率 $\omega(t)$ 的关系为

$$\frac{\mathrm{d}\varphi(t)}{\mathrm{d}t} = \omega(t) \text{ 或 } \varphi(t) = \int_{-\infty}^{t}\omega(\tau)\mathrm{d}\tau$$

则载波的瞬时相位 $\varphi(t)$ 为

$$\varphi(t) = \omega_{c}t + K_{FM}\int_{-\infty}^{t}m(\tau)\mathrm{d}\tau$$

则 FM 信号波形表达式为

$$s_{FM}(t) = A\cos\left[\omega_{c}t + K_{FM}\int_{-\infty}^{t}m(\tau)\mathrm{d}\tau\right] \tag{5-21}$$

图 5-28 为 FM 信号波形。可以明显看出，在横向位置载波的疏密程度，即频率产生了变

化，这种变化正是由调制信号 $m(t)$ 引起的。

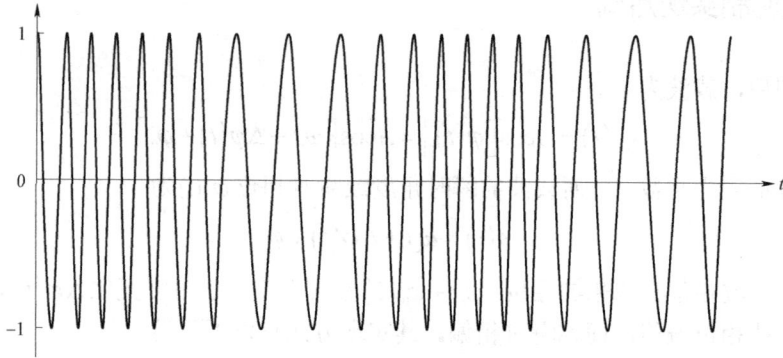

图 5-28   FM 信号波形

3. PM 与 FM 关系

由式（5-21）可以看出，调制信号 $m(t)$ 间接引起载波的瞬时相偏 $\Delta\varphi(t)$，即

$$\Delta\varphi(t) = K_{FM} \int_{-\infty}^{t} m(\tau)\mathrm{d}\tau \tag{5-22}$$

比较式（5-19）和式（5-22）可知，PM 时，相位偏移 $\Delta\varphi(t)$ 随调制信号 $m(t)$ 线性变化；而 FM 是 $\Delta\varphi(t)$ 随 $m(t)$ 的积分呈线性变化，可看作间接调相。或者说，调频即调相，调相即调频。从这一点来说，PM 信号的波形特点与如图 5-28 所示的 FM 类似。

5.4.2   FM 信号的频域特征

1. 窄带调频（NBFM）

频率调制属于非线性调制，其频谱结构非常复杂，难于表述。但是，当最大相位偏移及相应的最大频率偏移较小时，即一般认为满足

$$\left|\Delta\varphi(t)\right|_{\max} \ll \frac{\pi}{6}$$

式（5-21）可以得到简化，因此可求出它的任意调制信号的频谱表示式。这时，信号占据带宽窄，属于窄带调频（NBFM）；反之，是宽带调频（WBFM）。

角度偏移很小时，近似处理式（5-21），可得 NBFM 的时域表达式为

$$s_{FM}(t) \approx A\cos\omega_c t - AK_{FM}\left[\int_{-\infty}^{t} m(\tau)\mathrm{d}\tau\right]\sin\omega_c t \tag{5-23}$$

对式（5-23）进行傅里叶变换后，NBFM 信号的频域表达式为

$$s_{NBFM}(w) = \pi A[\delta(\omega - \omega_c) + \delta(\omega + \omega_c)] + \frac{AK_{FM}}{2}\left[\frac{M(\omega - \omega_c)}{\omega - \omega_c} - \frac{M(\omega + \omega_c)}{\omega + \omega_c}\right] \tag{5-24}$$

回顾 AM 信号的频谱表达式

$$s_{\text{AM}}(\omega) = \pi m_0[\delta(\omega - \omega_c) + \delta(\omega + \omega_c)] + \frac{1}{2}[M(\omega - \omega_c) + M(\omega + \omega_c)]$$

对 NBFM、AM 两种调制进行比较，发现：

① 两者都含有一个载波和位于 ω_c 处的两个边带，所以它们的带宽相同；

② NBFM 的两个边频分别乘了因式 $1/(\omega - \omega_c)$ 和 $1/(\omega + \omega_c)$，由于因式是频率的函数，所以这种加权是频率加权，加权的结果引起调制信号频谱的失真；

③ 有一边频和 AM 反相。

为了更直观地看出 NBFM 信号的特点，取调制信号为特殊的单音正弦信号

$$m(t) = A_{\text{m}}\cos\omega_{\text{m}}t$$

将其代入式（5-23）中，即

$$s_{\text{FM}}(t) \approx A\cos\omega_c t - AA_{\text{m}}K_{\text{FM}}\left[\int_{-\infty}^{t}\cos\omega_{\text{m}}\tau d\tau\right]\sin\omega_c t$$

$$= A\cos\omega_c t - \frac{AA_{\text{m}}K_{\text{FM}}}{\omega_{\text{m}}}\sin\omega_{\text{m}}t\sin\omega_c t$$

即单音信号的 NBFM 波形为

$$s_{\text{FM}}(t) \approx A\cos\omega_c t + \frac{AA_{\text{m}}K_{\text{FM}}}{2\omega_{\text{m}}}\Big[\cos(\omega_c + \omega_{\text{m}})t - \cos(\omega_c - \omega_{\text{m}})t\Big] \tag{5-25}$$

而采用同样的调制信号，标准的 AM 信号为

$$s_{\text{AM}}(t) = \Big[m_0 + m(t)\Big] \cdot A\cos\omega_c t$$

$$= Am_0\cos\omega_c t + A_{\text{m}}\cos\omega_{\text{m}}t \cdot A\cos\omega_c t$$

$$= Am_0\cos\omega_c t + \frac{AA_{\text{m}}}{2}\Big[\cos(\omega_c + \omega_{\text{m}})t + \cos(\omega_c - \omega_{\text{m}})t\Big]$$

图 5-29 显示了 NBFM 和 AM 信号单音调制的频谱图。

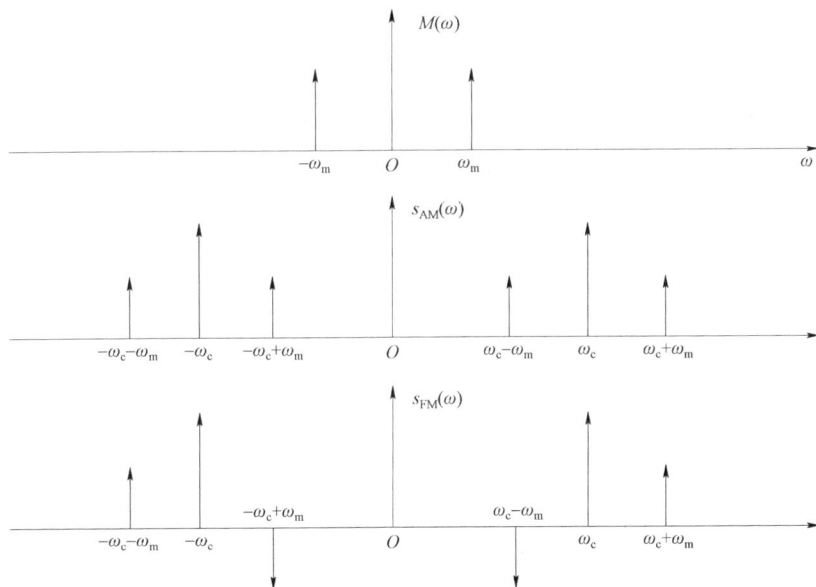

图 5-29　单音信号 NBFM 和 AM 频谱对比

2. 宽带调频（WBFM）

由于 NBFM 信号最大相位偏移较小，占据的带宽较窄，调制制度的抗干扰性能强的优点不能充分发挥，因此目前仅用于抗干扰性能要求不高的短距离通信中。在长距离高质量的通信系统中，如微波或卫星通信、调频立体声广播、超短波电台等多采用宽带调频。

频率调制属于非线性调制，其频谱结构非常复杂。为了方便分析，调制信号 $m(t)$ 仍取一个简单的信号（单音正弦信号），即

$$m(t) = A_\mathrm{m} \cos \omega_\mathrm{m} t$$

FM 调制后上述 $m(t)$ 引起的频偏为

$$\Delta \omega(t) = K_\mathrm{FM} m(t) = K_\mathrm{FM} A_\mathrm{m} \cos \omega_\mathrm{m} t \tag{5-26}$$

最大频偏为

$$\left| \Delta \omega(t) \right|_\mathrm{max} = K_\mathrm{FM} A_\mathrm{m}$$

根据式（5-26）并结合式（5-22），FM 信号的瞬时相偏为

$$\Delta \varphi(t) = K_\mathrm{FM} \int_{-\infty}^{t} A_\mathrm{m} \cos \omega_\mathrm{m} \tau \mathrm{d} \tau$$

$$= \frac{K_\mathrm{FM} A_\mathrm{m}}{\omega_\mathrm{m}} \sin \omega_\mathrm{m} t \tag{5-27}$$

根据式（5-27），对 FM 调制定义一个重要参量——调频指数 m_f 为

$$m_\mathrm{f} = \frac{K_\mathrm{FM} A_\mathrm{m}}{\omega_\mathrm{m}} = \frac{\left| \Delta \omega(t) \right|_\mathrm{max}}{\omega_\mathrm{m}} \tag{5-28}$$

根据其定义式，可知调频指数 m_f 为 FM 调制时最大频偏与基带信号频率的比值。

FM 信号波形表达式为

$$s_\mathrm{FM}(t) = A \cos \left[\omega_\mathrm{c} t + m_\mathrm{f} \sin \omega_\mathrm{m} t \right] \tag{5-29}$$

令 $A=1$，并利用三角公式展开式（5-29），则有

$$s_\mathrm{FM}(t) = A \cos \omega_\mathrm{c} t \cos \left(m_\mathrm{f} \sin \omega_\mathrm{m} t \right) - \sin \omega_\mathrm{c} t \sin \left(m_\mathrm{f} \sin \omega_\mathrm{m} t \right) \tag{5-30}$$

将式（5-30）中的两个因子分别展成级数形式

$$\cos \left(m_\mathrm{f} \sin \omega_\mathrm{m} t \right) = J_0(m_\mathrm{f}) + 2 \sum_{n=1}^{\infty} J_{2n}(m_\mathrm{f}) \cos 2n \omega_\mathrm{m} t$$

$$\sin \left(m_\mathrm{f} \sin \omega_\mathrm{m} t \right) = 2 \sum_{n=1}^{\infty} J_{2n-1}(m_\mathrm{f}) \sin (2n-1) \omega_\mathrm{m} t \tag{5-31}$$

式中，$J_n(m_\mathrm{f})$ 为第一类 n 阶贝塞尔（Bessel）函数，它是调频指数 m_f 的函数。其变化规律如图 5-30 所示：其幅值随 m_f 增加会边振荡边衰减，并且阶数 n 越大，幅值越小。贝塞尔函数的奇偶特性为

$$J_{-n}(m_\mathrm{f}) = -J_n(m_\mathrm{f}), \quad n \text{ 为奇数}$$

$$J_{-n}(m_\mathrm{f}) = J_n(m_\mathrm{f}), \quad n \text{ 为偶数}$$

将式（5-31）代入式（5-30），并利用三角公式

$$\cos A \cos B = \frac{1}{2}\cos(A-B) + \frac{1}{2}\cos(A+B)$$

$$\sin A \sin B = \frac{1}{2}\cos(A-B) - \frac{1}{2}\cos(A+B)$$

得到调频信号的级数展开式为

$$s_{FM}(t) = \sum_{n=-\infty}^{\infty} J_n(m_f)\cos(\omega_c + n\omega_m)t \tag{5-32}$$

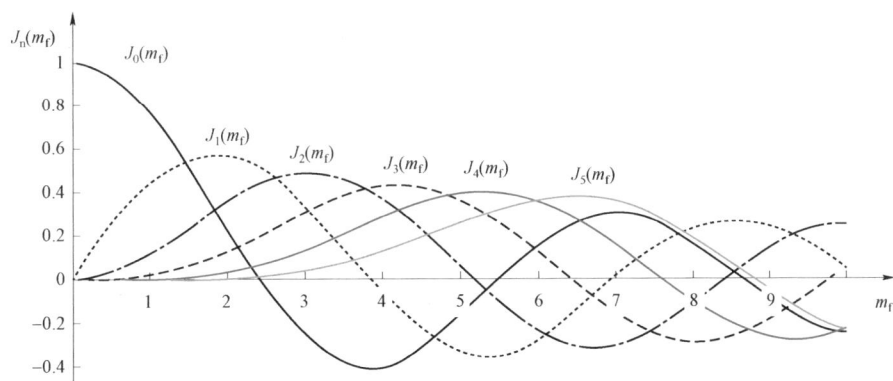

图 5-30　贝塞尔函数

根据式（5-32）可知单音信号 FM 调制后的频谱为

$$s_{FM}(t) = \pi \sum_{n=-\infty}^{\infty} J_n(m_f)\left[\delta(\omega - \omega_c - n\omega_m) + \delta(\omega + \omega_c + n\omega_m)\right] \tag{5-33}$$

根据式（5-32）可以明显看出，FM 信号的频谱具有非常明显的非线性特征：当 $n=0$ 时，就是载波分量 ω_c，其幅度为 $J_0(m_f)$；当 $n \neq 0$ 时，在载频两侧对称地分布上下边频分量 $\omega_c + n\omega_m$，谱线之间的间隔为 ω_m，幅度为 $J_n(m_f)$；且当 n 为奇数时，上下边频极性相反；当 n 为偶数时，极性相同。图 5-31 以 $m_f = 5$ 为例，显示了 FM 信号的谱线。为了便于分析，注意横轴为 $(f - f_c)/f_m$。

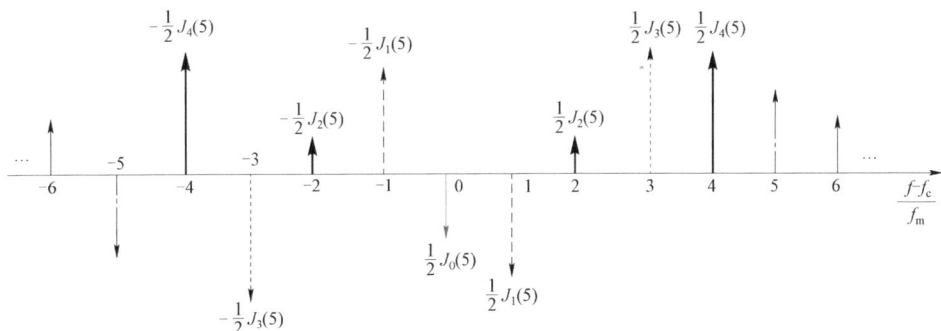

图 5-31　$m_f = 5$ 时 FM 信号的谱线

由图 5-31 可以看出，FM 信号的带宽 B_{FM} 理论上为无限大。但是，随着边带数量增加，由于贝塞尔函数随阶数增加而减小，因此边带幅值越来越小。根据经验认为：当 $m_{\text{f}} \geqslant 1$ 以后，取边频数 $n = m_{\text{f}} + 1$ 即可。因此，调频波的带宽为

$$B_{\text{FM}} = 2(m_{\text{f}} + 1)f_{\text{m}} = 2(\Delta f + f_{\text{m}}) \tag{5-34}$$

式（5-34）称为卡森公式，对任意带限信号调制时的调频信号带宽仍适用。

5.4.3 FM 信号产生与解调

1. FM 信号产生

1）直接调频

直接调频法是用调制信号直接控制高频振荡器，让回路元件的参数发生改变，使其输出频率按调制信号的规律线性地变化。如图 5-32 所示，常用压控振荡器（VCO）来实现，其外部电压可控制振荡频率，因此自身就是一个 FM 调制器。振荡频率正比于输入控制电压，若使用调制信号 $m(t)$ 控制电压信号，可以产生 FM 波。

直接调频法的主要优点是在实现线性调频的要求下，可以获得较大的频偏，且实现电路简单；主要缺点是频率稳定度不高，往往需要采用自动频率控制系统来稳定中心频率。

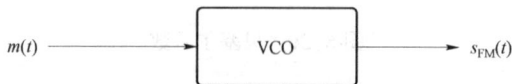

图 5-32　直接调频

2）间接调频

间接调频法也被称为倍频法、阿姆斯特朗法。该方法先将调制信号积分，然后对载波进行调相，即可产生一个 NBFM 信号，再经倍频器得到 WBFM 信号。间接调频法的优点是频率稳定性好；缺点是需要多次倍频和混频，电路较复杂。如图 5-33 所示，根据式（5-23）窄带调频的时域表达式可知，虚线框内所示部分可以用来获得 NBFM 信号。

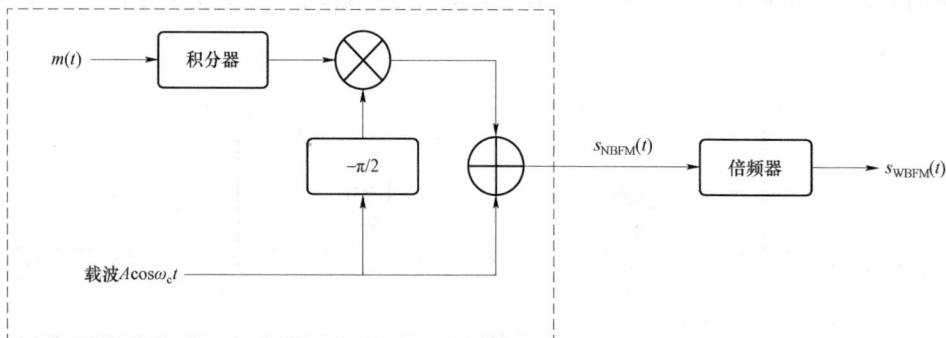

图 5-33　间接调频

倍频器可以提高调频指数，获得宽带调频，一般为理想平方律非线性器件。若输入信号为

$$s_i(t) = A\cos[\omega_c t + \varphi(t)]$$

则经过倍频器后信号输出为

$$s_i(t) = aS_i^2(t) = \frac{1}{2}aA^2\{1 + \cos[2\omega_c t + 2\varphi(t)]\}$$

滤出直流分量后可以得到新的调频信号，其载频和频偏均增加了 2 倍，调频指数也增加 2 倍，经过 n 倍频后的调频信号，调频指数也增加了 n 倍，实现了宽带调频。

2. FM 信号解调

1）非相干解调

调频信号的解调与发送端相反，要产生一个与输入调频信号 $s_{FM}(t)$ 的频率线性关系的输出电压，完成这种频率–电压转换关系的器件是频率检波器，简称鉴频器。

鉴频器主要由微分器和包络检波器构成，微分器的作用是把幅度恒定的调频波 $s_{FM}(t)$ 变成幅度和频率都随调制信号 $m(t)$ 变化的调幅调频波，即

$$s_d(t) = \frac{ds_{FM}(t)}{dt}$$

$$= \frac{d\left\{A\cos\left[\omega_c t + K_{FM}\int_{-\infty}^{t} m(\tau)d\tau\right]\right\}}{dt}$$

$$= -A\left[\omega_c + K_{FM}m(t)\right]\sin\left[\omega_c t + K_{FM}\int_{-\infty}^{t} m(\tau)d\tau\right] \qquad （5-35）$$

其中，信号中包络的 $A\left[\omega_c + K_{FM}m(t)\right]$ 被包络检波器检出并滤去直流 $A\omega_c$，即可解调出原调制信号 $m(t)$。

非相干解调过程如图 5-34 所示：限幅器消除信道中噪声和其他原因引起的调频波的幅度起伏，带通滤波器（BPF）让调频信号顺利通过，同时滤除带外噪声及高次谐波分量，交给鉴频器输出包络，实现 $m(t)$ 输出。包络检波器由整流器及低通滤波器（LPF）组成，其工作原理在 AM 解调过程中已分析过。

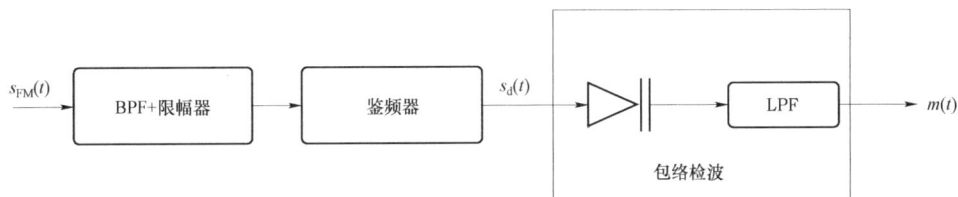

图 5-34　非相干解调过程

2）相干解调

对于窄带调频，可以采用相干解调的方式进行解调，可根据学习调幅信号时的解调原理并结合 NBFM 信号的组成自行分析。

5.4.4　调频系统的抗噪性能

对于 FM 信号来说，尤其是 WBFM，图 5-34 的鉴频法是解调的主要手段，下面将分析

该接收手段的抗噪声性能。分析模型与模拟线性调制类似，通过对比解调前后的信噪比作为该通信系统的抗噪性能依据。

解调器输入信号为 FM 信号，即

$$s_i(t) = s_{FM}(t) = A\cos\left[\omega_c t + K_{FM}\int_{-\infty}^{t} m(\tau)d\tau\right]$$

信号功率为

$$S_i = \frac{1}{2}A^2$$

输入噪声仍为窄带高斯白噪声（AWGN），由于是非相干解调，将其写成随机包络和随机相位的形式，即

$$n_i(t) = V(t)\cos\left[\omega_c t + \theta(t)\right]$$

噪声功率为

$$N_i = n_0 B \ \left(B = B_{FM}\right)$$

因此，解调器输入信噪比为

$$\frac{S_i}{N_i} = \frac{A^2}{2n_0 B} \tag{5-36}$$

FM 信号与噪声叠加在一起输入鉴频器，即

$$s_i(t) + n_i(t) = A\cos\left[\omega_c t + K_{FM}\int_{-\infty}^{t} m(\tau)d\tau\right] + V(t)\cos\left[\omega_c t + \theta(t)\right]$$

$$= B(t)\cos\left[\omega_c t + \psi(t)\right]$$

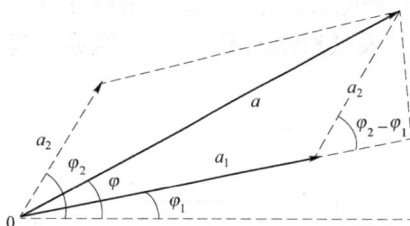

图 5-35　FM 信号叠加噪声矢量图

信号矢量：$A\cos\left[\omega_c t + \varphi(t)\right] = a_1\cos\varphi_1$

噪声矢量：$V(t)\cos\left[\omega_c t + \theta(t)\right] = a_2\cos\varphi_2$

合成矢量：$B(t)\cos\left[\omega_c t + \psi(t)\right] = a\ \cos\varphi$

它们的关系如图 5-35 所示。

类似 AM 信号包络检波抗噪声性能分析方法，考虑两种极端情况。

合成矢量的相位为

$$\varphi = \varphi_1 + \arctan\frac{a_2\sin\left[\varphi_2 - \varphi_1\right]}{a_1 + a_2\cos\left[\varphi_2 - \varphi_1\right]}$$

1. 大信噪比

在大信噪比条件下，即 $A \gg V(t)$，信号和噪声的相互作用可以忽略，这时可以把信号和噪声分开来分析，只要达到这个目的，解调后 FM 信号的功率可以根据式（5-37）直接得到。

具体过程如下：

$$\varphi = \varphi_1 + \arctan \frac{V(t)\sin[\theta(t) - \varphi(t)]}{A + V(t)\cos[\theta(t) - \varphi(t)]}$$

$$\approx \varphi_1 + \arctan \frac{V(t)}{A}\sin[\theta(t) - \varphi(t)]$$

$$\approx \varphi_1 + \frac{V(t)}{A}\sin[\theta(t) - \varphi(t)]$$

FM 信号与噪声合成矢量的相位可以近似处理如下。

鉴频器对合成矢量相位微分并输出包络电压为

$$V_o(t) = \frac{1}{2\pi}\left[\frac{\mathrm{d}\varphi}{\mathrm{d}t}\right] - f_c$$

$$= \frac{1}{2\pi}\left[\frac{\mathrm{d}\varphi_1}{\mathrm{d}t}\right] + \frac{1}{2\pi}\frac{\mathrm{d}}{\mathrm{d}t}\frac{V(t)}{A}\sin[\theta(t) - \varphi(t)] \qquad (5\text{-}37)$$

$$= \underbrace{\frac{1}{2\pi}\left[\frac{\mathrm{d}\varphi(t)}{\mathrm{d}t}\right]}_{\text{信号}} + \underbrace{\frac{1}{2\pi A}\frac{\mathrm{d}\{V(t)\sin[\theta(t) - \varphi(t)]\}}{\mathrm{d}t}}_{\text{噪声}}$$

式（5-37）表明，在大信噪比条件下，经过 FM 信号与噪声合成矢量的相位做近似处理，鉴频器输出信号与噪声可以分开。

根据式（5-36），即 FM 非相干解调部分的分析，鉴频器输出信号为

$$s_o(t) = \frac{k_d K_{\mathrm{FM}} m(t)}{2\pi}$$

输出信号功率为

$$S_o = \frac{k_d^2 K_{\mathrm{FM}}^2 E\left[m^2(t)\right]}{4\pi^2}$$

对于噪声的分析，转换到频域分析比较方便。具体来说，分析噪声经过微分电路后功率谱密度的变化。

根据式（5-37），可以将噪声分离出来，即经过微分电路，噪声输出为

$$n_o(t) = \frac{1}{2\pi A}\frac{\mathrm{d}\{V(t)\sin[\theta(t) - \varphi(t)]\}}{\mathrm{d}t}$$

$$= \frac{1}{2\pi A}\left[\frac{\mathrm{d}n_d(t)}{\mathrm{d}t}\right]$$

由图 5-36 可以看出，微分电路的频率响应为

图 5-36　噪声通过微分器

$$H(\omega) = \mathrm{j}\omega$$

因此经过微分电路后，噪声的功率谱密度为

$$n_o(\omega) = \left(\frac{1}{2\pi A}\right)^2 n_0 \cdot |H(\omega)|^2 = \left(\frac{1}{2\pi A}\right)^2 n_0 \cdot \omega^2 = \left(\frac{1}{A}\right)^2 f^2 n_0 \qquad |f| \leqslant \frac{B_{\mathrm{FM}}}{2}$$

该噪声最终通过低通滤波器输出，因此噪声功率为

$$N_o = \int_{-f_m}^{f_m} n_o(f)\mathrm{d}f = \frac{2n_0}{3A^2} \cdot f_m^3$$

解调器输出信噪比为

$$\frac{S_o}{N_o} = \frac{3A^2 K_{FM}^2 E[m^2(t)]}{8\pi^2 n_0 f_m^3} = 3\left(\frac{K_{FM}\,|m(t)|_{max}}{2\pi f_m}\right)^2 \frac{A^2}{2n_0 f_m}\frac{E[m^2(t)]}{|m(t)|_{max}^2}$$

$$= \frac{3m_f^2 A^2}{2n_0 f_m}\frac{E[m^2(t)]}{|m(t)|_{max}^2}$$

(5-38)

为了直观地了解 FM 系统抗噪性能的大小，仍采用一贯做法，考虑 $m(t)$ 为单一频率正弦信号时的情况，即

$$m(t) = A_m\cos\omega_m t$$

这时的调频信号为

$$s_{FM}(t) = A\cos[\omega_c t + m_f\sin\omega_m t]$$

根据式（5-36）

$$\frac{S_i}{N_i} = \frac{A^2}{2n_0 B}$$

根据式（5-38），可得出

$$\frac{S_o}{N_o} = \frac{3}{2}(m_f)^2\frac{A^2/2}{n_0 f_m}$$

解调器的制度增益为

$$G_{FM} = \frac{S_o/N_o}{S_i/N_i} = \frac{3}{2}m_f^2\frac{B_{FM}}{f_m}$$

(5-39)

将 FM 信号的带宽 $B_{FM} = 2(m_f+1)f_m = 2(\Delta f + f_m)$ 代入式（5-39），最终制度增益 G 为

$$G_{FM} = 3m_f^2(m_f+1) \approx 3m_f^3$$

(5-40)

式（5-40）表明，大信噪比时宽带调频系统的制度增益很高，它与调制指数的立方成正比。例如：调频广播中常取 $m_f=5$，则制度增益 $G_{FM}=450$，即经过鉴频方式解调后，FM 信号的信噪比为解调前的 450 倍，输出信号质量大大提高。应当指出，调频系统的这一优越性是以增加传输带宽来换取的。

2. 小信噪比

应该指出，以上分析都是在解调前的信噪比足够大的条件下进行的。当信噪比减小到一定程度时，解调器的输出中不存在单独的有用信号项，信号被噪声扰乱，因而输出信噪比急剧下降。这种情况与 AM 包检时相似，称为门限效应。

出现门限效应时所对应的 $\frac{S_i}{N_i}$ 值被称为门限值（点），记为 $\left(\frac{S_i}{N_i}\right)_b$。

图 5-37 显示了 FM 非相干解调的门限效应特点，图中的圆点表示门限点。可以看出，

m_f 不同，门限值不同：m_f 越大，门限点 $\left(\dfrac{S_i}{N_i}\right)_b$ 越高；$\dfrac{S_i}{N_i} < \left(\dfrac{S_i}{N_i}\right)_b$ 时，输出信噪比将随输入信

噪比的下降而急剧下降。这表明，FM 系统以带宽换取输出信噪比改善并不是无止境的。随着传输带宽的增加（m_f 加大），输入噪声功率增大，在输入信号功率不变的条件下，输入信噪比下降，当输入信噪比降到一定程度时就会出现门限效应，输出信噪比将急剧恶化。且 m_f

越大，输出信噪比下降得越快，甚至比 DSB 或 SSB 更差。$\dfrac{S_i}{N_i} > \left(\dfrac{S_i}{N_i}\right)_b$ 时，$\dfrac{S_o}{N_o}$ 与 $\dfrac{S_i}{N_i}$ 呈线性

关系，且 m_f 越大，输出信噪比的改善越明显。

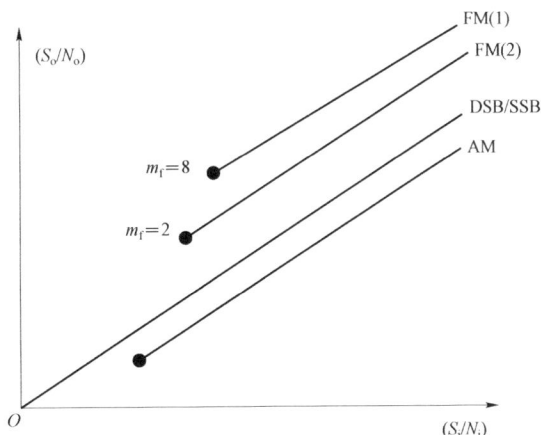

图 5-37 FM 非相干解调与其他技术比较

在空间通信等领域中，对调频接收机的门限效应十分关注，希望在接收到最小信号功率时仍能满意地工作，这就要求门限点向低输入信噪比方向扩展。采用比鉴频器更优越的一些解调方法可以达到改善门限效应的要求，目前用得较多的有锁相环鉴频法和调频负回授鉴频法。

5.4.5 各种模拟调制系统的性能比较

综合前面的分析，各种模拟调制方式的性能比较如下：WBFM 抗噪性能最好，DSB、SSB、VSB 抗噪性能次之，AM 抗噪性能最差，NBFM 和 AM 的性能接近。各种模拟调制方式的性能见表 5-1。

表 5-1 各种模拟调制方式的性能

调制方式	传输带宽	直流响应	设备复杂性	主要应用
DSB	$2B$	有	中等：相干解调，常与 DSB 信号一起传输一个小导频	模拟数据传输，低带宽信号多路复用系统
AM	$2B$	无	较小：调制与解调设备简单	无线电广播

续表

调制方式	传输带宽	直流响应	设备复杂性	主要应用
SSB	B	无	较大：相干解调，调制器也较复杂	话音通信，话音频分多路通信
VSB	略大于 B	有	较大：相干解调，调制器需要对称滤波器	数据通信，宽带系统
FM	大于 $2B$	有	中等：调制器有一点复杂，解调器较简单	数据传输，无线电广播，微波中继

图 5-37 展示了不同模拟调制系统的性能曲线对比。观察可见，DSB 与 SSB 的信噪比表现优于 AM，而 FM 的信噪比同样超越 AM。这一数据揭示了以下规律：随着 FM 调频指数的增大，其抗噪性能得以提升，但相应的带宽占用也会增加，导致频带利用率降低。相比之下，SSB 的带宽最为狭窄，因此其频带利用率相对较高。

在模拟调制技术中，AM 调制以其接收设备的简便性著称。然而，其功率利用率相对较低，抗干扰能力不强。当载波受到信道选择性衰落影响时，可能会出现过调失真，同时信号频带较宽，频带利用率不高。因此，AM 只是适用于对通信质量要求不高的场合，目前主要应用于中波和短波调幅广播中。

DSB 虽然具有较高的功率利用率，但其带宽需求与 AM 相同，接收时需要同步解调，设备较为复杂。因此，DSB 主要限于点对点的专用通信，其应用范围相对有限。

SSB 在功率利用率和频带利用率方面均表现出较高的优势，其抗干扰能力和抗选择性衰落能力均优于 AM，且带宽仅为 AM 的一半。然而，SSB 的发送和接收设备均较为复杂。鉴于这些特点，SSB 只是在频带资源紧张的场合中得到了广泛应用，如短波波段的无线电广播和频分多路复用系统中。

VSB 的关键在于对发送边带的部分抑制，并通过平缓滚降滤波器对被抑制部分进行补偿。这种调制方式旨在实现更高效的频带利用和信号传输质量。

5.5 频 分 复 用

1. 复用

复用是指在通信系统中，通过合理地共享通信资源，实现多路信号的传输和处理，提高通信系统的效率和性能。复用技术可以分为时分复用、频分复用、码分复用等多种类型，其中频分复用是一种常用的复用技术。

2. 频分复用原理

频分复用是指将不同的信号分配到不同的频率带宽上进行传输，以实现多路信号同时传输的技术。如图 5-38 所示，在频分复用系统中，不同的信号被调制到不同的载波频率上，为了防止邻路信号间相互干扰，图中各载频之间需要设计一定的间隔，然后通过复用器混合在一起进行传输，接收端再通过解复用器将各个信号分离出来，并分别通过不同的滤波器和解调器恢复原来的信号。

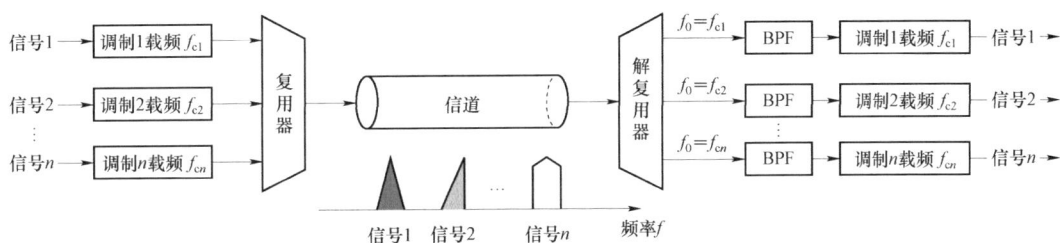

图 5-38　频分复用系统

3. 频分复用作用

（1）提高信道利用率：通过频分复用技术，可以将多路信号同时传输在同一传输介质上，提高了信道的利用率。

（2）降低系统成本：频分复用可以减少通信系统所需的传输介质和设备数量，从而降低系统的建设成本和维护成本。

（3）提高通信质量：通过频分复用技术，可以有效地避免不同信号之间的干扰，提高通信系统的稳定性和通信质量。

思考与练习题 >>>

思考题：

5-1　对于实现通信来说，调制是必需的吗？为什么？

5-2　线性调制的含义是什么？

5-3　信号调制带来的优势是什么？

5-4　为什么 AM 调制需要加直流？

5-5　AM、DSB、SSB 和 VSB 信号的频谱具有什么特点？带宽分别是多少？

5-6　一个信号乘以高频正弦信号 $\cos\omega_0 t$ 后，频谱发生的变化是什么？

5-7　为什么 DSB 信号不能采用包络检波方式解调？

5-8　怎样根据残留边带滤波器的特点判断载波频率？

5-9　模拟线性调制系统抗噪性能的指标有哪些？

5-10　经过相干解调，窄带高斯白噪声的平均功率与解调前有何关系？

5-11　FM 信号是直接调频，调频后载波的瞬时相位与基带信号有何关系？

5-12　FM 调制时，调频指数的含义是什么？对 FM 信号的带宽有何影响？

5-13　FM 信号的频谱与 AM 相比，有何区别？

5-14　FM 系统优越的抗噪性能表现在哪里？从信道资源角度来说，这种性能的代价是什么？

5-15　模拟调制系统的门限效应出现在何种调制、解调方式时？

练习题：

5-1 图 5-39 为一个基带信号 $m(t)$ 的波形和载波波形，根据这两个波形，画出：

（1）DSB 信号的波形；

（2）该信号加入适当直流后的波形，以实现 AM 调制；

（3）AM 信号的波形。

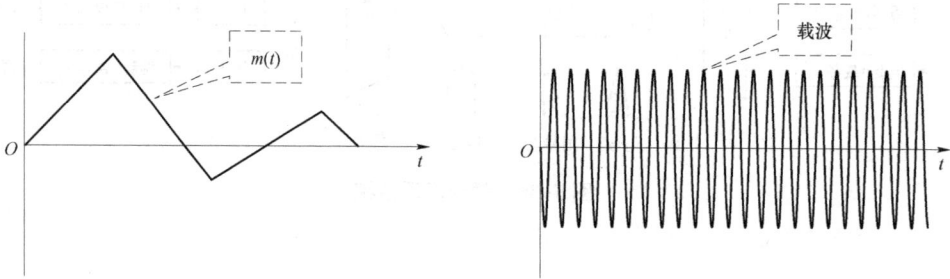

图 5-39 练习题 5-1

5-2 图 5-40 为一个基带信号 $M(f)$ 的频谱图，载波频率为 300 Hz，根据此图形，画出：

（1）DSB 信号的频谱；

（2）该信号加入适当直流后的频谱，以实现 AM 调制；

（3）AM 信号的频谱；

（4）上边带 SSB 的频谱。

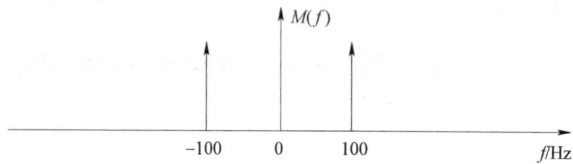

图 5-40 练习题 5-2

5-3 图 5-41 为一个残留边带滤波器的传递函数 $H(f)$，将 DSB 信号经过此滤波器产生 VSB 信号，基带信号为 $m(t) = \cos 2\,000\pi t + \cos 6\,000\pi t$。

（1）确定载波频率；

（2）画出基带信号的频谱；

（3）画出 DSB 信号的频谱；

（4）画出 VSB 信号的频谱；

（5）给出 VSB 信号的波形表达式。

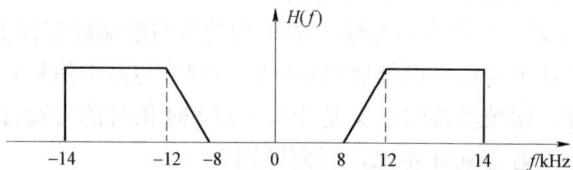

图 5-41 练习题 5-3

5-4 设某信道具有均匀的双边噪声功率谱密度 $P_n(f) = 0.5 \times 10^{-3}\,\text{W}/\text{Hz}$，在该信道中传

输 DSB 信号，基带信号最高频率 $f_{\mathrm{h}} = 5\,\mathrm{kHz}$，载波 $100\,\mathrm{kHz}$，DSB 信号功率为 $10\,\mathrm{kW}$。若接收机的输入信号在加至解调器之前，先经过一理想带通滤波器 BPF。

（1）给出该 BPF 的传输特性，并画图说明。

（2）解调器输入端的信噪比是多少？

（3）解调器输出端的信噪比是多少？

（4）求解调器输出端的双边噪声功率谱密度，并用功率谱密度图表示。

5-5 大信噪比条件下，AM 信号包络检波的制度增益为式（5-17），即

$$G = \frac{2\overline{m^2(t)}}{m_0^2 + \overline{m^2(t)}}$$

证明 AM 信号在相干解调时，其制度增益 G 与上式相同。

5-6 若信道中传输的是 SSB 信号，其中基带信号 $m(t)$ 的功率谱密度 $P_{\mathrm{m}}(f)$ 为

$$P_{\mathrm{m}}(f) = \begin{cases} \dfrac{n_{\mathrm{m}}}{2} \cdot \dfrac{|f|}{f_{\mathrm{m}}}, & |f| \leqslant f_{\mathrm{m}} \\ 0, & |f| > f_{\mathrm{m}} \end{cases}$$

其中，n_{m} 为常数，f_{m} 为 $m(t)$ 的最高频率。叠加在 SSB 信号中的噪声功率谱双边功率谱密度为 $n_0 / 2$。接收机的输入信号在加至相干解调器之前，先经过一理想带通滤波器 BPF，保证 SSB 信号完整通过，并滤除 SSB 信号带宽之外的噪声。根据 SSB 信号功率与基带信号的关系，试求：

（1）解调器输入端的信噪比；

（2）解调器输出端的信噪比；

（3）系统的制度增益 G；

（4）求解调器输出端的双边噪声功率谱密度，并用功率谱密度图表示。

5-7 基带信号为 $10\cos 400t$，载波频率为 $10\,\mathrm{kHz}$，调频 FM 后频移指数为 $K_{\mathrm{FM}} = 200$，计算该 FM 信号的调频指数 m_{f} 为多少，并根据经验公式计算该 FM 信号的带宽。

5-8 已知一个 FM 信号的幅值为 $10\,\mathrm{V}$，其瞬时圆频率 $f(t) = 10^6 + 10^4 \cos 2\pi \times 10^3 t$，试求：

（1）FM 信号的瞬时角频率、瞬时相位即 FM 信号表达式；

（2）最大频偏值、调频指数 m_{f} 及 FM 信号带宽。

第6章

数字基带通信系统

本章教学基本要求

掌握：

1. 数字基带信号波形和功率谱特性；

2. AMI、HDB3 等码型的编码原理和特点；

3. 码间串扰成因和奈奎斯特第一准则；

4. 理想低通传输特性和奈奎斯特带宽；

5. 余弦滚降系统的波形和频率响应特征；

6. 码间串扰基带系统抗噪声性能；

7. 眼图的概念。

理解：

1. 数字基带信号波形对应功率谱的规律；

2. 无码间干扰数字基带系统的条件；

3. 利用眼图分析数字系统性能方法。

本章核心内容

1. 数字基带信号波形和功率谱特性；

2. 信道编码；

3. 无码间干扰数字基带系统。

数字基带通信，又称数字基带传输，是指直接传输未经调制的数字信号。它通常用于短距离通信，如计算机内部的信号传输。然而，随着技术的不断发展，数字基带传输系统的速度不断提升，使之不仅能够应用于低速数据传输，而且在高速数据传输中也展现出强大的应用潜力。数字频带传输，则是将信号调制到高频载波上进行传输。基带传输和频带传输面临着一些共同的问题，如噪声干扰、信号失真等。为了解决这些问题，两种传输方式都需要采取一系列的信号处理技术，如滤波、均衡、编码等。这些技术在提高系统性能、保证数据传输质量方面起着至关重要的作用。理论上可以证明，任何一个采用线性调制的频带传输系统，总可以由一个等效的基带传输系统代替。总之，研究数字基带传输系统具有现实意义。

6.1　数字基带传输系统

来自数据终端的原始数据信号，如计算机输出的二进制序列、电传机输出的代码等，往往包含丰富的低频分量，甚至直流分量，被称为数字基带信号。在某些具有低通特性的有线信道里，如双绞线、电缆，当传输距离不太远的情况下，数字基带信号可以不经调制直接进行传输，如计算机局域网、电话信号的传输等，称为数字基带传输系统。

对于大多数信道而言，如各种无线信道和远距离有线信道，其传输特性是带通的，数字基带信号必须在发送端经过调制，把基带信号的频谱搬移到适合信道传输的通带内变为带通信号，通过信道传输在接收端通过解调，再恢复为原始基带信号，这种传输称为数字频带传输系统（第 7 章的主要内容）。

图 6-1 显示了数字基带传输系统的基本构成，每一部分功能如下。

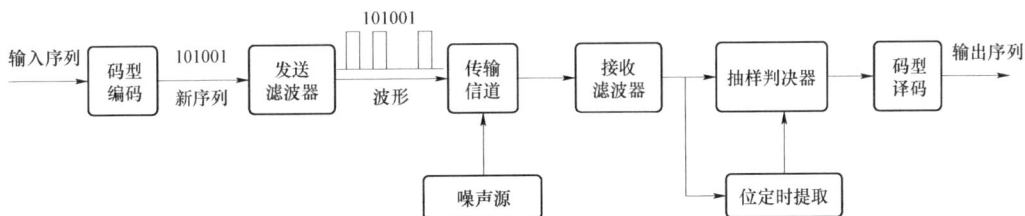

图 6-1　数字基带传输系统

（1）码型编码：数字基带信号的输入序列在进入数字基带传输系统前，由于要适应不同的信道特性及应用场景，首先需要对原始数字序列进行不同类型的编码，形成新的数字序列。

（2）发送滤波器（信道信号形成器）：新序列需要以电脉冲的形式进入信道中传输，即对于二进制信号来说，意味着需要解决以何种形状的电脉冲来代表信号 1 和 0。发送滤波器将发送的码元映射为基带波形，产生适合信道传输的基带信号波形。可以看出，图 6-1 中的数字信号是以矩形脉冲形式发送的。

（3）传输信道：允许基带信号通过的媒介，一般会产生噪声造成信号衰减和失真，对于 AWGN 信道来说，是加性的零均值符合高斯分布的噪声。

（4）接收滤波器：用来接收信号，尽可能滤除信道噪声和 ISI 对系统性能的影响，对信道特性进行平衡，使输出的基带波形有利于抽样判决。

（5）抽样判决器：在传输特性不理想及噪声背景下，在特定抽样时刻对接收滤波器输出波形进行抽样判决，以恢复或再生基带信号。随着传输距离增大，除了噪声干扰，还有基带传输系统特性不理想形成的码间串扰，这些都会引起信号波形发生畸变，导致抽样判决错误，从而产生误码。

（6）位定时提取（定时脉冲和同步提取）：因为数字信号是由许多重复性的脉冲组成的，因此需要在同步信号的协助下精准识别每一个信号的具体位置，从而决定抽样的时刻。用来抽样的位定时脉冲依靠同步提取电路从接收信号中提取信号，位定时准确与否将直接影响判决效果。

（7）码型译码：进行解码，最终输出原始数字序列。

6.2 数字基带信号

如前所述，为了在信道中传输，数字基带信号需要编码并形成一组有限的、离散的波形，即电脉冲信号——消息代码的电波形。下面针对数字基带信号的波形、码型及频域特性进行分析。

6.2.1 数字基带信号波形

数字基带信号波形有很多，常见的有矩形脉冲、三角波脉冲、高斯脉冲和升余弦脉冲等。最常用的是矩形脉冲，因为矩形脉冲易于形成和变换，下面就以矩形脉冲为例介绍几种最常见的基带信号波形。

1. 单极性不归零波形（NRZ）

单极性不归零波形是常用的基带信号形式。当数字信号为 1 时波形保持正电平，持续时间为整个码元周期（不归零），数字信号为 0 时波形为零电平，波形如图 6-2（a）所示。

NRZ 波形的特点是单极性、不归零，因此信号当中有直流成分；而且连 0 或连 1 时波形无间隔，因此不包含位同步信息，不适合远距离传输，仅用于设备内部信号传输。

2. 双极性不归零波形（BNRZ）

双极性不归零波形如图 6-2（b）所示。当数字信号为 1 时波形保持正电平，数字信号为 0 时波形为负电平（双极性），正、负电平持续时间均为整个码元周期（不归零）。

由于 BNRZ 是幅度相等、极性相反的双极性波形，故当 0、1 符号等概率出现时无直流分量。这样，恢复信号的判决电平为 0，因而不受信道特性变化的影响，抗干扰能力也较强。所以，双极性波形有利于在信道中传输，很多应用场合采用双极性波形信号传输。

3. 单极性归零波形（RZ）

单极性 RZ 与单极性不归零波形不同，发送 1 时正电平脉冲宽度 τ 小于码元宽度 T，每个 1 代码脉冲在正电平持续一定时间后总要回到零电平，所以称为归零波形，如图 6-2（c）所示。通常，归零波形使用 50%占空比（占空比定义为 τ/T）。

单极性 RZ 同样包含直流成分，且可以从波形中直接提取定时信息，因此是其他波形提取位定时信号时常采用的一种过渡波形，如 AMI、HDB 码位定时信号提取时先将双极性归零波形变为单极性归零波形。

4. 双极性归零波形（BRZ）

BRZ 波形保留了双极性与归零特性，如图 6-2（d）所示，每个码元内的脉冲持续一定时间后都回到零点平，即相邻脉冲之间留有零电位的间隔，有利于位同步信号的提取。它集中具有双极性波形和归零波形的特点，因此双极性归零波形获得广泛应用。

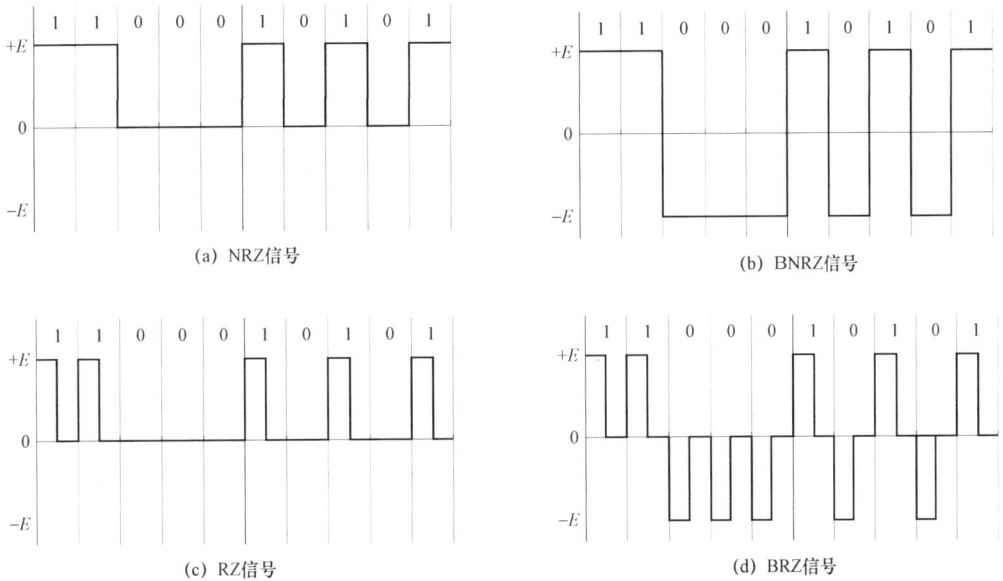

(a) NRZ信号

(b) BNRZ信号

(c) RZ信号

(d) BRZ信号

图 6-2　数字基带信号波形

5. 差分波形

差分波形反映相邻信号代码的码元变化。若以相邻波形电平的变化表示传号 1，不变表示空号 0，称为传号差分码，如图 6-3（a）所示，反之称为空号差分码，如图 6-3（b）所示。由于差分波形是以相邻脉冲电平的相对变化来表示代码，因此称它为相对码波形，相应地，称单极性或双极性波形为绝对码波形。用差分波形传送代码可以消除设备初始状态的影响，特别是在相位调制系统中用于解决载波相位模糊问题。

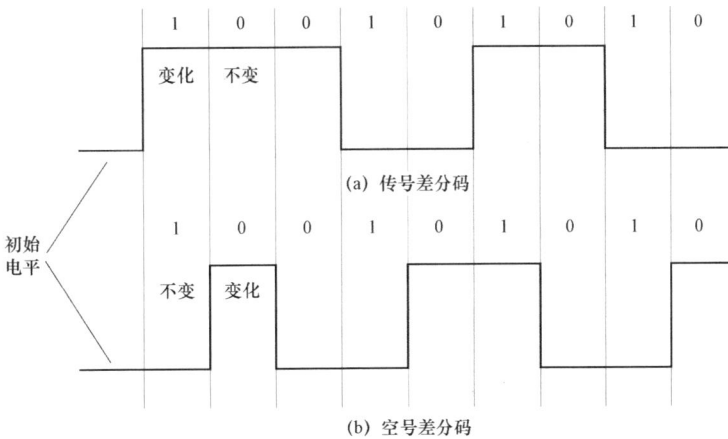

(a) 传号差分码

(b) 空号差分码

图 6-3　差分波形

6. 多进制波形

上述各种信号都是一个二进制符号对应一个脉冲，而多进制波形是多于一个二进制符号对应一个脉冲的情形。脉冲波形的取值不是二值或三值，而是多值的。每种脉冲值代表 N 位二元代码。

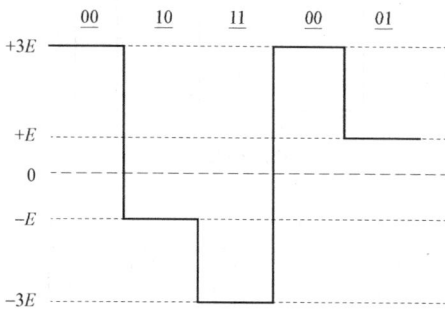

图 6-4　四进制波形

例如：$M=4$ 进制电平脉冲，码元有 0，1，2，3。每种值代表 $N = \log_2 M = 2$ 位二元码。$+3E$ 对应 00，$+E$ 对应 01，$-E$ 对应 10，$-3E$ 对应 11，如图 6-4 所示。这种波形统称为多进制波形（多电平波形或多值波形）。

由于多进制波形的一个脉冲对应多位二进制代码，在信道带宽一定（传输波特率一定）的条件下能传输更高的比特率，或在比特率一定时只需占用更小的传输带宽，因此多进制波形在高速数据传输系统中得到广泛应用。

6.2.2　数字基带信号码型

在实际的基带传输系统中，需要在发送端进行编码，这是由于不是所有数字序列的电脉冲都适合传输。例如：信道中往往还存在隔直流电容或耦合变压器，会引起直流损耗，因此需要编码来减少信号中的直流成分。编码后信号更适合信道传输，可以提高信号的抗干扰能力，减小噪声对信号的影响并降低误码率。同时，编码还可以实现信号的同步和定时，确保接收端能够准确地解码信息。

1. 数字基带信号传输码型设计的原则

① 相应的基带信号无直流分量，且低频分量少。
② 信号中高频分量尽量少，从而减小信号带宽，提高信道利用效率。
③ 从信号中便于提取定时信息，以利于在接收端实现信号同步。
④ 能适应信息源的变化，即不受信息源统计特性的影响，编码后 0、1 等概率分布。
⑤ 具有内在的检错能力，传输码型应具有一定规律性，以便利用这一规律性进行宏观监测。
⑥ 传输效率高。
⑦ 编、译码设备要尽可能简单。

上述原则并不是任何基带传输码型都能完全满足，往往依据实际要求满足其中若干项。数字基带信号传输码型种类繁多，下面介绍目前常见的几种。

2. 数字基带传输常用的码型

1）AMI 码（alternate mark inversion）

AMI 码称为传号交替反转码。其编码规则是将二进制消息代码"+1"交替地变换为传输码的"+1"和"-1",而"0"(空号)保持不变。

以图 6-5 为例。

消息代码　0　1　0　0　1　0　0　0　0　1　0　1　1

AMI 码　　0　+1　0　0　-1　0　0　0　0　+1　0　-1　+1

波形

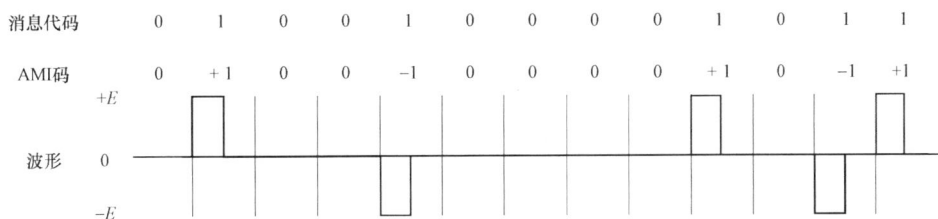

图 6-5　AMI 码波形

由图 6-5 可以看出,AMI 码由于"+1"与"-1"交替,AMI 码的功率谱中不含直流成分,高、低频分量少。而且,AMI 码具有检错能力,如果在传输过程中发生错码,则接收端的传号由于极性交替规律被破坏而很容易发现错码。此外,AMI 码的编译码电路简单。鉴于这些优点,AMI 码是 CCITT 建议采用的传输码型之一。

AMI 码的缺点是其性能与信源统计特性有关,当信码出现连"0"串时,信号电平长时间不跳变,造成提取定时信号的困难。通常 PCM 传输线路中不允许连"0"个数超过 15,否则位定时就要遭到破坏,信号不能正常再生。

解决连"0"码问题的有效方法之一是采用 HDB3 码。

2) HDB3 码

HDB3 码的全称是 3 阶高密度双极性码,它是 AMI 码的一种改进型,其目的是保持 AMI 码的优点而克服其缺点,使连"0"个数不超过 3 个,其编码规则如下。

(1)当信码的连"0"个数不超过 3 时,仍按 AMI 码的规则编码,即传号极性交替。

例如:

消息代码	0	1	0	0	1	0	1	1	0	1	1	0	1	1
AMI 码	0	+1	0	0	-1	0	+1	-1	0	+1	-1	0	+1	-1
HDB3 码	0	+1	0	0	-1	0	+1	-1	0	+1	-1	0	+1	-1

(2)当信码的连"0"个数超过 3 个时,则将每 4 个连"0"小段用"000V±"代替,其中 V+或 V-称为破坏脉冲。破坏脉冲的极性需要同时满足两个条件:既要与前面的"1"同极性,相邻 V 码的极性又必须交替出现,以确保编好的码中无直流。

可以发现:当相邻 V 码间的"1"码个数为奇数时,V 的极性能同时满足上述两个条件。

例如:当两组 4 个连"0"代码中间有 3 个"1"时,

消息代码	1	0	0	0	0	1	1	1	0	0	0	0	0	1
AMI 码	+1	0	0	0	0	-1	+1	-1	0	0	0	0	0	+1
HDB3 码	+1	0	0	0	V+	-1	+1	-1	0	0	0	V-	0	+1

可以看出:HDB3 码由于出现两组连续超过 3 个连"0"的情况,因此出现两个相邻 V 码,两个 V 码极性不仅正负交替,而且恰好与自身前面相邻的"1"码极性相同。之所以出现这种"恰好",就是因为两组连"0"码中间夹了 3 个(奇数)"1"的缘故。

很显然，当相邻 V 码间的"1"码个数为偶数时，V 码的极性不能同时满足上述两个条件。在这种情况下，应加第二个附加脉冲"B"，将四连"0"的第一个"0"更改为"B+"或"B−"，B 的极性与前一个非"0"符号极性相反，并让之后的非"0"符号从 V 码开始极性交替。

例如：HDB3 码如图 6-6 所示，可以看出，HDB3 的解码非常简单。首先利用破坏脉冲总是与前面非"0"脉冲同极性的特点，找到破坏脉冲；然后将包括破坏脉冲与附加脉冲在内的 4 个连"0"恢复；再将其他带极性的码恢复为"1"，其他不带极性的恢复为"0"，便得到原消息代码。

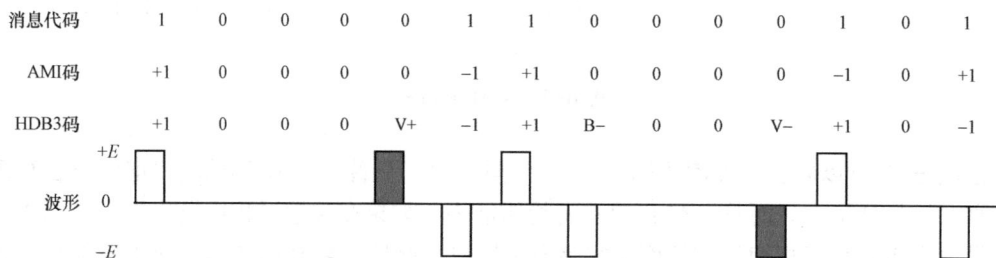

图 6-6　HDB3 码波形

HDB3 码保持了 AMI 码的优点，将连"0"码限制在 3 个以内，有利于位定时信号的提取。HDB3 码是应用最为广泛的码型，A 律 PCM 四次群以下的接口码型均为 HDB3 码。

3）数字双相码

数字双相码又称曼彻斯特（Manchester）码或分相码。它用一个周期的正负对称方波表示"0"，而用其反相波形表示"1"。数字双相码如图 6-7 所示。

编码规则之一是："0"码用"01"两位码表示，"1"码用"10"两位码表示。

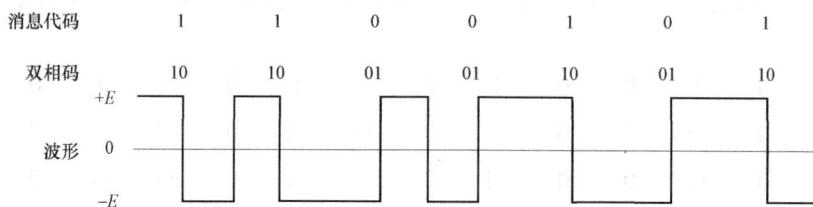

图 6-7　数字双相码波形

数字双相码在每个码元周期的中心点都存在电平跳变，包含较多的位定时信息。这种码的正、负电平各半，所以无直流分量，编码过程简单；但双相码带宽比原信码增加 1 倍。计算机以太网中常采用这种码型。

4）CMI 码（coded mark inversion）

CMI 码简称传号反转码，与数字双相码类似，它也是一种双极性二电平码。CMI 码波形如图 6-8 所示。

编码规则是"1"码，交替用"11"和"00"两位码表示；"0"码固定地用"01"表示。CMI 码有较多的电平跃变，定时信息丰富。此外，由于"10"为禁用码组，这个规律可用来宏观检错。

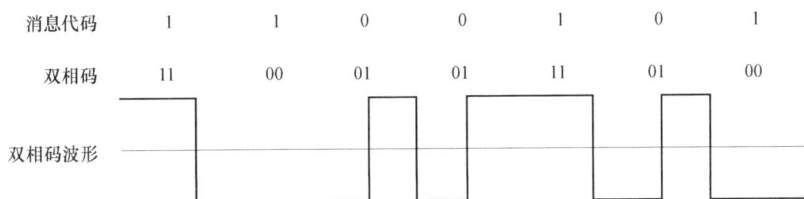

图 6-8　CMI 码波形

由于 CMI 码易于实现，且具有上述特点，因此是 CCITT 推荐的 PCM 高次群采用的接口码型，在速率低于 8.448 Mb/s 的光纤传输系统中有时也用作线路传输码型。

5）密勒码（Miller）

密勒码又称延迟调制码，是一种变形双相码。其编码规则如下。对原始符号 "1" 码用起始不跃变、中心点出现跃变来表示，即用 "10" 或 "01" 表示。对原始符号 "0" 则分成单个 "0" 还是连续 "0" 予以不同处理：单个 "0" 时，保持 0 前的电平不变，即在码元边界处电平不跃变，码元中间点电平也不跃变；对于连续 "0"，则使连续两个 "0" 的边界处发生电平跃变。密勒码波形如图 6-9 所示。

数字双相码、CMI 码和密勒码的共同特性是二进制信码中的每一位码（"0""1"），都用一组两位的二进码表示，即 "1 进 2 出"，因此这类码又称为 1B2B 码。某些文献中 1B2B 码特指 CMI 码。

图 6-9　密勒码波形

6）nBmB 码（m>n）

将 1B2B 码进行扩展即 nBmB 码（m>n），是把原信息码流的 n 位二进制码作为一组，编成 m 位二进制码的新码组。由于 m>n，故 m 位的新码组的组合要多于 n 位码组的组合，即 $2^m>2^n$。因此，可从中选择一部分有利的码组作为可用码组，其余为禁用码组，以获得好的特性。

在光纤数字传输系统中，通常选择 m=n+1，如 1B2B 码、5B6B 码等。由于 1B2B 的码速率为信息码速率的 2 倍，因而不适合在高速光纤数字传输系统中用作线路传输码型。目前在速率高于 8 448 kbit/s 的光纤数字传输系统中广泛使用 5B6B 码作为线路传输码型。5B6B 码的优点是便于提取位同步信号，可实时监测。除此之外，还有 4B5B、8B10B 码，用于高速以太网。

7）PST 码（pair selected ternary）

PST 码是成对选择三进码，即将原始消息代码每 2 位编组，然后将每一码组编码成两个三进制数字（+、−、0）。因为两位三进制数字共有 9 种状态，故可灵活地选择其中的 4 种状态，一般来说，转换共有两种模式，即"+模式"和"−模式"，详见表 6-1。

表 6-1　PST 码编码格式

二进制代码	+模式	−模式
00	− +	− +
01	0 +	0 −
10	+ 0	− 0
11	+ −	+ −

PST 码的优点是能提供足够的定时分量，无直流成分，编码过程较简单。不足之处是识别时需要提供"分组"信息，即需要建立帧同步。

8）4B/3T 码

在某些高速远程数据传输系统中，1B/1T 码的传输效率偏低，为此可以将输入二进制信码分成若干位为一组，然后用较少位数的三元码来表示，以降低编码后的码速率，从而提高频带利用率。类似 PST 码，三元码编组共有两种模式："+模式"和"−模式"，表 6-2 为 4B/3T 码编码格式。

显然，在相同的码速率下，4B/3T 码的信息容量大于 1B/1T，因而可提高频带利用率。4B/3T 码适用于较高速率的数据传输系统，如高次群同轴电缆传输系统。

表 6-2　4B/3T 码编码格式

输入	输出	输入	输出
0000	0 − +	0011	+ − +
0001	− + 0	1011	+ 0 0
0010	− 0 +	0101	0 + 0
1000	0 + −	0110	0 0 +
1001	+ − 0	0111	− + +
1010	+ 0 −	1110	+ + −
0000	0 − +	1100	+ 0 +
0001	− + 0	1101	+ + 0

6.2.3　数字基带信号的频域特性

1. 数字基带信号波形的数学表示

上述主要以二进制矩形脉冲为例，我们认识到数字基带信号波形为离散波形，具有两种形状，间隔固定周期（码元长度）在特定时刻出现波形。因此，可以将二进制数字基带信号

的波形表示为

$$s(t) = \sum_{n=-\infty}^{\infty} s_n(t) \tag{6-1}$$

式（6-1）说明数字基带信号的离散特性：信号由无数多个 $s_n(t)$ 组成，并且在二进制情况下，$s_n(t)$ 有两种形状，即

$$s_n(t) = g(t - nT_s) = \begin{cases} g_1(t - nT_s) \\ g_2(t - nT_s) \end{cases} \tag{6-2}$$

$g_1(t - nT_s)$ 为信号"0"时的波形，其产生概率为 P；$g_2(t - nT_s)$ 为信号"1"时的波形，产生概率为 $1-P$，如图 6-10 所示。

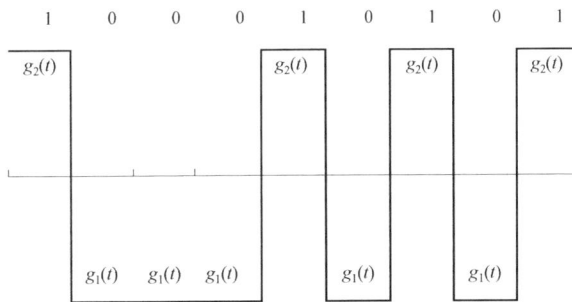

图 6-10　二进制数字基带信号由两种波形组成

2. 数字基带信号的频域特性

在数字基带信号表达式基础上，可以进行频域分析。研究基带信号的频域特性，可以更直观地了解信号需要占据的频带宽度、所包含的频谱分量、有无直流分量及有无定时分量等重要信息。但是，由于数字基带信号是随机的脉冲序列，不能用确定的时间函数表示，也就没有确定的频谱函数，因此只能从统计数学的角度，用功率谱密度（简称功率谱）来描述它的频域特性。具体过程为先根据数字基带信号波形求其截短函数的功率谱，然后通过求极限获得原信号的功率谱。

经过分析，可得到数字基带信号的双边功率谱为

$$P_s(f) = f_s P(1-P)\left|G_1(f) - G_2(f)\right|^2 + f_s^2 \sum_{m=-\infty}^{\infty}\left|PG_1(mf_s) - (1-P)G_2(mf_s)\right|^2 \delta(f - mf_s) \tag{6-3}$$

式（6-3）中，$f_s = 1/T_s$ 为传码率，或同步信号的频率。$G_1(f)$ 和 $G_2(f)$ 分别为信号"0"的波形 $g_1(t)$ 和信号"1"的波形 $g_2(t)$ 的频谱。

可以看出，数字基带信号的功率谱中包含连续谱 $G(f)$ 和离散谱 $G(mf_s)$。连续谱反映信号交变部分，可以用来确定信号的带宽；离散谱若存在，说明信号中存在周期性信号。其中，最重要的两个离散谱如下。

（1）直流分量：当 $m=0$ 时，$f_s^2\left|PG_1(0) - (1-P)G_2(0)\right|^2 \delta(f)$ 为 $f=0$ 的直流成分；

（2）同步信号：当 $m=1$ 时，$f_s^2 \left| PG_1(f_s) - (1-P)G_2(f_s) \right|^2 \delta(f - f_s)$ 为 $f = f_s$ 的同步信号；

当 $\left| PG_1(mf_s) - (1-P)G_2(mf_s) \right|^2 = 0$ 时，$f = mf_s$ 的离散谱不存在。

3. 单极性波形的功率谱

单极性波形：若设 $g_1(t) = 0$，$g_2(t) = g(t)$，根据式（6-3），随机脉冲序列的双边功率谱为

$$P_s(f) = f_s P(1-P) \left| G_2(f) \right|^2 + f_s^2 \sum_{m=-\infty}^{\infty} \left| (1-P)G_2(mf_s) \right|^2 \delta(f - mf_s)$$

当 0，1 等概率出现时，即 $P = 1/2$，有

$$P_s(f) = \frac{1}{4} f_s \left| G_2(f) \right|^2 + \frac{1}{4} f_s^2 \sum_{m=-\infty}^{\infty} \left| G_2(mf_s) \right|^2 \delta(f - mf_s) \tag{6-4}$$

由式（6-4）可以看出，单极性信号的功率谱主要由波形 $g_2(t)$ 的频谱 $G_2(f)$ 决定。

单极性波形，表示"1"码的波形 $g_2(t)$，又分为两种情况。

（1）NRZ：$g_2(t) = g(t)$ 为不归零矩形脉冲。

（2）RZ：$g_2(t) = g(t)$ 为半占空归零矩形脉冲。

图 6-11 为单极性数字基带信号的矩形波形及相应的频谱，其中：（a）和（c）分别为"1"码的 NRZ 波形和半占空 RZ 信号的 $g_2(t)$ 波形，波形宽度分别为 T_s 和 $\tau = \dfrac{T_s}{2}$。为了数学分析方便，将信号波形关于 y 轴对称，形成标准的矩形函数 $\mathrm{rect}(t)$，通过傅里叶变换得到 NRZ 波形的频谱为

$$G_2(f) = T_s \mathrm{Sa}(\pi f T_s) \tag{6-5}$$

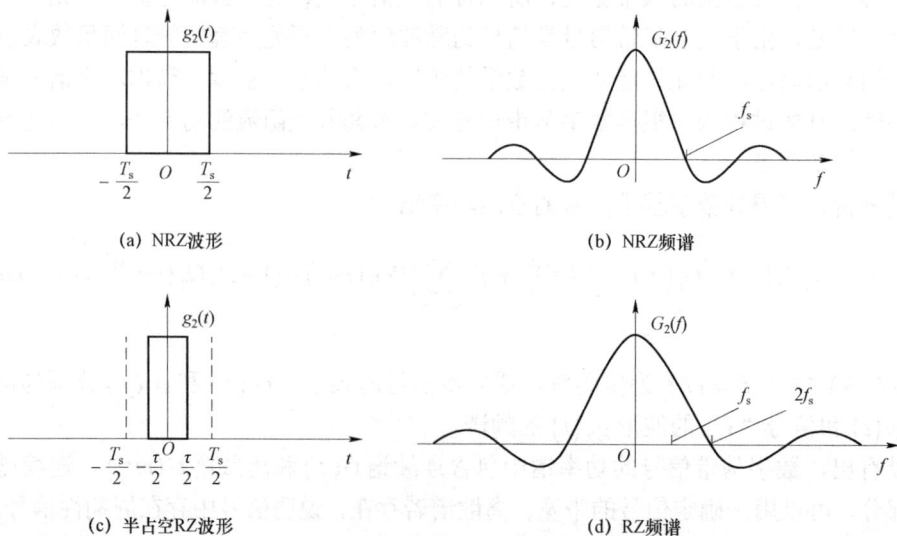

（a）NRZ波形 　　　　　　　　　　　（b）NRZ频谱

（c）半占空RZ波形 　　　　　　　　　（d）RZ频谱

图 6-11　单极性数字基带信号的波形及相应的频谱

式（6-5）的结果如图 6-11（b）所示，可见，NRZ 波形的频谱中：

① 当信号频率 $f=0$ 时，$G_2(f) \neq 0$；

② 当信号 $f=mf_s (m \neq 0)$ 时，$G_2(f)=0$；

③ 信号第一零点带宽 $B=f_s$。

将式（6-5）代入式（6-4），即可得到 NRZ 信号的功率谱 $P_s(f)$ 为

$$P_s(f) = \frac{T_s}{4} \text{sa}^2(\pi f T_s) + \frac{1}{4}\delta(f) \tag{6-6}$$

相应地，半占空 RZ 波形的频谱为

$$G_2(f) = \tau \text{sa}(\pi f \tau) = \frac{T_s}{2} \text{sa}\left(\pi f \frac{T_s}{2}\right) \tag{6-7}$$

对比式（6-7）和式（6-5），可知半占空 RZ 波形和 NRZ 波形的频谱函数形式相同。但是，由于 RZ 波形宽度减小为 $\frac{T_s}{2}$，因此频谱关键参数发生了变化，根据式（6-7）及 RZ 波形的频谱图 6-11（d），有：

① 当信号频率 $f=0$ 时，$G_2(f) \neq 0$；

② $f=mf_s$（m 为奇数）时，$G_2(f) \neq 0$；

③ $f=mf_s$（m 为偶数）时，$G_2(f)=0$；

④ 信号第一零点带宽 $B=2f_s$。

同样，将式（6-7）代入式（6-4），即可得到半占空 RZ 信号的功率谱 $P_s(f)$ 为

$$P_s(f) = \frac{T_s}{16} \text{sa}^2\left(\frac{\pi f T_s}{2}\right) + \frac{1}{4}\delta(f) \tag{6-8}$$

根据上述分析，单极性数字基带信号的功率谱如图 6-12 所示。图中实线为 NRZ 的功率谱，虚线为半占空 RZ 的功率谱，各自包含连续谱和离散谱。通过连续谱可确定各自信号的带宽。

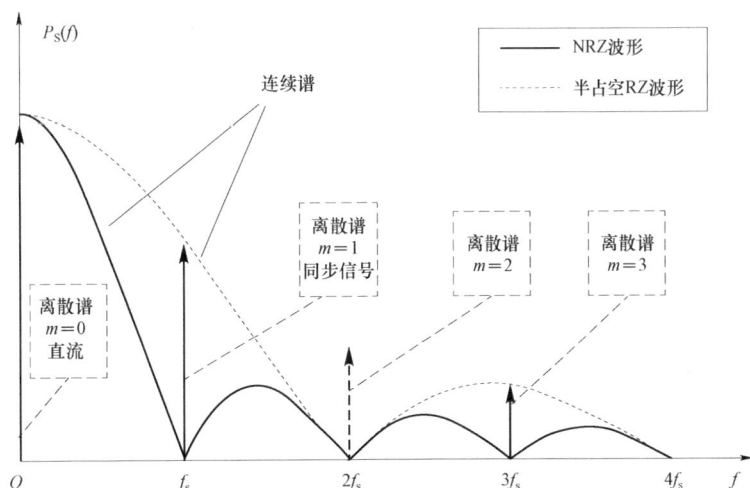

图 6-12　单极性数字基带信号的功率谱

（1）NRZ 波形：$B = f_s$。

（2）半占空 RZ 波形：$B = 2f_s$，其他归零波形，脉冲宽度 τ 越小，带宽越大。

前面分析过，离散谱最重要的是 $m=0$（$f=0$）的直流分量和 $m=1$（$f=f_s$）的同步信号。从图 6-12 可以看出，来自式（6-5）、式（6-7）及图 6-11 中 $G_2(f)$ 的特性，导致信号的功率谱离散谱不同。

（3）NRZ 波形：有直流成分，无同步信号。

（4）半占空 NRZ 波形：有直流成分，有同步信号。

4. 双极性波形的功率谱

对于双极性波形，代表"0"的波形 $g_1(t)$ 和"1"码的波形 $g_2(t)$ 形状相同，但极性相反，即

$$g_1(t) = -g_2(t) = g(t)$$

则相应的频谱关系有

$$G_1(f) = -G_2(f) = G(f)$$

将上式代入数字基带信号的功率谱公式（6-3），得到随机脉冲序列的双边功率谱密度为

$$P_s(f) = 4f_s P(1-P)\left|G(f)\right|^2 + f_s \sum_{m=-\infty}^{\infty} \left|(2P-1)G_2(mf_s)\right|^2 \delta(f - mf_s)$$

当 0、1 等概率出现时，即 $P = 1/2$，有

$$P_s(f) = f_s \left|G(f)\right|^2 = T_s \mathrm{sa}^2(\pi f T_s) \qquad (6\text{-}9)$$

可见，双极性波形没有包括直流在内的 mf_s 离散谱。

6.3 数字基带信号传输过程与码间串扰

6.3.1 分析模型

在 6.1 节中我们已经了解了数字基带系统的基本构成，并提及随着传输距离的增大，除噪声干扰外，基带传输系统特性不理想会形成码间串扰，这些都会引起信号波形会发生畸变，导致抽样判决错误，从而产生误码。下面将详细分析数字基带系统重码间串扰的成因，并得到无码间串扰的条件。

在接收端，抽样判决器收到的信号来自发送滤波器、信道、接收滤波器和噪声的综合影响，因此，可以将上述部分作为一个整体来研究。

为了分析数字基带传输系统（发送滤波器+信道+接收滤波器）的整体特性，输入信号为冲击序列，输出序列的波形发生了变化。很显然，波形发生的变化反映了信号在传输过程中

受到的外界噪声和系统本身不理想特性的综合影响，如图 6-13 所示。

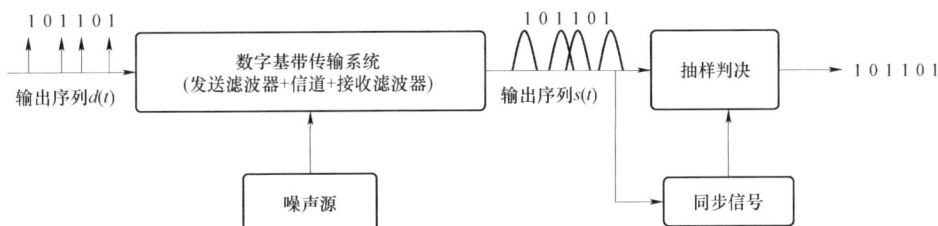

图 6-13 数字基带传输系统分析模型

6.3.2 数字基带信号传输过程

设 $\{a_n\}$ 为输入符号序列，对于二进制数字信号，a_n 取值可以为单极性的 0、1，或双极性的 -1、+1，该序列以冲击信号 $\delta(t)$ 为波形，对应的基带信号为 $d(t)$。

$$d(t) = \sum_{n=-\infty}^{\infty} a_n \delta(t - nT_s)$$

式中，a_n 为信号幅值；T_s 为信号周期。

设 $h(t)$ 是数字基带传输系统的冲击响应，即在单个 $\delta(t)$ 作用下形成的发送基本波形，则输出波形序列为

$$s(t) = d(t) \cdot h(t) + n_R(t)$$

$$= \sum_{n=-\infty}^{\infty} a_n h(t - nT_s) + n_R(t) \qquad (6-10)$$

式（6-10）即抽样判决器将要处理的信号，要根据抽样值判断二进制编码信号为"1"还是"0"。可以看出，除了外界噪声 $n_R(t)$ 的干扰，信号波形本身也发生了变化：由 $\delta(t)$ 变为 $h(t)$，假设数字基带系统为理想 LPF，则输出的波形 $h(t)$ 如图 6-14 所示，信号波形明显展宽并有拖尾。很显然，这样的波形对相邻的信号会产生干扰。

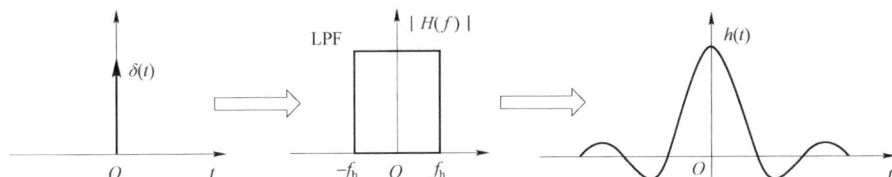

图 6-14 经过 LPF 后波形变宽

6.3.3 码间串扰

设 t_0 为传输造成的延迟时间，则对信号序列中的第 k 个波形抽样时刻为

$$t = kT_s + t_0$$

因此，在第 k 个时刻的抽样值为

$$
\begin{aligned}
y(kT_s + t_0) &= \sum_{n=-\infty}^{\infty} a_n h(kT_s + t_0 - nT_s) + n_R(kT_s + t_0) \\
&= \underbrace{a_k h(t_0)}_{\text{信号本身}} + \underbrace{\sum_{n \neq k} a_n h[(k-n)T_s + t_0]}_{\text{码间串扰}} + \underbrace{n_R(kT_s + t_0)}_{\text{噪声影响}}
\end{aligned}
\tag{6-11}
$$

由式（6-11）可以看出，第 k 个时刻的抽样值不仅包括信号本身，即第 k 个码元在接收端 t_k 时刻的输出值，它是确定 a_k 的依据，还包括两部分干扰：式中第 2 项为第 k 个码元之外的其他码元在 $t = t_k$ 时刻造成的干扰总和，称为码间串扰，而且码间串扰值通常是一个随机变量；式中第 3 项为信道中随机噪声在 $t = t_k$ 时刻对 a_k 的干扰值，它也是一种随机干扰，也要影响对第 k 个码元的正确判决。

6.3.4 无码间串扰的条件

1. 时域条件

为了使误码率尽可能小，必须最大限度地减小码间串扰和随机噪声的影响，以保障传输情况，即

$$y(kT_s + t_0) = a_k$$

要实现上式结果，要求式（6-11）中的第 2 项，即

$$\sum_{n \neq k} a_n h[(k-n)T_s + t_0] = 0 \tag{6-12}$$

可消除码间串扰。

但由于 a_n 是随机的，各项相互抵消使码间串扰为 0 的可能性不大。实际上，前一码元 a_{k-1} 影响最大，如果让 a_{k-1} 的波形 a_k 抽样判决时刻已衰减为 0，就可消除码间串扰。由图 6-14 可以看出，实际上波形总会有一定的拖尾，即前一码元的波形在后一码元抽样判决时刻不一定会衰减到 0，如果能在后面码元 a_{k-2} 抽样判决时刻正好为 0，也可以消除码间串扰。因此，对于数字基带系统来说，无码间串扰的时域条件或输出波形为（设 $t_0 = 0$）

$$h(kT_s) = \begin{cases} C, & k = 0 \\ 0, & k \neq 0 \end{cases} \tag{6-13}$$

其波形如图 6-15 所示，它显示了两个满足无码间串扰的相邻波形，虽然都有很长的拖尾，但后一个码元 $h[(k+1)T_s]$ 在抽样时刻即 $t = T_s$ 时，前面码元 $h(kT_s)$ 恰好为 0，因此不会造成串扰。

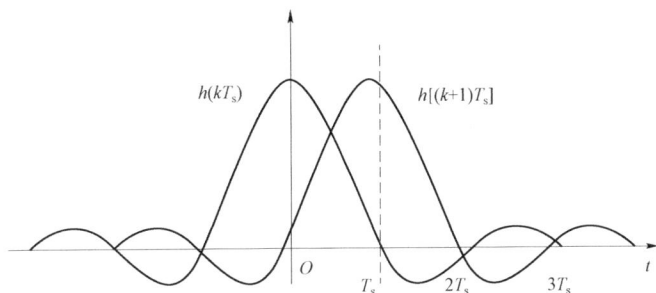

图 6-15 无码间串扰的时域条件

2. 频域条件

将式（6-13）进行傅里叶变换，得到无码间串扰数字基带传输系统的频域条件，为

$$H(\omega) = \begin{cases} \sum_i H\left(\omega + \dfrac{2i\pi}{T_s}\right) = C, & |\omega| \leqslant \dfrac{\pi}{T_s} \\ 0, & |\omega| > \dfrac{\pi}{T_s} \end{cases} \tag{6-14}$$

式（6-14）中，i 为整数。该频域条件可以理解为这样一个系统：将其频率响应 $H(\omega)$ 在 ω 轴上左、右各移位 $\dfrac{2i\pi}{T_s}$ $(i=1,2,\cdots)$ 后，然后将移位后的 $H\left(\omega + \dfrac{2i\pi}{T_s}\right)$ 进行叠加求和，在区间 $|\omega| \leqslant \dfrac{\pi}{T_s}$ 内叠加结果为一常数。这种特性称为等效理想低通特性，也称奈奎斯特第一准则的基带传输系统。如图 6-16 所示，为一个满足式（6-14）的等效理想低通系统，注意其频率

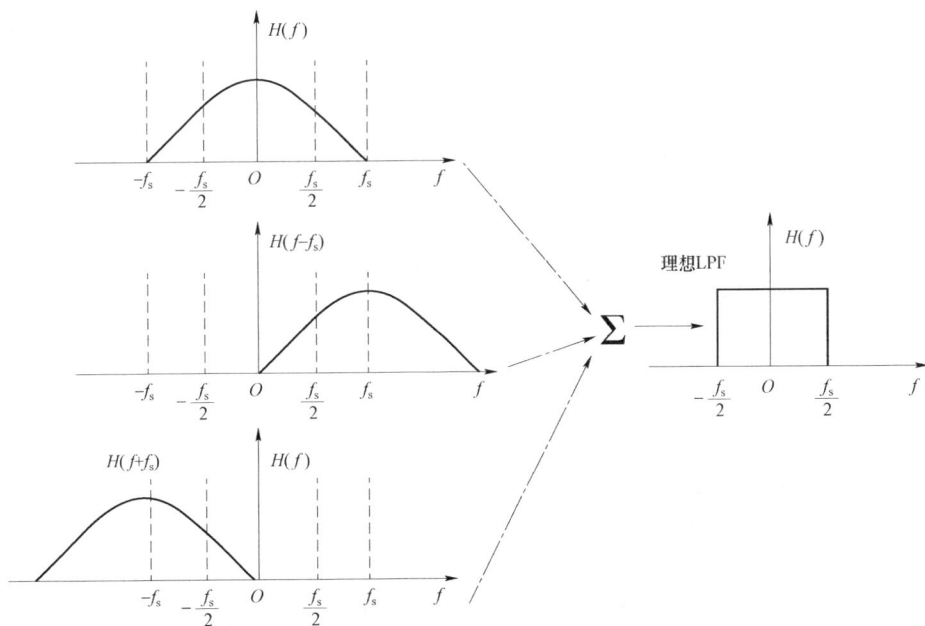

图 6-16 无码间串扰系统的频域条件

轴为圆频率 f，在左、右各平移 $f_s = 2\pi / T_s$ 后，在 $(-f_s/2, f_s/2)$ 处三者叠加为常数，即一个理想 LPF。这说明，能做到无码间串扰的数字基带传输系统有两类：理想 LPF 和等效理想 LPF。

3. 满足奈奎斯特第一准则的理想系统

从上面的分析已经知道，理想 LPF 作为数字基带传输系统，发出的波形满足无码间串扰的要求，尽管作为理想系统，实现起来有一定的难度，但是我们可以通过研究其带宽属性以及与输出相应波形之间的联系，对无码间串扰系统有一个更清晰的认识。图 6-17 为无码间串扰的理想系统。

通过分析图 6-17 中的关键参数——系统带宽及波形特点尤其是零点位置，可知理想 LPF 作为数字基带传输系统，有以下结论。

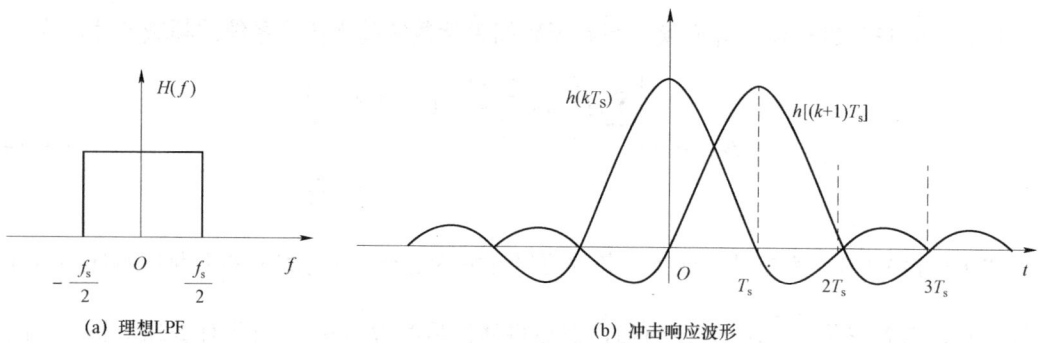

图 6-17　无码间串扰的理想系统

① 其冲击响应 $h(t)$ 的零点位置分别在 $T_s, 2T_s, \cdots, nT_s$，即下一码元的抽样时刻正好是其脉冲响应的过零点，这正是无码间串扰的原因。

② 理想 LPF 的带宽 $B = \pi / T_s = \dfrac{f_s}{2}$，在无码间串扰的前提下，传码率（信号波形变化率）最大为 $f_s = 1/T_s$，所以这时系统的频带利用率为 2 B/Hz。

③ 设系统带宽为 W，则该系统最大的无码间干扰的传码速率为 $2W$，称为奈奎斯特速率；换言之，$2W$ 信号所需带宽为 W，W 称为奈奎斯特带宽。

4. 满足奈奎斯特第一准则的实际数字基带传输系统

从上面的讨论可知，理想低通传输特性的基带系统有最大的频带利用率。但令人遗憾的是，理想低通系统在实际应用中存在两个问题。

① 理想矩形特性的物理实现极为困难。

② 理想冲击响应 $h(t)$ 的"尾巴"很长，衰减很慢，当定时存在偏差时，可能出现严重的码间串扰。考虑到实际的传输系统总是可能存在定时误差，因而一般不采用理想 LPF，而只把这种情况作为理想的"标准"或者作为与其他系统特性进行比较时的基础。

考虑到理想冲击响应 $h(t)$ 的尾巴衰减慢的原因是系统的频率截止特性过于陡峭，这启发我们可以按如图 6-18 所示的构造思想去设计 $H(f)$ 特性，在理想 LPF 的基础上（带宽为 W_1），只要 $Y(f)$ 具有对 W_1 奇对称的幅频特性，则 $H(f)$ 满足无码间干扰的要求。

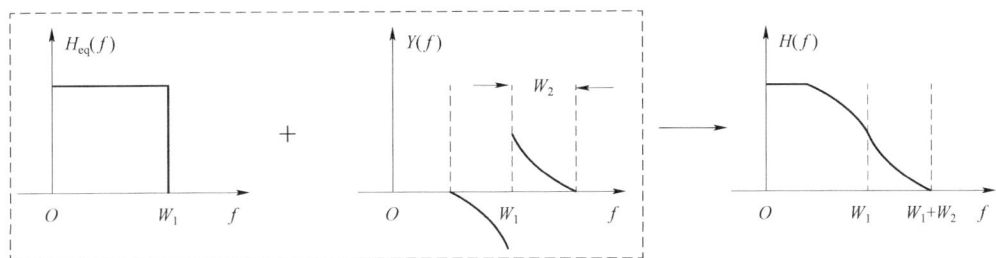

图 6-18 无码间串扰的实际系统

这种设计也可看成理想低通特性按奇对称条件进行"圆滑"的结果。所谓的"圆滑",通常被称为"滚降"。

定义滚降系数为

$$\alpha = \frac{W_2}{W_1} \quad 0 \leqslant \alpha \leqslant 1$$

其中, W_1 是无滚降时的截止频率, W_2 为滚降部分的截止频率。不同的 α 有不同的滚降特性。

当 $\alpha=0, 0.5, 1$ 时, 系统的频率响应特性及冲击响应波形分别如图 6-19 所示。可以看出: $\alpha=0$ 时, 就是理想低通特性; $\alpha=1$ 时, 是实际中常采用的升余弦频谱特性。

由图 6-19 可以看出, 输出信号频谱所占的带宽为 $W = \frac{(1+\alpha)}{2} f_s$。当 $\alpha=0$ 时, 频带利用率为 2 Baud/Hz; 当 $\alpha=1$ 时, 频带利用率为 1 Baud/Hz。可以看出: α 越大, 波形"尾巴"衰减越快, 对信号抽样有利, 但带宽越宽, 频带利用率越低。

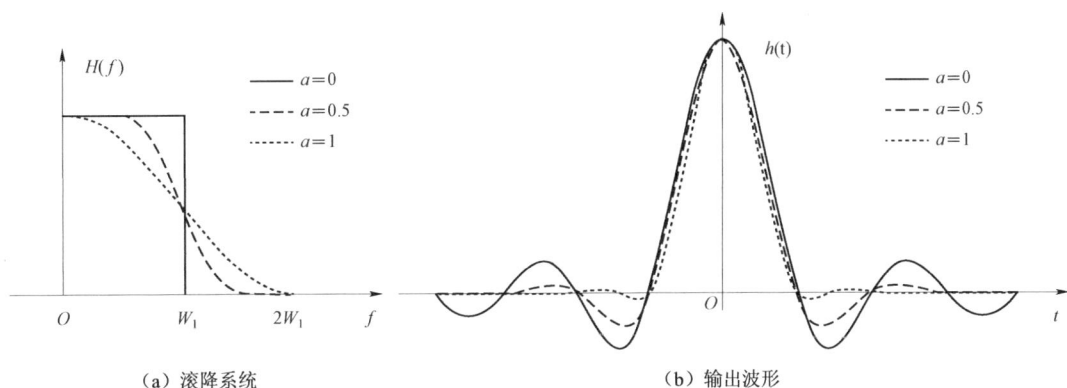

(a) 滚降系统   (b) 输出波形

图 6-19 不同滚降系统及相应输出波形

6.4 无码间串扰基带系统抗噪声性能

根据以上分析可知, 影响数据可靠传输的因素包括码间干扰和信道噪声, 而当传输特性满足一定条件(奈奎斯特第一准则)时可消除。但是, 时时刻刻存在于系统中的信道噪声是不可消除的。与码间串扰的影响类似, 噪声对传输数字信号的危害是引起误码, 将"1"信号错判为"0"信号，或使"0"信号错判为"1"信号。

本节将讨论在无码间串扰的条件下，噪声对基带信号传输的影响，即噪声引起的误码率。

6.4.1　分析模型

我们曾在第 5 章分析过模拟调制系统的抗噪声性能，分析位置在系统的接收端，分析对象为解调前后的信噪比。现在研究的是数字基带传输系统的抗噪性能，同样应该是在接收端进行分析，不同的是分析对象不是信噪比，而是数字通信系统的可靠性指标，即误码率，具体分析模型见图 6-20。抽样判决器在同步信号的指挥下，对掺杂噪声的信号波形进行抽样，并与判决电平进行比较后，输出原始码流。在此过程中，信号的波形类型、平均功率及噪声功率对误码率的影响可以进行定量分析。

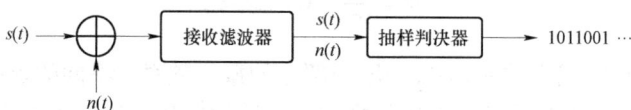

图 6-20　数字基带传输系统抗噪性能分析模型

在无码间串扰前提下，抽样判决器收到的第 k 个码元的波形为

$$y(kT_s) = s(kT_s) + n(kT_s) \tag{6-15}$$

根据 6.2 节的分析，抽样时刻的信号电平 $s(kT_s)$ 可分为双极性和单极性两种情况。对于信道加性噪声 $n(t)$ 通常被假设为均值为 0、双边功率谱密度 $n_0/2$ 的平稳高斯白噪声；而接收滤波器又是一个线性网络，故判决电路输入噪声 $n(t)$ 也是均值为 0 的平稳高斯噪声。因此，抽样电平的分布特性为围绕信号电平的高斯分布，可据此来分析误码率。

6.4.2　双极性信号误码率的计算

双极性信号叠加噪声后，式（6-15）可表示为

$$y(kT_s) = \begin{cases} A + n(kT_s), & \text{发送 "1" 时} \\ -A + n(kT_s), & \text{发送 "0" 时} \end{cases} \tag{6-16}$$

式（6-16）的抽样值恢复为原始码"1"或"0"的依据是与判决门限 V_d 进行比较，判决规则为

$$\text{判决器输出} \to \begin{cases} 1, & y(kT_s) > V_d \\ 0, & y(kT_s) < V_d \end{cases}$$

图 6-21 为双极性信号叠加噪声前后波形的对比。可以看出，在噪声的干扰下，信号电平不是常数 A（"1"码）或 $-A$（"0"码），而是在 A 或 $-A$ 周围随机变化，确切地说，是中心为 A 或 $-A$ 的高斯分布，如果在抽样时刻噪声造成的干扰过大就会形成误码。

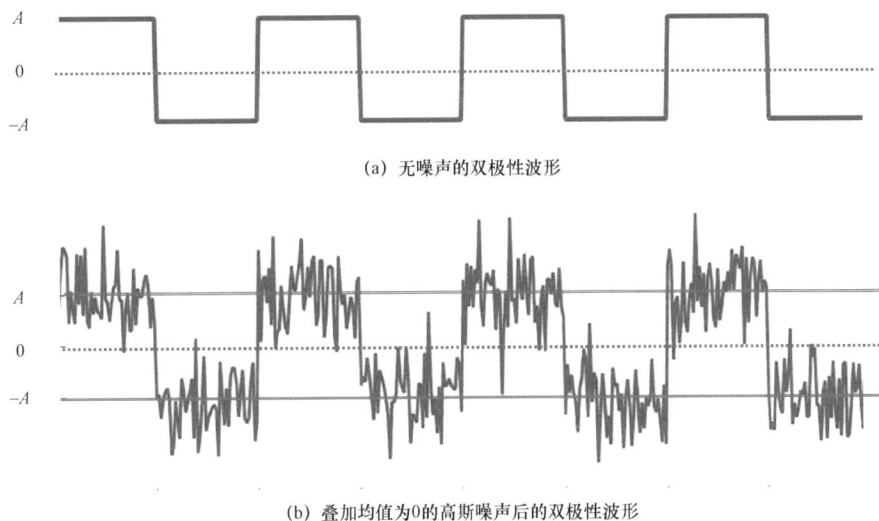

(a) 无噪声的双极性波形

(b) 叠加均值为0的高斯噪声后的双极性波形

图 6-21　双极性信号叠加噪声前后波形对比

下面定量分析双极性信号叠加噪声后的误码率。

无信号时，均值为 0 的噪声幅度密度函数（高斯噪声）为

$$f(r) = \frac{1}{\sqrt{2\pi}\sigma_n} e^{-\frac{r^2}{2\sigma_n^2}}$$

发 "1" 时，信号幅度为 A，抽样判决器提取的是信号与噪声的合成，是均值为 A、方差为 σ_n^2 的高斯过程。其概率密度函数为

$$f_1(x) = \frac{1}{\sqrt{2\pi}\sigma_n} e^{-\frac{(x-A)^2}{2\sigma_n^2}}$$

双极性信号发 "1" 时，信号与噪声的合成电平的分布特性，如图 6-22 所示。可以看出，其均值为信号幅度 A，并且方差 σ_n^2 越大，偏离 A 的程度越大，越容易形成误码。根据判决规则，发 "1" 而错判成 "0" 的概率为图形中小于判决门限 V_d 的面积。

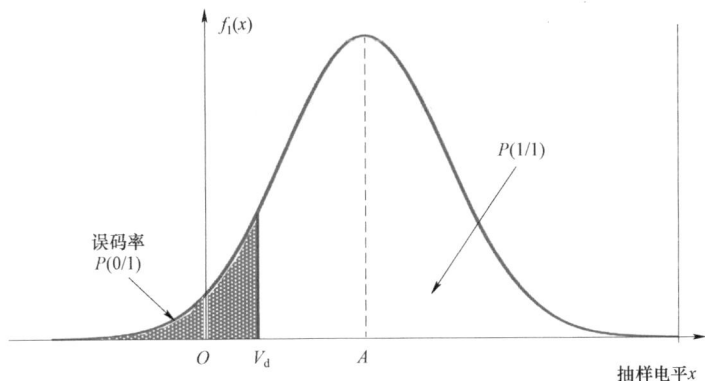

图 6-22　双极性信号发 "1" 时，信号与噪声的合成电平的分布特性

类似地，发"0"时，信号幅度为$-A$，信号与噪声的合成幅度概率密度函数为

$$f_0(x) = \frac{1}{\sqrt{2\pi}\sigma_n} e^{-\frac{(x+A)^2}{2\sigma_n^2}}$$

双极性信号发"0"时，信号与噪声的合成电平的分布特性，如图 6-23 所示。可以看出，其均值为信号幅度$-A$。根据判决规则，发"0"而错判成"1"的概率为图形中大于判决门限V_d的面积。

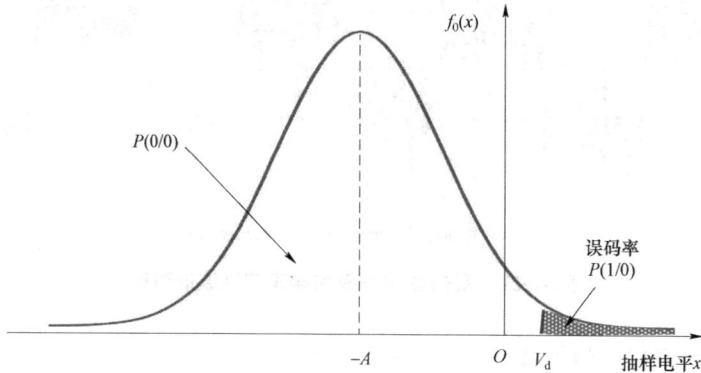

图 6-23 双极性信号发"0"时，信号与噪声的合成电平的分布特性

下面的关键问题是计算图 6-22 和图 6-23 中阴影部分的面积，即两种误码率。前面分析高斯随机过程时曾介绍过，高斯函数积分的积分结果为误差函数 erf(x) 或互补误差函数 erfc(x)，下面直接用该结果来计算误码率。

发"1"错判为"0"的概率为

$$P_{e1} = P(0/1) = P(x < V_d) = \int_{-\infty}^{V_d} f_1(x)\,dx$$

$$= \int_{-\infty}^{V_d} \frac{1}{\sqrt{2\pi}\sigma_n} e^{-\frac{(x-A)^2}{2\sigma_n^2}}\,dx$$

$$= \frac{1}{2} + \frac{1}{2}\mathrm{erf}\left[\frac{V_d - A}{\sqrt{2}\sigma_n}\right] \tag{6-17}$$

发"0"错判为"1"的概率为

$$P_{e0} = P(1/0) = P(x > V_d) = \int_{V_d}^{\infty} f_0(x)\,dx$$

$$= \int_{V_d}^{\infty} \frac{1}{\sqrt{2\pi}\sigma_n} e^{-\frac{(x+A)^2}{2\sigma_n^2}}\,dx$$

$$= \frac{1}{2} - \frac{1}{2}\mathrm{erf}\left[\frac{V_d + A}{\sqrt{2}\sigma_n}\right]$$

$$= \frac{1}{2}\mathrm{erfc}\left[\frac{V_d + A}{\sqrt{2}\sigma_n}\right] \tag{6-18}$$

总误码率为

$$P_e = P(1)P(0/1) + P(0)P(1/0)$$
$$= P(1)P_{e1} + P(0)P_{e0} \tag{6-19}$$

通常 $P(1)$ 和 $P(0)$ 是给定的,因此双极性波形的误码率最终由信号幅度 A、噪声平均功率 σ_n^2（均值为 0）和接收端判决门限 V_d 决定。在 A 和 σ_n^2 一定的条件下，可以找到一个使误码率最小的判决门限电平，这个门限电平称为最佳门限电平 V_d^*。

通过对式（6-19）分析，当

$$\frac{\mathrm{d}P_e}{\mathrm{d}V_d} = 0$$

此时可得最佳门限电平 V_d^* 为

$$V_d^* = \frac{\sigma_n^2}{2A} \ln \frac{P(0)}{P(1)}$$

当 $P(1)=P(0)=1/2$ 时，双极性波形的最佳判决门限 $V_d^*=0$。很显然，此结果和直观感觉得出的结果相同。这时，基带系统的总误码率为最小误码率。

$V_d^*=0$ 时，将式（6-17）、式（6-18）代入式（6-19），可得双极性数字基带传输系统总误码率为

$$P_e = \frac{1}{2}P(0/1) + \frac{1}{2}P(1/0)$$
$$= \frac{1}{2}\left[1 - \mathrm{erf}\left(\frac{A}{\sqrt{2}\sigma_n}\right)\right] \quad (\mathrm{erf}(x)\text{为奇函数})$$
$$= \frac{1}{2}\mathrm{erfc}\left(\frac{A}{\sqrt{2}\sigma_n}\right) \tag{6-20}$$

结论：双极性波形数字基带传输系统的最佳判决门限 $V_d^*=0$；总误码率依赖于信号峰值与噪声均方根之比，而与信号采用何种形状的波形无关；比值越大，误码率越小。

6.4.3　单极性信号误码率的计算

单极性信号的分析与双极性信号过程类似。图 6-24 为单极性信号与噪声的合成电平的分布特性，可知合成幅度仍按照高斯分布，与双极性信号的区别在于发送"0"码时无输出波形，导致高斯分布 $f_0(x)$ 的中心在 0 位置，发送"1"码时的高斯分布 $f_1(x)$ 中心仍然在信号电平 A 处。

当确定判决门限电平 V_d 后，误码率 $P(0/1)$ 和 $P(1/0)$ 计算方法与双极性信号分析方法类似，即仍为图形中相应阴影的面积。

发送"0"码时，信号"0"叠加高斯噪声后的电平分布为

$$f_0(x) = \frac{1}{\sqrt{2\pi}\sigma_n} \mathrm{e}^{-\frac{x^2}{2\sigma_n^2}}$$

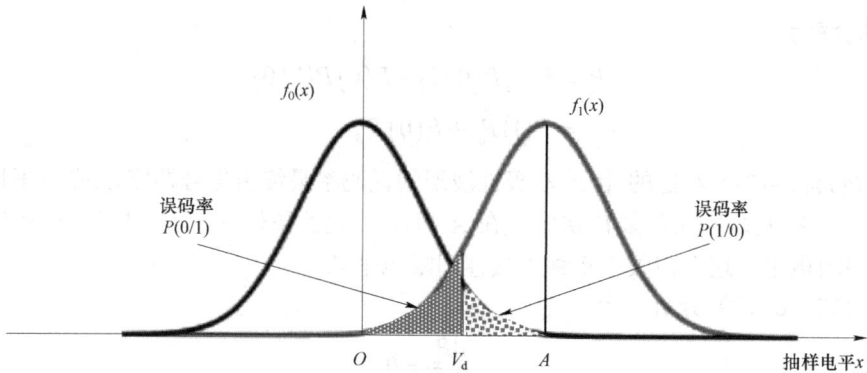

图 6-24 单极性信号与噪声的合成电平的分布特性

发送"1"码时，信号 A 叠加高斯噪声后的电平分布为

$$f_1(x) = \frac{1}{\sqrt{2\pi}\sigma_n} e^{-\frac{(x-A)^2}{2\sigma_n^2}}$$

经过分析，当 $P(1)=P(0)=1/2$ 时，单极性信号最佳判决门限电平为

$$V_d^* = \frac{A}{2}$$

很显然，与双极性信号类似，此结果仍然和直观感觉得出的结果相同。这时基带系统的总误码率为最小误码率，有

$$
\begin{aligned}
P_e &= \frac{1}{2} P(0/1) + \frac{1}{2} P(1/0) \\
&= \frac{1}{2}\left[1 - \text{erf}\left(\frac{A}{2\sqrt{2}\sigma_n}\right)\right] \\
&= \frac{1}{2}\text{erfc}\left(\frac{A}{2\sqrt{2}\sigma_n}\right)
\end{aligned}
\tag{6-21}
$$

对于双极性信号与单极性信号的数字基带传输系统，其抗噪声性能有以下结论。

① 在 A 和 σ_n^2 相同时，单极性的误码率数值比双极性的误码率数值高，所以单极性的抗噪声性能不如双极性的好。

② 在等概率条件下，单极性的 V_d^* 为 $A/2$。当信道特性发生变化时，V_d^* 将随之变化，而不能保持最佳状态，从而导致误码率增大。

③ 双极性的最佳判决门限电平为 0，与信号幅度无关，因而不随信道特性变化而变化，故能保持最佳状态。

6.5 眼 图

在实际信道中，传输特性总是偏离理想情况。特别是信道特性不完全确定时，得不到定量分析方法。因此，常用示波器来观察接收信号波形以判决系统的传输质量，称为眼图。眼图是数字通信系统中常用的调试工具，用于观察码间干扰和噪声的影响，从而估计系统性能的优劣程度，帮助工程师快速定位和解决问题。

如图 6-25 所示，观察眼图的位置在接收滤波器的输出端，将示波器的扫描周期调整到码元间隔 T_s 的整数倍。在这种情况下，多个随机码元波形在显示屏上会进行累积，形成稳定图形，类似于人眼。

图 6-25 示波器观测眼图

图 6-26 演示了眼图的形成过程：眼图围绕上下信号电平以及上升和下降时间而形成，清楚地显示了上升和下降时间的延长与圆滑，以及水平抖动的变化。当存在"1"码和"0"码的变化，即"01"或"10"，信号电平会上升或下降，而这种电平的变化过程与系统传输特性及叠加噪声都有关系，导致叠加后的图形即眼图的形状发生变化，干扰越严重，变形越厉害。

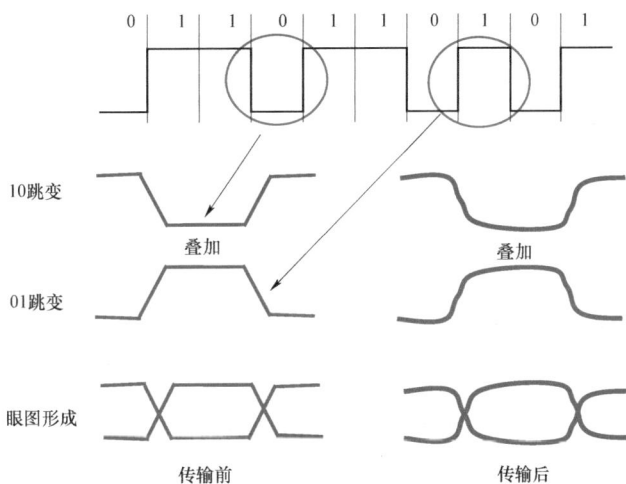

图 6-26 眼图形成示意图

在了解了眼图的形成过程后，对一个 NRZ 信号进行眼图的仿真实现。为了显示眼图与信号质量的关系，对信号进行滤波，如图 6-27 所示：（a）滤波器设置带宽远小于信号带宽，会对信号造成较为严重的人为失真；（b）滤波器设置带宽远大于信号宽度，信号的失真程度要小一些。很显然，两个眼图的显示结果不同。由于失真严重，图 6-27（a）眼图的迹线变成了比较模糊的带状的线。信号质量越差，眼图的线条越宽、越模糊，"眼睛"张开得越小，形成的眼图线迹越杂乱，且眼图不端正。

(a) 滤波器设置带宽远小于信号带宽

(b) 滤波器设置带宽远大于信号带宽

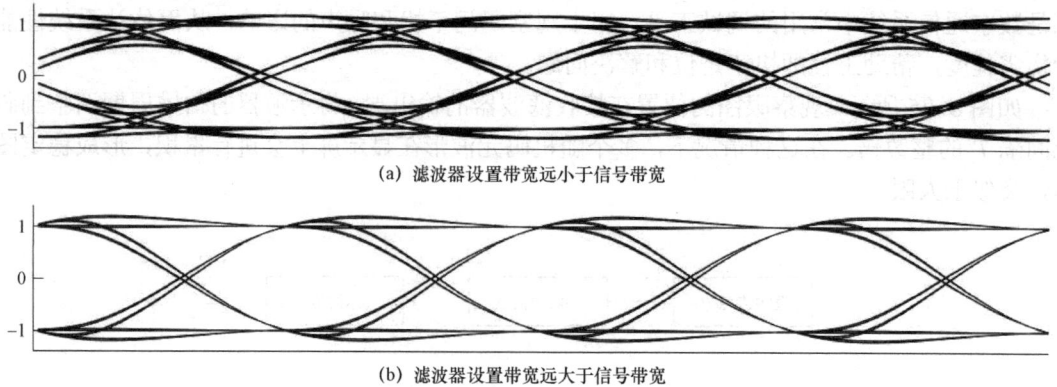

图 6-27　眼图与信号质量的关系

除了定性分析数字传输系统的质量，眼图还可以挖掘有关信号更细致的特征信息，我们将图 6-27（a）的部分眼图放大对其进行研究，如图 6-28 所示。

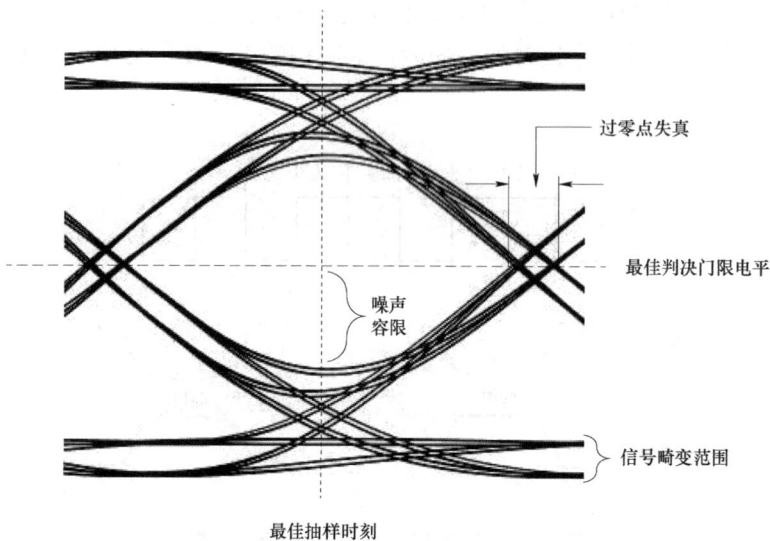

图 6-28　眼图中的信号特性

图 6-28 中眼图的特殊位置，有以下特点。

（1）最佳抽样时刻：应选在"眼睛"张开最大的时刻。

（2）判决门限电平：眼图中央的横轴位置对应于判决门限电平。

（3）对定时误差的灵敏度：眼图斜边的斜率决定了系统对抽样定时误差的灵敏程度，斜率越大，对定时误差越灵敏，即要求定时准确。

（4）信号的畸变范围：图中阴影区的垂直高度。

（5）噪声容限：在抽样时刻上，上、下两阴影区的间隔距离之半为噪声的容限，噪声瞬时值超过它就可能发生错误判决。

（6）过零点畸变：图中倾斜阴影带与横轴相交的区间表示了接收波形零点位置的变化

范围，即过零点畸变，它对利用信号零交点的平均位置来提取定时信息的接收系统有很大影响。

思考与练习题 >>>

思考题：

6-1 数字基带传输系统与模拟调制系统比较，有哪些不同？

6-2 以矩形波形为例，数字基带信号波形有哪些常见的形式？它们各有什么特点？

6-3 对数字基带编码的目的是什么？

6-4 数字基带信号的功率谱有什么特点？它的带宽主要取决于什么？

6-5 怎样判断数字基带信号中有没有同步信号？

6-6 HDB3 码、差分双相码和 AMI 码各有哪些主要特点？

6-7 对于满足无码间串扰条件的数字基带传输系统来说，这个"数字基带传输系统"是指系统中的哪些具体模块的综合特性？

6-8 数字基带传输系统中的码间串扰形成的原因是什么？对通信质量有什么影响？

6-9 为什么理想低通特性的数字基带传输系统能满足无码间串扰条件？

6-10 为了消除码间干扰，基带传输系统的传输函数应满足什么条件？

6-11 滚降系统可实现无码间串扰，与理想低通系统相比，其输出单位冲击响应波形有什么变化？这种变化是否有利于传输信号？为什么？

6-12 在二进制数字基带传输系统中，有哪两种误码？它们各在什么情况下发生？

6-13 什么是最佳判决门限电平？

6-14 当 $P(1)=P(0)=1/2$ 时，传送单极性基带波形和双极性基带波形的最佳判决门限电平各为多少？为什么？

6-15 观察眼图时，示波器测试点在通信系统哪个位置？如何调节示波器？

练习题：

6-1 设发送数字信息为 1 0 1 1 0 0 1 0 0 1 1 1 0 1，以矩形脉冲为例，分别画出单极性 NRZ、双极性 NRZ、单极性 RZ（半占空）、双极性 RZ（半占空）和传号差分波形，注意标明电平值及码间间隔。

6-2 设二进制数字信号"1"和"0"分别用 $g(t)$ 和 0 波形表示，出现概率分别为 P 和 $1-P$。

（1）写出其功率谱密度表达式。

（2）如果 $g(t)$ 为矩形波形，且分别为 NRZ 和半占空 RZ 波形，画出波形图，并根据（1）的结果，判断采用这两类波形信号中有没有时钟分量。

6-3 设二进制数字信号"1"和"0"分别用 $g(t)$ 和 $-g(t)$ 波形表示，出现概率分别为 1/4 和 3/4。

（1）写出其功率谱密度表达式。

（2）如果 $g(t)$ 为矩形波形，且分别为 NRZ 和半占空 RZ 波形，画出波形图，并根据（1）的结果，判断采用这两类波形信号中有没有时钟分量。

6-4 设发送数字信息为 1 0 0 0 0 1 1 0 0 0 0 1 0 0 0 0 0 0 1,对其进行 AMI 和 HDB3 编码，

并画出其波形（第一个码为"+1"），注意标明电平值及码间间隔。

6-5 某一个数字基带传输系统的传输特性 $H(f)$ 如图 6-29 所示。

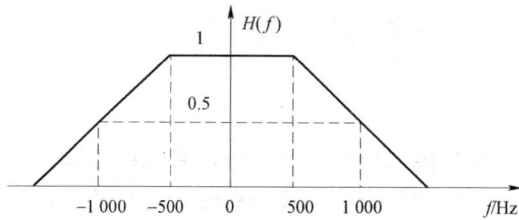

图 6-29 练习题 6-5

（1）与该系统等效的理想低通滤波器带宽为多少？

（2）作为一个滚降系统，该系统的带宽是多少？其滚降系数是多少？

（3）该系统的最快传码率是多少？

6-6 为了传输码元速率为 1 000 B 的数字基带信号，分析图 6-30 中三个系统的特性，并判断哪个传输数字基带信号最优。从频带利用率、对应波形特征及实现程度等角度综合分析。

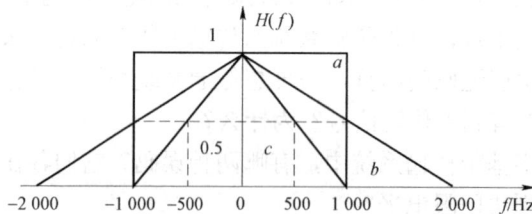

图 6-30 练习题 6-6

6-7 某二进制数字基带系统所传输的是单极性基带信号，且数字"1"和"0"的出现概率相等。若数字信息为"1"时信号在抽样判决时刻的值 $A=2$ V，且接收滤波器输出噪声是均值为 0、均方根为 0.2 V 的高斯噪声，试求：

（1）这时的误码率 P_e。

（2）若要求误码率 P_e 不大于 10^{-6}，试确定 A 至少应该是多少。

第7章

数字调制通信系统

本章教学基本要求

掌握:

1. 二进制数字调制与解调原理;
2. 二进制数字调制系统的抗噪声性能;
3. 二进制数字调制系统的性能比较。

理解:

1. 数字调制实现过程;
2. 数字调制系统解调原理;
3. 数字调制系统抗噪性能分析规律。

本章核心内容

1. 二进制数字调制与解调原理;
2. 数字调制系统抗噪性能。

第6章已经讲述过,数字基带通信系统将信源发出的信息码经码型变换及波形形成后直接传送至接收端。虽然码型变换及波形形成可使其频谱结构发生某些变化,但信号频率仍然在基带范围内。在实际信道中,大多数信道具有带通传输特性,数字基带信号不能直接在这种信道中传输,因此必须用数字基带信号对载波进行调制,产生已调数字信号,才能在无线信道、光纤信道等媒质中传输,因此数字调制系统也称为数字带通传输系统或数字频带传输。与第5章模拟调制类似,数字调制也有数字振幅调制、频率调制和相位调制三种方式,数字振幅调制仍为线性调制,在学习本章过程中可以对照第5章相关内容进行学习。

7.1 数 字 调 制

第5章分析过模拟调制,本章内容为数字调制,二者区别在于基带信号不同,即用数字基带信号去控制载波波形的某个参量，使这个参量随基带信号的变化而变化。而且，数字调制是利用数字脉冲信号对载波进行开关形式的控制，故称数字键控，这样的系统称为数字调制传输系统，如图 7-1 所示。

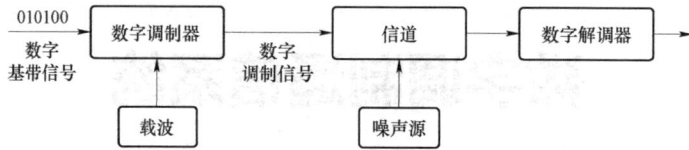

图 7-1　数字调制传输系统

因为单频信号便于产生与接收，所以与模拟调制类似，大多数的数字调制系统都选择单频信号（正弦波或余弦波）作为载波。载波的幅度、频率和相位同样可以受到基带信号的控制，在模拟调制系统中分别称为调幅、调频和调相，而对于具有开关性质的数字基带信号尤其是二进制数字信号，调制后分别称为振幅键控（amplitude shift keying，ASK）、移频键控（frequency shift keying，FSK）和移相键控（phase shift keying，PSK）。

7.2　二进制数字调制与解调原理

7.2.1　二进制振幅键控（2ASK，OOK）

2ASK 是利用代表数字信息"0"或"1"的基带矩形脉冲去键控一个连续的载波 $\cos\omega_{c}t$，使载波时断时续地输出。有载波输出时表示发送"1"，无载波输出时表示发送"0"，因此 2ASK 波形随二进制基带信号 $s_{n}(t)$ 通断变化，所以又称为通（on）断（off）键控 OOK。

1. 2ASK 信号表示

设发送的二进制符号序列由 0、1 序列组成，发送符号"0"的概率为 P，发送符号"1"的概率为 $1-P$，且相互独立。该二进制符号序列可表示为

$$s_{n}(t)=\sum_{n}a_{n}g(t-nT_{s}) \tag{7-1}$$

需要注意，式（7-1）中的 $s_{n}(t)$ 为单极性 NRZ 矩形波形，即

$$\text{单极性：}\ a_{n}=\begin{cases}1, & \text{概率 }P\\0, & \text{概率 }1-P\end{cases}$$

$$\text{NRZ矩形波形：}\ g(t)=\begin{cases}1, & 0\leqslant t\leqslant T_{s}\\0, & \text{其他}\end{cases}$$

这样一来，二进制振幅键控信号可表示为

$$s_{2ASK}(t)=s_{n}(t)\cos\omega_{c}t=\sum_{n}a_{n}g(t-nT_{s})\cos\omega_{c}t=\begin{cases}\cos\omega_{c}t, & \text{传号 "1"}\\0, & \text{传号 "0"}\end{cases} \tag{7-2}$$

2. 2ASK 信号的波形

根据式（7–2）可知，2ASK 信号的波形特征非常明显，如图 7–2 所示。发送符号"0"时载波关闭，只有在发送符号"1"时产生持续整个码元周期 T_s 的载波，即用载波的有、无两种方式来调制基带信号，这也正是采用单极性 NRZ 的原因。

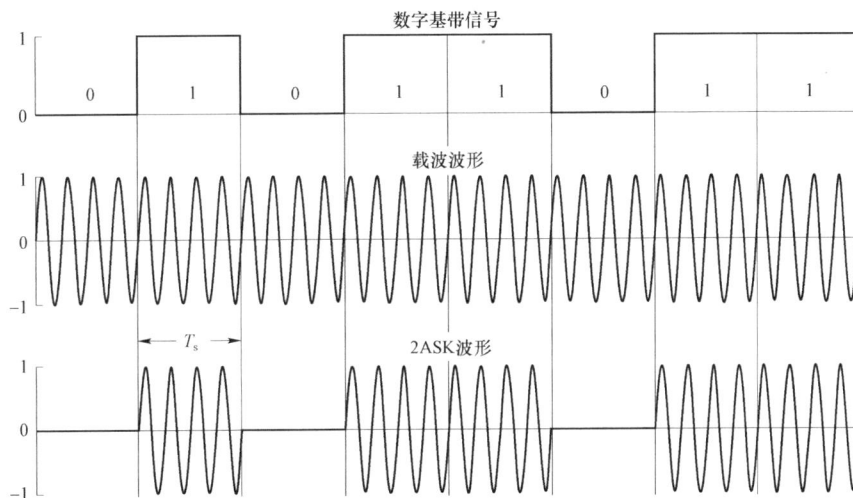

图 7–2　2ASK 信号波形

3. 2ASK 信号调制方式

2ASK（二进制振幅键控）具有两种主要的调制方法。

第一种调制方式与模拟调制相似，主要利用相乘器将数字基带信号 $s_n(t)$ 与载波 $\cos\omega_c t$ 直接相乘。如图 7–3（a）所示，这种方式要求数字基带信号必须是单极性 NRZ（非归零）波形。NRZ 波形在每一位持续时间内保持恒定电平，其中"1"对应高电平，"0"对应低电平。通过与载波的相乘，这些数字信号被调制到载波上，从而生成了 2ASK 调制信号。这种调制方法的优点在于实现简单，能够直接利用现有的模拟调制技术。然而，它也有一些局限性，如对数字基带信号的波形要求较高，以及对噪声和失真的敏感性较高。

第二种调制方式采用逻辑控制，通过开关电路实现。如图 7–3（b）所示，当发送符号"1"时，开关电路打开，载波信号通过；当发送符号"0"时，开关电路关闭，载波信号被阻断。

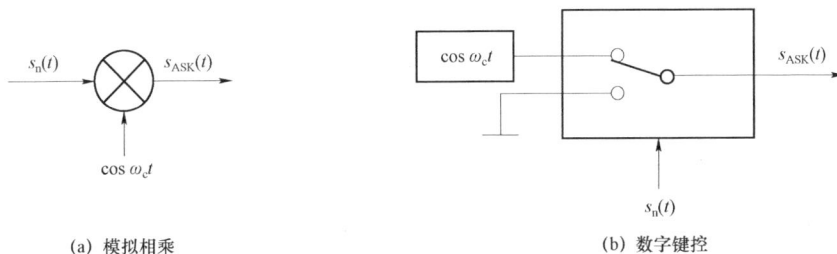

(a) 模拟相乘　　　　　　　　　　　　　　(b) 数字键控

图 7–3　2ASK 信号调制方式

这种方式对数字基带信号 $s_n(t)$ 的形式没有要求，可以是 NRZ、RZ（归零）或其他类型的波形。逻辑控制方式的优势在于灵活性高，能够适应不同类型的数字基带信号。此外，由于调制过程中没有直接的相乘操作，因此对噪声和失真的敏感性相对较低。

4. 2ASK 信号解调方式

与 AM 信号的解调方式类似，2ASK 信号解调仍旧可以采用包络检波（非相干解调）与相干解调方式。

1）包络检波

图 7-4 为 2ASK 信号包络检波原理图。可以看出，2ASK 信号到达接收端后，第一个器件为带通滤波器，作用是使信号完整通过，经包络检测后，输出其包络。首先包络检波器需要全波整流，然后低通滤波器滤除高频杂波，使基带信号（包络）通过。后续的处理与 AM 信号解调不同，由于是数字基带信号，需要恢复原始的发送序列，因此采用抽样判决器，在定时脉冲的指挥下提取电平值，并与判决门限比较后输出。

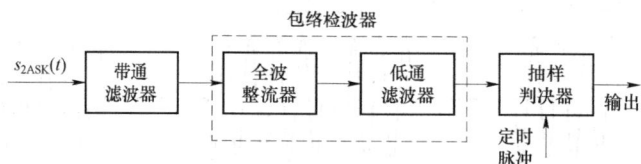

图 7-4　2ASK 信号包络检波原理图

图 7-5 为包络检波 2ASK 信号的变化过程，它比 AM 信号的包络检波实现要更清晰明了，原因就是基带信号为二进制数字信号，其幅度变化只有两种可能，使得 2ASK 信号的包络变化简单。由图 7-5 可以看出，经过整流和 LPF 处理后，信号波形虽然由于滤波器的影响会有所变形，但在每个码元的中间时刻提取的幅值能判断和恢复原始数字基带序列。

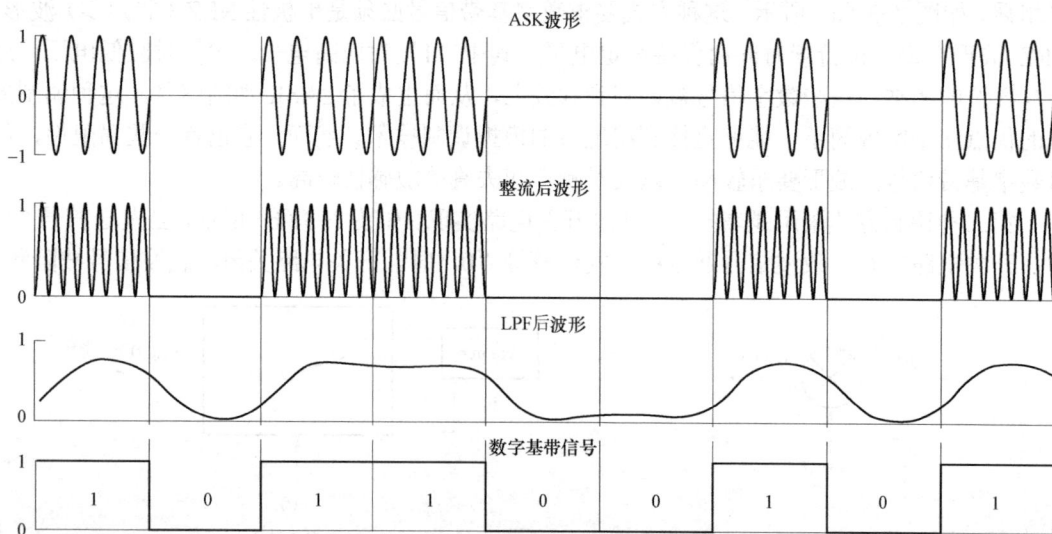

图 7-5　包络检波 2ASK 信号的变化过程

2）相干解调

相干检测就是同步解调，要求接收机产生一个与发送载波同频同相的本地载波信号，称其为同步载波或相干载波。作为一种非常普遍的接收方式，在第 5 章分析模拟调制信号的解调时，相干解调被用来接收所有的模拟调幅和调频信号。同样，对于 2ASK 信号，也可以采用相干解调方式。

图 7-6 为 2ASK 信号相干解调原理图。从时域角度分析，经过乘法器，2ASK 信号与相干载波相乘后，输出为

$$y(t) = s_{2ASK}(t)\cos\omega_c t = s_n(t)\cos\omega_c t\cos\omega_c t$$

$$= \frac{1}{2}s_n(t)\cos 2\omega_c t + \frac{1}{2}s_n(t)$$

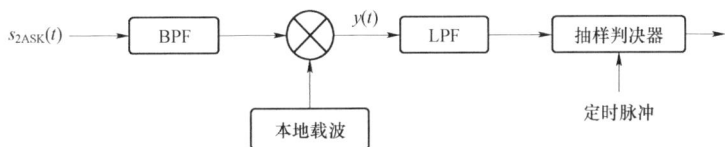

图 7-6　2ASK 信号相干解调原理图

可以看出，$y(t)$ 中包含高低频两项：高频成分，$\frac{1}{2}s_n(t)\cos 2\omega_c t$；低频部分，$\frac{1}{2}s_n(t)$。采用低通滤波器将高频成分滤除，低频部分即数字基带信号由抽样判决器处理后恢复输出。

5. 2ASK 信号的功率谱

由 2ASK 信号产生表达式（7-2）可以看出，调制过程与 AM 和 DSB 信号类似，由随机单极性 NRZ 矩形脉冲序列 $s_n(t)$ 与载波 $\cos\omega_c t$ 相乘而来，即

$$s_{2ASK}(t) = s_n(t)\cos\omega_c t \tag{7-3}$$

通过傅里叶变换得到 2ASK 信号的频谱为

$$s_{2ASK}(\omega) = \frac{1}{2}[s_n(\omega + \omega_c) + s_n(\omega - \omega_c)] \tag{7-4}$$

由式（7-4）可以看出，调制后 2ASK 信号的频谱为 NRZ 基带信号频谱的线性搬移，与 AM 和 DSB 一样，都属于线性调制（详见第 5 章 AM 解调部分）。

在第 6 章已经知道，对于随机数字信号频域上的分析为功率谱密度，通过式（7-4）得到 2ASK 信号的功率谱密度为

$$P_{2ASK}(\omega) = \frac{1}{4}[P_s(\omega + \omega_c) + P_s(\omega - \omega_c)] \tag{7-5}$$

可知，调制后 2ASK 信号的功率谱密度为 NRZ 基带信号功率谱密度的线性搬移。

单极性 NRZ 信号的功率谱 $P_s(f)$ 在第 6 章中已分析过，当 0，1 等概率时，为

$$P_0(f) = \frac{T_s}{4}sa^2(\pi f T_s) + \frac{1}{4}\delta(f) \tag{7-6}$$

169

可以看出，$P_s(f)$ 连续谱形状为辛克函数图像，离散谱中有直流成分，即 $\delta(0)$，第一过零点位置为 $f_s=1/T_s$ 处，因此数字基带信号的带宽为 $B=f_s$。

图 7-7 为 NRZ 数字基带信号与 2ASK 信号的功率谱密度图形。可以看出，2ASK 信号的功率谱是 $P_s(f)$ 由远点位置线性搬移到载频 $\pm f_c$ 处，离散谱变为载频本身，即 $\delta(\pm f_c)$，带宽加倍，即 $B_{2ASK}=2B=2f_s$。因此，调制后由于需要占据 2 倍于直接传输需要的信道带宽资源，降低了频带利用效率，即

$$\eta=\frac{R_B}{B_{2ASK}}=\frac{f_s}{2f_s}=0.5\,(\text{B/Hz})$$

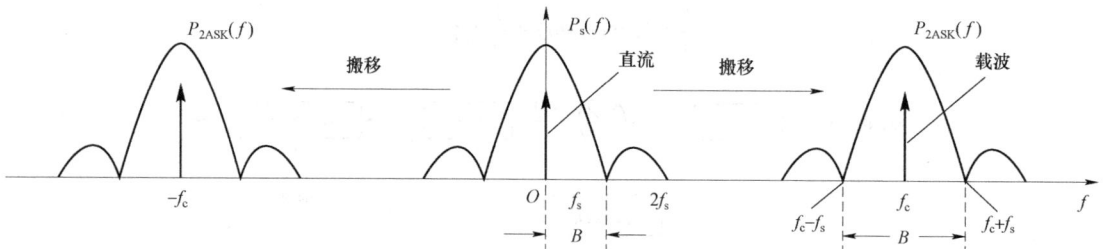

图 7-7　2ASK 信号功率谱

7.2.2　二进制移频键控（2FSK）

2ASK 简单且易于实现。由于信号的传输是通过振幅变化来实现的，对噪声和干扰比较敏感，容易受到信道衰减的影响。相对于 2ASK，2FSK 对信道噪声和干扰的抗干扰能力更强，因为信号的传输是通过频率变化来实现的。

在第 5 章已经知道，调频方式改变的是载波的频率，如果是模拟调频即 FM，载波的频率受模拟基带信号控制而连续变化。2FSK 调频原理与 FM 类似，但实现过程相对简单，这是由于数字基带信号为二进制，正弦载波的频率在 f_1 和 f_2 两个频率点间变化。

1. 2FSK 信号表示

FSK 是用不同频率的载波来传递数字消息的，即有

$$\text{载波频率}=\begin{cases}f_1, & \text{传号 "1"}\\ f_2, & \text{传号 "0"}\end{cases}$$

则二进制移频键控信号的时域表达式为

$$\begin{aligned}s_{2FSK}(t)&=s_1(t)+s_2(t)\\&=s_n(t)\cos(\omega_1 t+\varphi_n)+\overline{s_n(t)}\cos(\omega_2 t+\theta_n)\\&=\begin{cases}\cos(\omega_1 t+\varphi_n), & \text{传号 "1"}\\ \cos(\omega_2 t+\theta_n), & \text{传号 "0"}\end{cases}\end{aligned}\tag{7-7}$$

由式（7-7）可以看出，一路 2FSK 信号可以看作两路 2ASK 信号的叠加：一路 2ASK 信

号由数字基带信号 $s_{\mathrm{n}}(t)$ 与载频为 ω_1 的载波相乘，另一路 2ASK 信号由 $s_{\mathrm{n}}(t)$ 的反码序列波形 $\overline{s_{\mathrm{n}}(t)}$ 与载频为 ω_2 的载波相乘得到。φ_{n} 和 θ_{n} 分别为两路载波的初始相位，为了保持调制后信号相位的连续性，可简化为 $\varphi_{\mathrm{n}} = 0$，$\theta_{\mathrm{n}} = 0$。由于每一路都是 2ASK 信号，因此要求数字基带信号仍然为单极性 NRZ 矩形波形。

2. 2FSK 信号波形

图 7-8 为 2FSK 信号波形。其中：图 7-8（a）为原始数字基带信号 $s_{\mathrm{n}}(t)$，与载频为 ω_1 的载波相乘后得到如图 7-8（b）所示的一路 2ASK 信号，图 7-8（c）为反码序列波形 $\overline{s_{\mathrm{n}}(t)}$，其与载频为 ω_2 的载波相乘后得到如图 7-8（d）所示的另一路 2ASK 信号，图 7-8（e）为两路 2ASK 信号合并得到的 2FSK 信号。

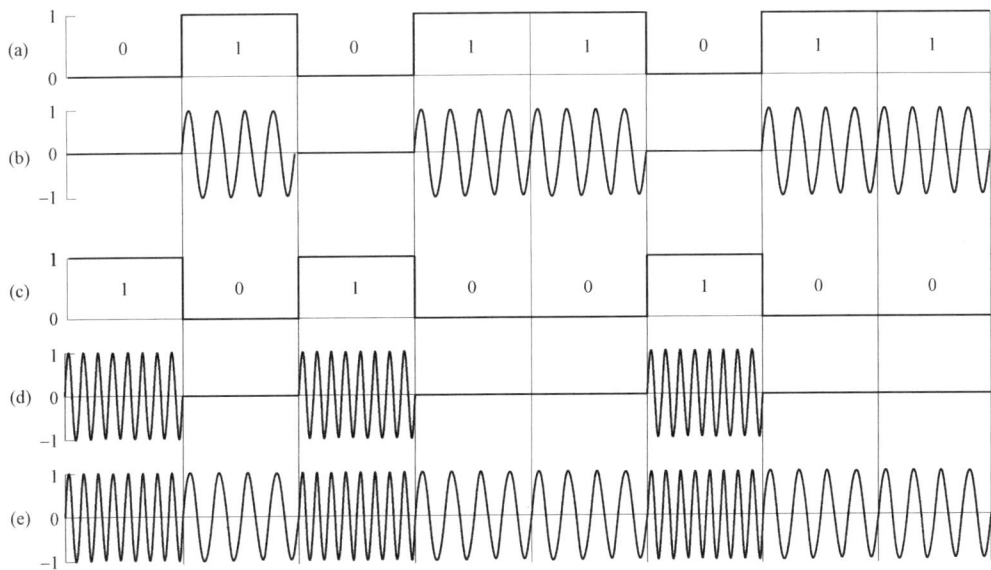

图 7-8　2FSK 信号波形

3. 2FSK 信号调制方式

2FSK 信号的产生方法主要包括模拟调频电路和数字键控两种。这两种方法各有特点，适用于不同的应用场景。图 7-9 为 2FSK 信号调制方式。

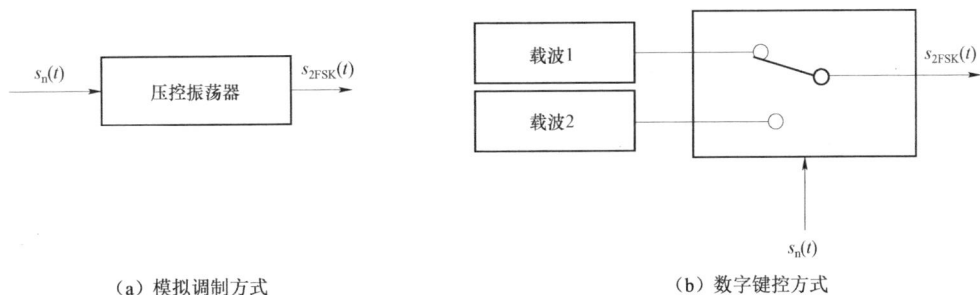

（a）模拟调制方式　　　　　　　　　　　　（b）数字键控方式

图 7-9　2FSK 信号调制方式

模拟调频电路是一种较早且传统地实现 2FSK 信号的方式。这种方法主要利用模拟电路中的压控振荡器（VCO），通过改变载波频率来表示不同的数字信息。当输入数字信号为"1"时，调频器将载波频率上调至一个固定值；当输入数字信号为"0"时，载波频率则下调至另一个固定值。通过这种方式，模拟调频电路可以产生出符合 2FSK 标准的信号。这种方法简单直观，产生的 2FSK 信号在相邻码元之间的相位是连续变化的，称为连续相位 FSK（CPFSK）。但受限于模拟电路的性能和稳定性，对高精度和高可靠性的通信需求，其性能可能无法满足。

随着数字技术的快速发展，数字键控方法逐渐成为实现 2FSK 信号的主流方式。数字键控法通过数字逻辑电路和数模转换器（DAC）等设备，将数字信号直接转换为模拟信号，再经过滤波和放大等处理，产生出符合 2FSK 标准的信号。与模拟调频电路相比，数字键控方法具有更高的精度和稳定性，同时能够实现更复杂的调制方式，但数字键控法产生的 2FSK 信号，是由电子开关在两个独立的频率源之间转换形成的，相邻码元之间的相位不一定连续。

4. 2FSK 信号的解调方法

1）包络检波

已经知道，一路 2FSK 信号可以看作两路 2ASK 信号的叠加，而 2ASK 信号可以通过包络检波方式来解调，2FSK 信号也同样可以采用此方法解调，如图 7-10 所示。需要注意的是，在接收端，先要通过两个不同的滤波器将 2FSK 信号分开，然后分别进行包络检波，两个带通滤波器带宽皆为相应的 2ASK 信号带宽，中心频率分别为调制端两个载波频率，即 f_1 和 f_2；包络检测后分别取出两路 2ASK 的包络 $s_n(t)$ 及 $\overline{s_n(t)}$；抽样判决器起到比较器的作用，把两路包络信号同时送到抽样判决器进行比较，从而判决输出基带数字信号。

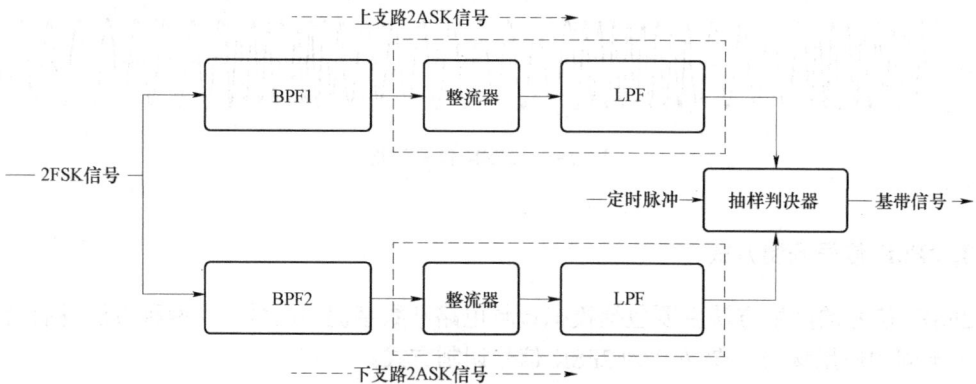

图 7-10 2FSK 信号包络检波

图 7-11 为 2FSK 信号在包络检波过程中信号的变化过程：两个支路信号，即载频不同的两路 2ASK 信号分别经过整流、低通滤波后到达接收判决器，接收判决器在时钟信号的指挥下在码元中间时刻提取两个包络对应的幅值 V_1 和 V_2。需要注意的是，判决输出"0"还是"1"并不依据判决门限电平，而是根据两个幅值的大小关系来决定。由图 7-11 中可以看出，判决规则为

$$判决输出 = \begin{cases} 1, & V_1 > V_2 \\ 0, & V_1 < V_2 \end{cases}$$

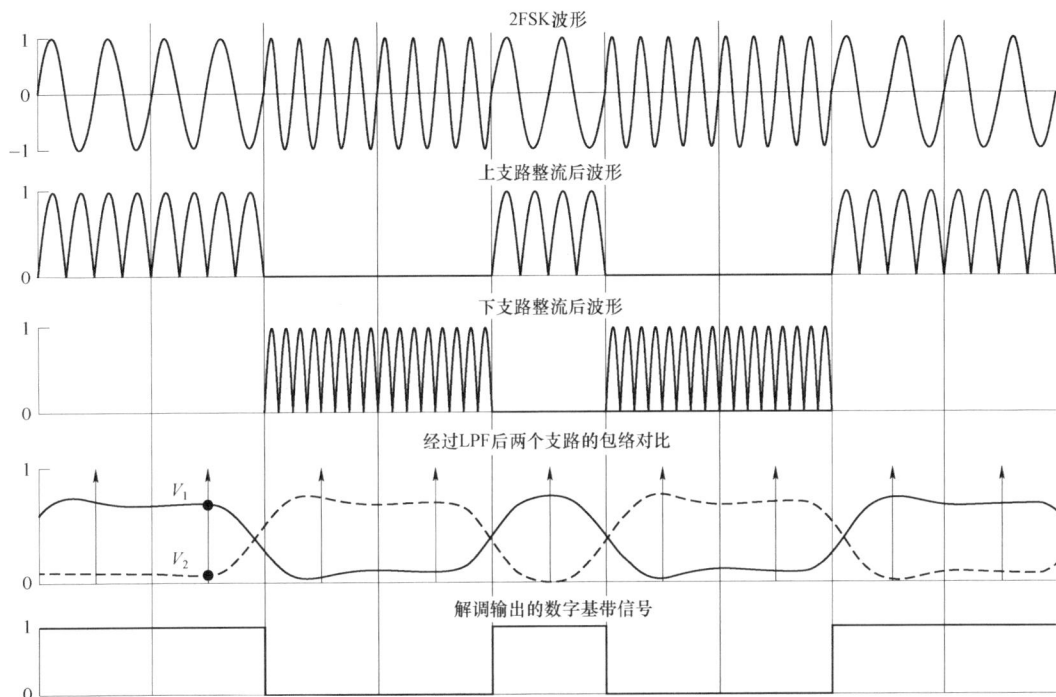

2FSK波形

上支路整流后波形

下支路整流后波形

经过LPF后两个支路的包络对比

解调输出的数字基带信号

图 7-11 2FSK 信号在包络检波过程中信号的变化过程

2) 相干解调

2FSK 信号的相干解调与包络检波处理流程类似，仍需在接收端依靠中心频率不同的带通滤波器先将两路 2ASK 信号分开。不同的是，此时每一支路的解调为相干解调，需要本地产生相干载波，与 2ASK 信号相乘后经过低通滤波器滤掉二倍频信号，取出含基带数字信息的低频信号；抽样判决器在抽样脉冲到来时对两个低频信号的抽样值进行比较判决（判决规则同包络检波法），即可还原出基带数字信号，过程如图 7-12 所示。支路信号的相干解调具体处理过程可参考 2ASK 信号的相干解调部分内容。

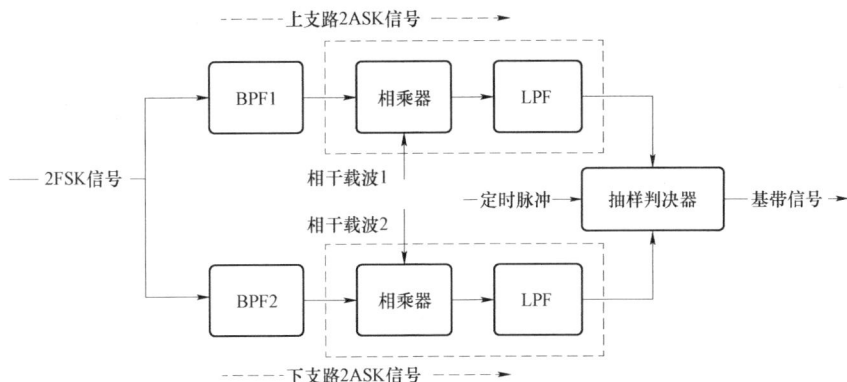

图 7-12 2FSK 信号的相干解调

3）2FSK 信号的其他解调方式

除了上述两种主要解调方式，2FSK 信号还可以通过鉴频法、过零检测法和差分检测法来解调，限于篇幅，本书不做详细分析。

5. 2FSK 信号的功率谱

下面仍根据"一路 2FSK 信号可以看作两路 2ASK 信号的叠加"来分析，2FSK 信号的功率谱密度为两个 2ASK 信号的功率谱密度的合成，如图 7-13 所示。

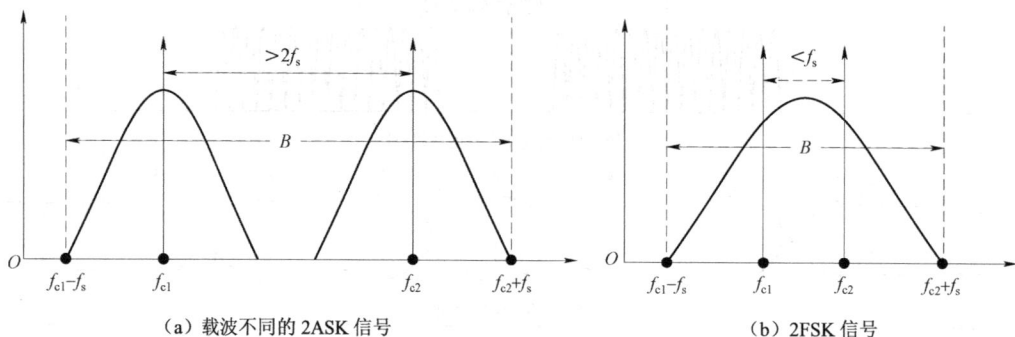

（a）载波不同的 2ASK 信号   （b）2FSK 信号

图 7-13　2FSK 信号功率谱与 2ASK 信号的关系

可以看出，2FSK 信号的功率谱同样由连续谱和离散谱两部分组成，其中连续谱由两个双边谱叠加而成，而离散谱则出现在载频位置上。若两个载频之差较小（小于 f_s），则连续谱出现单峰；若两个载频之差逐步增大（大于 $2f_s$），则连续谱出现双峰。2FSK 信号的带宽由两个载频间隔以及载频两侧的零点位置（$f_c \pm f_s$）决定，约为

$$B = \left| f_{c1} - f_{c2} \right| + 2f_s$$

7.2.3　二进制移相键控（2PSK）

数字调相又称移相键控（PSK），利用载波的相位变化来反映数字数据信息，对噪声的抗扰性比 ASK 信号和 FSK 信号都要好，在中高速的数据传输中被广泛采用。数字调相通常分为绝对移相制和相对移相制两种方式。绝对移相制是指利用载波的不同相位值表示数据信息，而相对移相制是指利用载波的相对相位值表示数据信息。一般用 PSK 代表绝对移相制，DPSK 代表相对移相制，本节主要分析二进制移相键控（2PSK）。

1. 2PSK 信号表示

如果给定载波信号为 $\cos \omega_c t$，则绝对移相信号可表示为

$$s_{2PSK}(t) = s_n(t) \cos \omega_c t = \sum_n a_n g(t - nT_s) \cos \omega_c t$$

$$= \begin{cases} \cos \omega_c t, & \text{传号 "1"} \\ -\cos \omega_c t, & \text{传号 "0"} \end{cases} \tag{7-8}$$

式（7-8）与 2ASK 的表达式（7-2）非常相似，仍然以输出载波 $\cos\omega_c t$ 表示发送符号"1"，但是，传号为"0"时不同，2ASK 以关闭载波表示"0"码，但 2PSK 是以发送 $-\cos\omega_c t$ 表示"0"码。很显然，载波 $\cos\omega_c t$ 与 $-\cos\omega_c t$ 的区别为相位不同，一个相位 $\theta_c = 0$，另一个为 $\theta_c = \pi$，即

$$\cos(\omega_c t + \pi) = -\cos\omega_c t$$

这种以载波的不同相位直接表示相应二进制数字信号的调制方式，称为二进制绝对移相方式。

需要注意的是，要想达到式（7-8）调相的结果，需要此时的数字基带信号 $s_n(t)$ 为双极性 NRZ 波形，而 2ASK 调制时要求为单极性 NRZ。

$$双极性：a_n = \begin{cases} 1, & 概率 P \\ -1, & 概率 1-P \end{cases}$$

$$NRZ 矩形波形：g(t) = \begin{cases} 1, & 0 \leqslant t \leqslant T_s \\ 0, & 其他 \end{cases}$$

2. 2PSK 信号波形

当码元宽度 T_s 为载波周期 T_c 的整数倍时，2PSK 信号的典型波形如图 7-14 所示。可以看出，2PSK 信号波形幅度与频率均没有发生变化，而是用载波不同的相位来表示。发送"0"码和"1"码，两者的相位相差为 π。

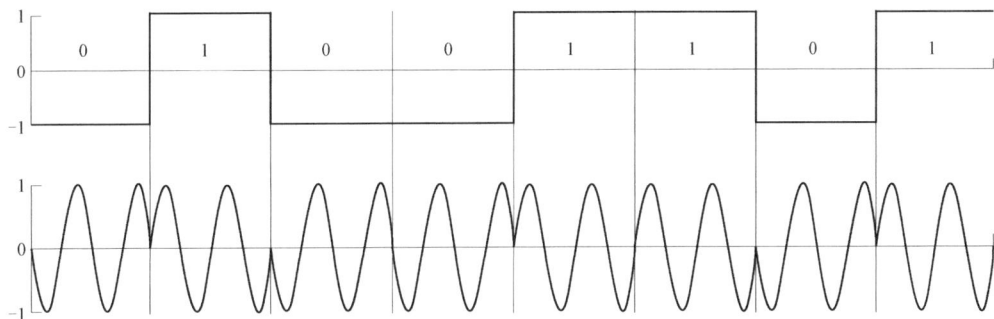

图 7-14 2PSK 信号的典型波形

3. 2PSK 信号调制方式

与其他数字键控产生方式类似，2PSK 信号仍然采用两类调制方式来产生，即模拟调制和键控方式，如图 7-15 所示。图 7-15（a）是采用模拟调制方式产生 2PSK 信号，与产生 2ASK 信号的方法相同，只是对数字基带信号要求不同，应变换为双极性 NRZ 矩形波形，然后与载波相乘后达到调相的目的；图 7-15（b）是采用数字键控方式产生 2PSK 信号，因为是开关电路，对应输出分别为原载波和移相 π 后的载波，通过开关的切换实现 2PSK 的目的，因此不需要对数字基带信号有双极性的要求。

4. 2PSK 信号解调方式

2PSK 信号的解调通常都是采用相干解调，需要用到与接收的 2PSK 信号同频同相的相干

载波，如图 7-16 所示。

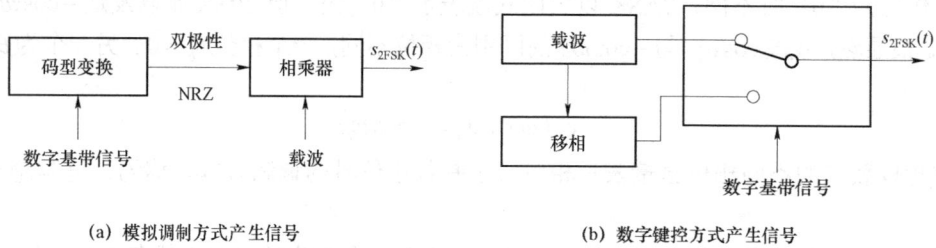

(a) 模拟调制方式产生信号　　　　　　　(b) 数字键控方式产生信号

图 7-15　2PSK 信号调制方式

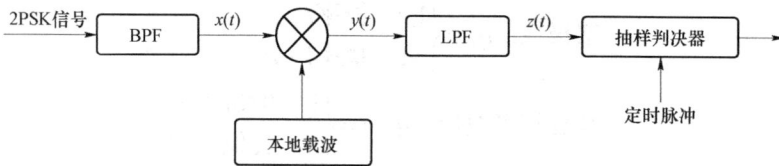

图 7-16　2PSK 信号相干解调原理图

下面从时域角度详细分析 2PSK 信号的相干解调过程，相应的波形变化流程如图 7-17 所示，类似信号处理过程还将在后续的 2DPSK 解调中用到。

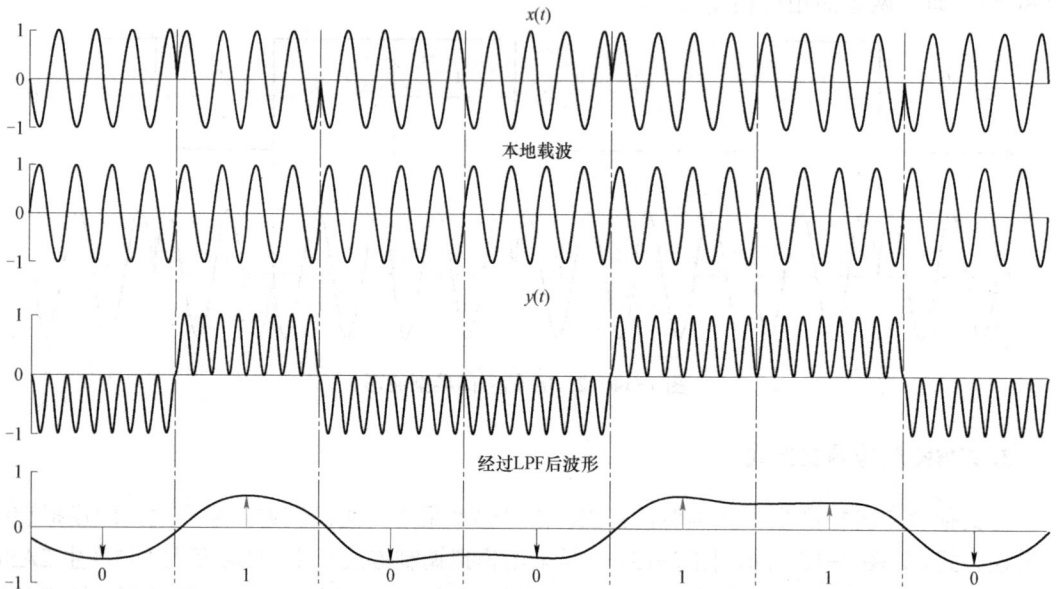

图 7-17　2PSK 信号相干解调波形变化

带通滤波器 BPF 滤除信号带宽之外的噪声，信号输出为原 2PSK 信号，即

$$x(t) = s_{2PSK}(t) = s_n(t)\cos\omega_c t$$

信号 $x(t)$ 有两种状态：$\cos\omega_c t \rightarrow$ "1" 码和 $-\cos\omega_c t \rightarrow$ "0" 码，经过相乘器，与接收端的载波 $\cos\omega_c t$ 相乘，可以预判相乘后应有两种结果，表示为

$$y(t) = s_{\mathrm{n}}(t)\cos\omega_{\mathrm{c}}t\cos\omega_{\mathrm{c}}t$$

$$= \begin{cases} \cos^2\omega_{\mathrm{c}}t, & \text{传号 "1"} \\ -\cos^2\omega_{\mathrm{c}}t, & \text{传号 "0"} \end{cases}$$

由相乘后的结果可以看出，$y(t)$ 有正、负两种结果，幅值为正的原因是传号 "1" 时的载波与解调时的载波极性相同，都为 $\cos\omega_{\mathrm{c}}t$；相反，当传号 "0" 时采用 $-\cos\omega_{\mathrm{c}}t$ 表示，而在解调时码元周期内采用的相干载波为 $\cos\omega_{\mathrm{c}}t$，两者极性相反，因此结果为负。也就是说，两个正弦信号的相位关系能通过相乘后的结果表现出来，这也正是 2PSK 信号差分相干解调的依据。

继续分析 $y(t)$ 中的频率组成，将其展开很容易知道结果为

$$y(t) = \begin{cases} \dfrac{1}{2} + \dfrac{1}{2}\cos 2\omega_{\mathrm{c}}t, & \text{传号 "1"} \\ -\dfrac{1}{2} - \dfrac{1}{2}\cos 2\omega_{\mathrm{c}}t, & \text{传号 "0"} \end{cases}$$

经过低通滤波器 LPF 后，滤除高频分量，保留的直流成分为正、负两种电平，被抽样判决器恢复为原始数字基带信号 "1" 和 "0"。

7.2.4　二进制相对（差分）相位键控（2DPSK）

通过前面的学习，已经知道相干解调时，2PSK 信号在接收端必须有一个固定的相位基准来进行对照，以恢复原始的数字基带信号。然而，由于信道中的 2PSK 信号在传输过程中经多次反相，接收端的载波相位可能会发生波动，形成相位模糊，甚至出现 180° 的倒相，被称为 "倒 π" 现象。这种情况会导致解调出的数字基带信号完全相反，从而使解调器输出的大量数据出现错误。为了解决这个问题，研究人员提出了二进制相对（差分）相位键控（2DPSK）技术。

1. 2DPSK 实现原理

2DPSK 是用前后相邻码元的载波相对相位变化来表示数字信息，即本码元初相与前一码元初相之差。

假设前后相邻码元的载波相位差为 $\Delta\varphi$，二进制消息与 $\Delta\varphi$ 之间的关系可以为

$$\Delta\varphi = \begin{cases} 0, & \text{传号 "0"} \\ \pi, & \text{传号 "1"} \end{cases}$$

当传号 "0" 时，前后相邻码元的载波相位不变；当传号 "1" 时，前后相邻码元的载波相位需要发生180°的变化。

当然，也可以改变规则，用前后相邻码元的载波相位不变表示 "1" 码，载波相位变化表示 "0" 码。

例如：一组二进制数字信息与其对应的 2DPSK 信号的载波相位关系可以如表 7-1 所示。

表 7-1　2DPSK 信号的载波相位

二进制数字信息		1	1	0	1	0	0	1
2DPSK 信号相位	0	π	0	0	π	π	π	0
2DPSK 信号相位	0	0	0	π	π	0	π	π

2. 2DPSK 波形

要顺利实现表 7-1 中的相位结果，即前后码元相位的变化与否来表示数字基带信号，可以先将数字信号原始码编码为差分码或相对码，因为相对码电平的变化恰恰反映了原始基带信号为 "1" 或 "0"，如传号差分码电平发生变化表示数字信号 "1"，而 "0" 则用电平不变表示。按照这种思路，2DPSK 信号波形如图 7-18 所示。

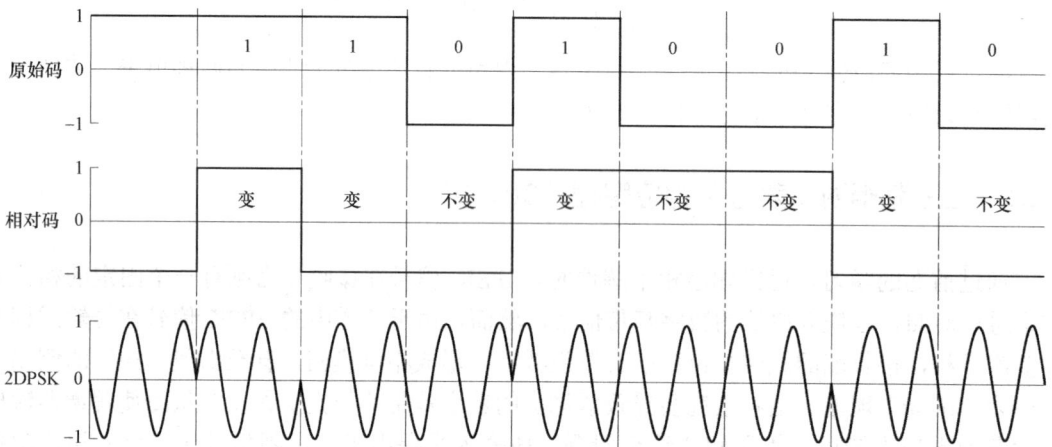

图 7-18　2DPSK 信号波形

由图 7-18 可以看出，原始码第 1 位为 "1" 时，相对码的电平需要发生变化，由初始低电平变为高电平；原始码第 2 位仍为 "1"，则相对码的电平继续发生变化，由高电平变为低电平；原始码第 3 位为 "0"，则相对码的电平不发生变化，即维持低电平，后面的波形因此规律持续下去。并且，对应相对码的高、低电平，即相对码的 "1" "0"，采用载波的绝对相位表示，即 2DPSK 波形的相位对相对码，属于绝对调相，但是对原始码则是相对调相，即实现了 2DPSK 调制。

3. 2DPSK 调制方式

2DPSK 信号仍然采用两类调制方式来产生，即模拟调制和数字键控方式，如图 7-19 所示。图 7-19（a）是采用模拟调制方式产生 2DPSK 信号，与产生 2PSK 信号的方式相同，仍然要求数字基带信号为双极性 NRZ 矩形波形，并且由于 2DPSK 波形的相位对相对码是绝对调相，因此应该多一个编码步骤，即将绝对码变为相对码后再与载波相乘；图 7-19（b）是采用数字键控方式产生 2DPSK 信号，通过开关切换对应原载波和移相π后的载波输出，因此不需要对数字基带信号有双极性的要求，但同样对基带信号有相对码的要求。

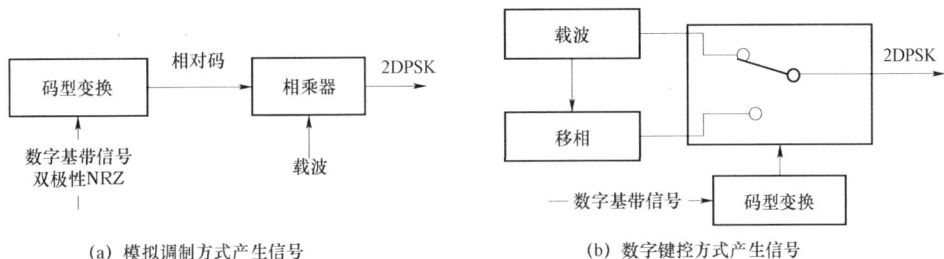

(a) 模拟调制方式产生信号　　　　　　　　(b) 数字键控方式产生信号

图 7-19　2DPSK 信号调制方式

4. 2DPSK 解调方式

2DPSK 信号仍然可以采用相干解调（同步检测）方式，并且还可以采用一种独特的非相干解调方式——差分相干解调来恢复基带信号。

1）2DPSK 信号的相干解调

图 7-20 为 2DPSK 信号相干解调原理图，与图 7-16 的 2PSK 信号相干解调相比，唯一的区别在于在抽样判决器后需要通过将差分码反变换为原始信号，即绝对码，这是由于在调制时是直接针对差分码进行的绝对调相，解调后抽样判决输出为差分码，而不是原始数字基带信号。波形变化过程可参考图 7-17 的 2PSK 信号相干解调波形变化过程，在此不重复示出。

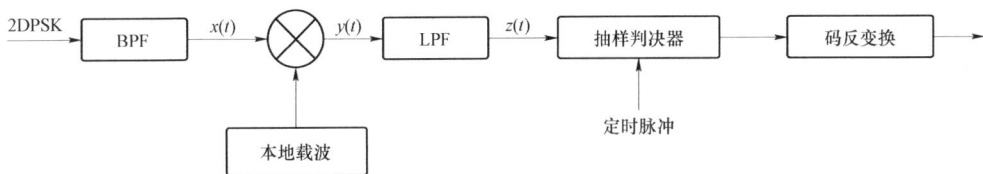

图 7-20　2DPSK 信号相干解调原理图

2）2DPSK 信号的差分相干解调

图 7-21 为 2DPSK 信号差分相干解调原理图，与图 7-20 的相干解调相比，发生了两个变化：① 不需要本地的相干载波，因此是一种非相干解调方法，相乘器输入的是信号本身与延迟 T_s 后的波形，即前后码元的波形相乘；② 抽样判决后直接输出原数字基带信号，不需要进行码型反变换。可见，差分相干解调在解调的同时完成了码反变换作用。

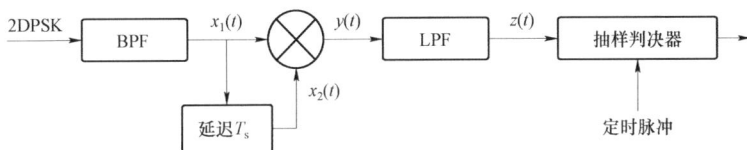

图 7-21　2DPSK 信号差分相干解调原理图

在分析 2PSK 的相干解调时已经知道：两个正弦载波的相位关系能通过相乘后的结果表现出来，下面再次采用此原理分析 2DPSK 的差分相干解调。

假设解调的数字消息为"0"，则此时 2DPSK 相邻码元的载波相位差为 $\Delta\phi=0$，当解调的数字消息为"1"时，相位差为 $\Delta\phi=\pi$，因此相乘器输入的两个载波与相乘结果，即 2DPSK 信号差分相干解调相乘器信号如表 7-2 所示。

表 7-2   2DPSK 信号差分相干解调相乘器信号

传号	前载波	后载波	相乘结果
0	$\cos\omega_c t$	$\cos\omega_c t$	$\cos^2\omega_c t$
	$\cos(\omega_c t+\pi)$	$\cos(\omega_c t+\pi)$	$\cos^2\omega_c t$
1	$\cos(\omega_c t+\pi)$	$\cos\omega_c t$	$-\cos^2\omega_c t$
	$\cos\omega_c t$	$\cos(\omega_c t+\pi)$	$-\cos^2\omega_c t$

可见，对于 2DPSK 信号来说，前后码元的波形相乘后的结果只有两种可能：当结果为正值时，意味着前后码元的载波相位相同，传号为"0"；当结果为负值时，意味着前后码元的载波相位相反，传号为"1"。可以看出，2DPSK 信号的差分相干解调是通过比较前后码元波形的相位关系来直接解调原数字信号的。

图 7-22 为 2DPSK 信号差分相干解调波形变化过程，可以结合图 7-21 来进行分析。

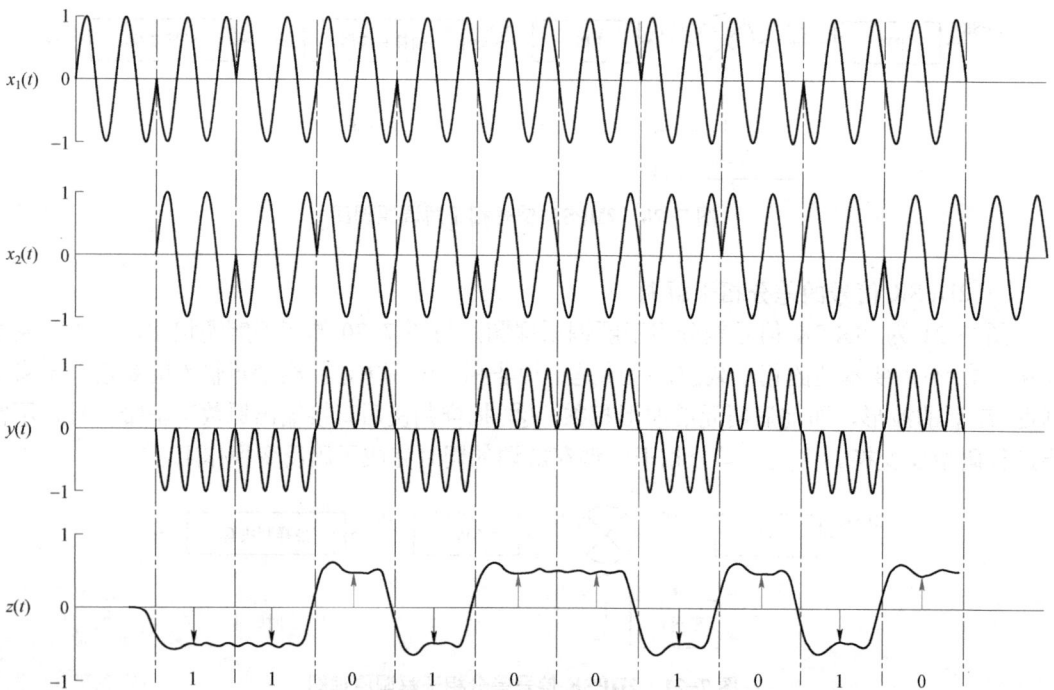

图 7-22   2DPSK 信号差分相干解调波形变化过程

对于 2DPSK 信号来说，无论采用的是极性比较法还是差分相干解调法来解调，其最终的解调结果都是原始数字信号，即不需要进行码反变换。

5. 2PSK 及 2DPSK 信号的功率谱

2PSK 与 2DPSK 信号有相同的功率谱。2PSK 信号可表示为双极性 NRZ 矩形波形与正弦载波相乘，则 2PSK 信号的功率谱密度为

$$P_{2PSK}(\omega) = \frac{1}{4}[P_s(\omega - \omega_c) + P_s(\omega + \omega_c)] \tag{7-9}$$

在第 6 章数字基带信号中，分析过双极性 NRZ 波形在 0、1 等概率时的功率谱密度

$$P_s(f) = f_s |G(f)|^2 = T_s sa^2(\pi f T_s) \tag{7-10}$$

其中，$G(f)$ 为数字基带信号矩形 NRZ 波形的频谱。当二进制基带信号的 "1" 符号和 "0" 符号出现概率相等时，可知其不存在离散谱。

将式（7-9）代入式（7-10），有

$$P_{2PSK}(\omega) = \frac{T_s}{4}\left\{ sa^2\left[\pi T_s(f - f_c)\right] + sa^2\left[\pi T_s(f + f_c)\right] \right\}$$

可见，2PSK 信号的功率谱密度是由双极性 NRZ 矩形波形的数字基带信号功率谱平移而来的，如图 7-23 所示。一般情况下，2PSK 信号的功率谱密度由连续谱组成，其结构与 2ASK 信号的功率谱密度相类似，带宽也是基带信号带宽的两倍，即 $B_{2PSK} = 2B = 2f_s$。

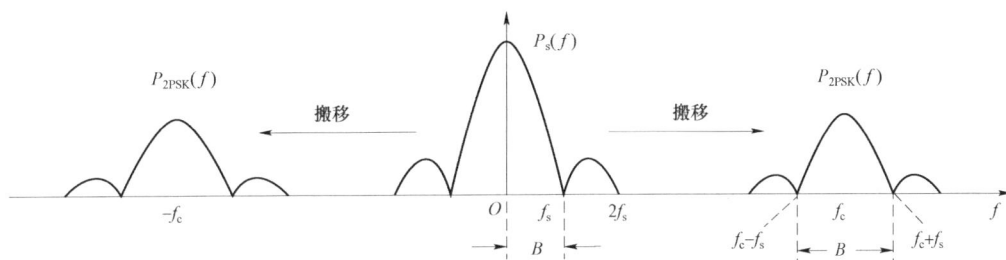

图 7-23　2PSK 信号功率谱

7.3　二进制数字调制系统抗噪性能

通信系统的抗噪声性能是指系统克服加性噪声影响的能力。在数字通信系统中，衡量系统抗噪声性能的重要指标是误码率，因此，分析二进制数字调制系统的抗噪声性能，也就是分析在信道等效加性高斯白噪声的干扰下系统的误码性能，得出误码率与信噪比之间的数学关系。

第 6 章分析过数字基带传输系统的抗噪性能。由于是基带信号，合成信号为基带信号电平 A 与高斯噪声的叠加。本章传输系统为数字调制系统，信号为调制后的正弦载波，因此分析过程与第 6 章有共性，也有所不同。

在二进制数字调制系统抗噪声性能分析中，为研究问题方便，可假设：

① 信道特性是恒参信道，简化信道对信号的影响；

② 在信号的频带范围内接收端的带通滤波器 BPF 具有理想矩形的传输特性，即解调器输入信号完整；

③ 噪声 $n(t)$ 为加性高斯白噪声，其均值为零，方差为 σ^2。

7.3.1 2ASK 系统的抗噪声性能

对 2ASK 信号可采用包络检波法进行解调，也可以采用相干检测法进行解调。同时，在第 5 章分析 AM 信号时，可知两类解调方式的抗噪性能分析方法也不同，相干检测能够将信号与噪声分开单独处理；而包络检波不同，信号与噪声要合在一起接受处理。

1. 2ASK 系统包络检波抗噪性能

2ASK 信号在进入解调器前，都需要经过一个 BPF，如图 7-24 所示。BPF 使信号与信号带宽之内的噪声一起通过，信号带宽之外的噪声被滤除，下面先分析该部分的信号与噪声处理过程。

在一个码元的时间间隔 T_s 内 BPF 接收 2ASK 信号，其波形 $s(t)$ 为

$$s_{2ASK}(t)=\begin{cases}A\cos\omega_c t, & \text{传号 "1"} \\ 0, & \text{传号 "0"}\end{cases}$$

根据前面的假设，BPF 具有理想矩形的传输特性，将其中心频率设为载频 f_c，带宽 $B_{2ASK}=2B=2f_s$，因此经过 BPF 后，2ASK 信号完整通过。

同样，根据假设，BPF 接收到的噪声 $n_i(t)$ 为 AWGN 噪声，即加性高斯白噪声，但是经过 BPF 后被限制带宽成为窄带高斯白噪声，表示为

$$n(t)=n_c(t)\cos\omega_c t-n_s(t)\sin\omega_c t$$

因此，解调器收到的是 2ASK 信号与窄带高斯白噪声的叠加，表示为

$$y(t)=s_{2ASK}(t)+n(t)$$
$$=\begin{cases}A\cos\omega_c t+n_c(t)\cos\omega_c t-n_s(t)\sin\omega_c t, & \text{传号 "1"} \\ n_c(t)\cos\omega_c t-n_s(t)\sin\omega_c t, & \text{传号 "0"}\end{cases} \tag{7-11}$$

包络检波器提取出 $y(t)$ 的包络，由抽样判决器对包络进行抽样、判决，输出原始数字基带信号，如图 7-24 所示。

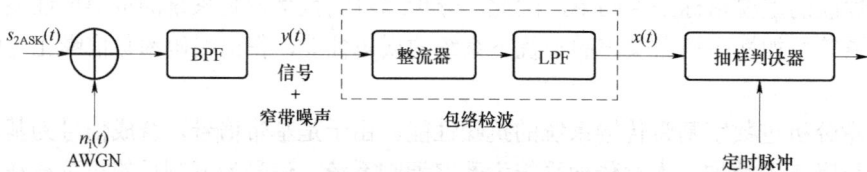

图 7-24 2ASK 信号包络检波抗噪性能分析原理

经包络检波器检测，输出包络信号为

$$x(t) = \begin{cases} \sqrt{[A + n_c(t)]^2 + n_s^2(t)}, & \text{传号 "1"} \\ \sqrt{n_c^2(t) + n_s^2(t)}, & \text{传号 "0"} \end{cases} \tag{7-12}$$

式（7-12）的含义在学习随机过程时已经有所了解。其中，传号为"1"时为正弦波加窄带随机过程的包络，包络抽样值的一维概率密度函数服从莱斯分布；传号为"0"时为窄带随机过程本身的包络，其一维概率密度函数服从瑞利分布。根据这两种分布，可得到 2ASK 包络检波误码率的分析图像，如图 7-25 所示。其中，$f_0(x)$ 为传号"0"时包络 $x(t)$ 的分布函数，$f_1(x)$ 为传号"1"时包络 $x(t)$ 的分布函数。

图 7-25 中设定了判决门限 V_d，若 $x(t)$ 的抽样值大于等于 V_d，则判为"1"；若抽样值小于 V_d，判为"0"。显然，选择什么样的判决门限电平 V_d 与判决的正确程度（或错误程度）密切相关。

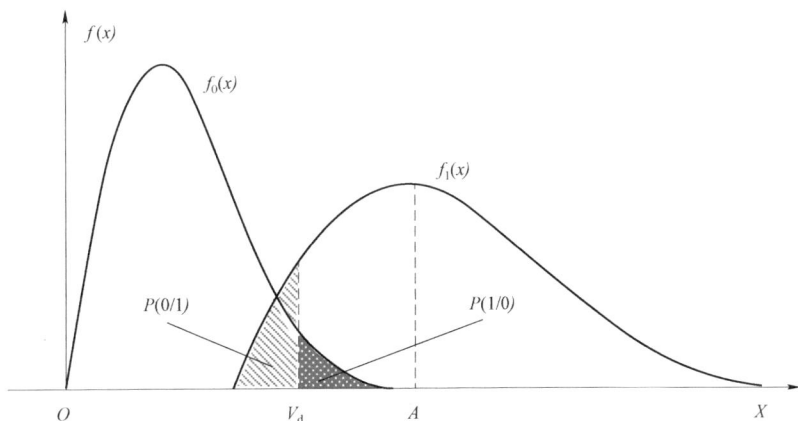

图 7-25　2ASK 包络检波的误码率分析

存在两种错判的可能性：一是发送的码元为"1"时，错判为"0"，其概率记为 $P(0/1)$，为图 7-25 中 $f_1(x)$ 图形下小于 V_d 的阴影面积；二是发送的码元为"0"时，错判为"1"，其概率记为 $P(1/0)$，为 $f_0(x)$ 图形下大于 V_d 的阴影面积。

系统的总误码率为

$$P_e = P(1) P(0/1) + P(0) P(1/0)$$

当 0、1 等概率时，该阴影面积之和最小，即误码率最低，此时的 V_d 为最佳判决门限。经过分析，其值在大信噪比的情况下为

$$V_d = V_d^* = \frac{A}{2} \tag{7-13}$$

此时系统的最小误码率为

$$P_e = \frac{1}{4} \text{erfc}\left(\frac{\sqrt{r}}{2}\right) + \frac{1}{2} e^{-r/4} \tag{7-14}$$

其中，r 为信噪比，为

$$r = \frac{A^2}{2\sigma^2}$$

在大信噪比时误码率近似为

$$P_e \approx \frac{1}{2} e^{-r/4} \qquad (7-15)$$

结论：在最佳判决门限电平和大信噪比条件下，2ASK 信号包络检波解调的误码率随着信噪比的增加而指数下降，即增加信噪比对降低误码率是有效的。

2. 2ASK 系统相干解调抗噪性能

与包络检波相比，2ASK 系统相干解调抗噪性能分析与在解调器中的处理过程相同，区别在于相干解调可以将信号与噪声分开处理。2ASK 信号相干解调抗噪性能分析原理如图 7-26 所示。

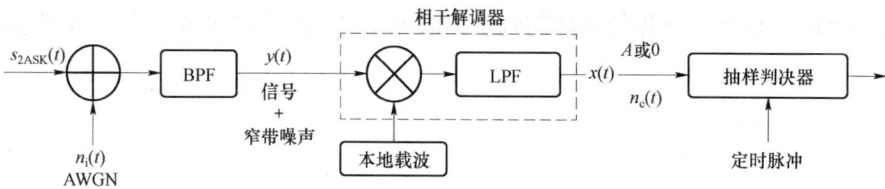

图 7-26　2ASK 信号相干解调抗噪性能分析原理

接收端带通滤波器 BPF 的输出 $y(t)$ 与包络检波时相同，即 2ASK 信号叠加窄带噪声，但是，后续处理不是由包络检波器去检测合成的包络，而是进入相乘器后分别与本地载波相乘。类似的过程，即调制信号与载波相乘后经过 LPF，我们在分析模拟调幅的抗噪性能时已经很熟悉，LPF 输出为基带信号和窄带噪声的同相分量，即

$$x(t) = \begin{cases} A + n_c(t), & \text{传号 "1"} \\ n_c(t), & \text{传号 "0"} \end{cases} \qquad (7-16)$$

由式（7-16）可知，传号 "1" 时，$x(t)$ 的瞬时值为信号电平 A 叠加 $n_c(t)$；传号 "0" 时，$x(t)$ 的瞬时值仅为 $n_c(t)$，而 $n_c(t)$ 为高斯噪声。因此，$A + n_c(t)$ 的一维概率密度 $f_1(x)$ 和 $n_c(t)$ 的一维概率密度 $f_0(x)$ 都是方差为 σ^2 的正态分布函数，只是前者均值为 A，后者均值为 0。

$$f_1(x) = \frac{1}{\sqrt{2\pi}\sigma_n} e^{-\frac{(x-A)^2}{2\sigma_n^2}} \qquad (7-17)$$

$$f_0(x) = \frac{1}{\sqrt{2\pi}\sigma_n} e^{-\frac{x^2}{2\sigma_n^2}} \qquad (7-18)$$

根据这两种分布，可得到 2ASK 相干解调误码率的分析图像，如图 7-27 所示，$f_1(x)$ 为传号 "1" 时包络 $x(t)$ 的分布函数，$f_0(x)$ 为传号 "0" 时包络 $x(t)$ 的分布函数。

最佳判决门限为

$$V_d = V_d^* = \frac{A}{2} \qquad (7-19)$$

可以证明，这时系统的误码率为

$$P_e = \frac{1}{2} \text{erfc}\left(\frac{\sqrt{r}}{2}\right) \qquad (7-20)$$

在大信噪比时误码率近似为

$$P_e \approx \frac{1}{\sqrt{\pi r}} e^{-r/4} \tag{7-21}$$

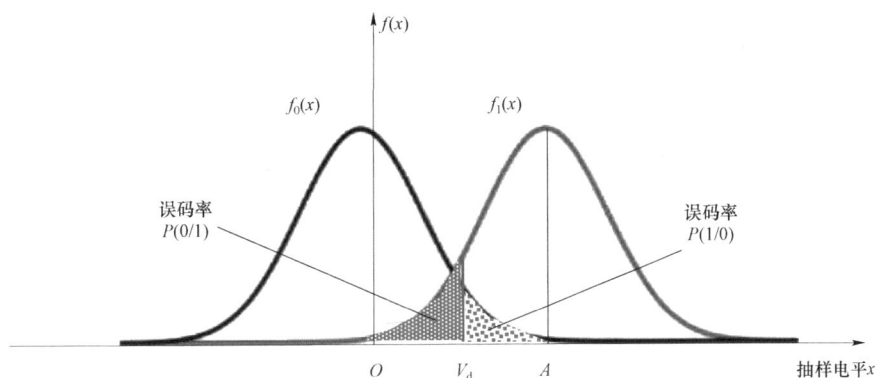

图 7-27　2ASK 信号相干解调误码率分析

结论：对比式（7-21）和式（7-15）可知：在相同的信噪比条件下，同步检测法的误码性能优于包络检波法的性能；在大信噪比条件下，包络检波法的误码性能将接近同步检测法的性能。

7.3.2　2FSK 系统的抗噪声性能

在分析 2FSK 解调时已经知道，由于一路 2FSK 信号是由两路不同载频的 2ASK 组成的，因此，分析 2FSK 系统的抗噪性能与 2ASK 系统有必然的联系。同时需要注意，2FSK 信号在由接收判决器判决基带信号为"0"还是"1"时，并不是依据判决门限电平 V_d，而是根据两个支路幅值的大小关系来决定，因此误码率分析有所不同。

1. 2FSK 系统相干解调抗噪性能

2FSK 信号相干解调抗噪性能分析原理如图 7-28 所示。

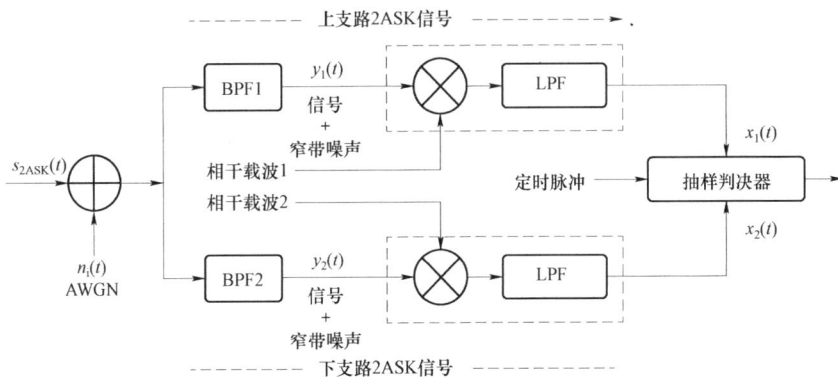

图 7-28　2FSK 信号相干解调抗噪性能分析原理

解调器接收到的 2FSK 信号可表示为

$$s_{2FSK}(t) = \begin{cases} \cos\omega_1 t, & \text{传号 "1"} \\ \cos\omega_2 t, & \text{传号 "0"} \end{cases}$$

该信号叠加高斯白噪声后，分别经过对应载频 ω_1、ω_2 的 BPF，被分成两路 2ASK 信号，并叠加窄带高斯白噪声，进行相干解调后经 LPF 输出并进入抽样判决器的两路波形如图 7-29 所示。

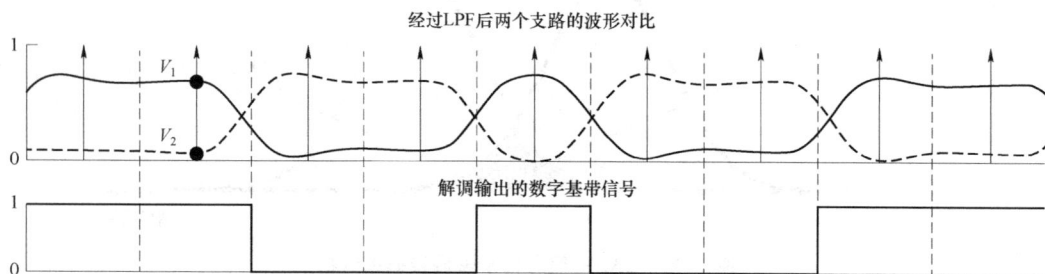

图 7-29 2FSK 信号相干解调后的两路波形

发送 "1" 符号：

上支路低通滤波器输出为数字基带信号和噪声的同相分量

$$x_1(t) = A + n_c(t)$$

其抽样电平 x_1 的概率密度函数为均值为 A 的高斯分布，即

$$f(x_1) = \frac{1}{\sqrt{2\pi}\sigma_n} e^{-\frac{(x_1-A)^2}{2\sigma_n^2}} \tag{7-22}$$

根据 2FSK 调制原理，上支路信号为 "1"，下支路信号为 "0"，因此下支路的低通滤波器输出为

$$x_2(t) = n_c(t)$$

其抽样电平 x_2 的概率密度函数为均值为 A 的高斯分布，即

$$f(x_2) = \frac{1}{\sqrt{2\pi}\sigma_n} e^{-\frac{x_2^2}{2\sigma_n^2}} \tag{7-23}$$

在抽样时刻，提取的上支路电平 V_1 若大于下支路电平 V_2，"1" 码正确输出；如果相反则出现误码，即 "1" 误判为 "0"。因此，发送 "1" 码而错判为 "0" 码的概率为

$$P(0/1) = P(x_1 < x_2) = P(x_1 - x_2 < 0) = P(z < 0)$$

很显然，z 的概率密度函数仍为高斯分布，即

$$f(z) = \frac{1}{\sqrt{2\pi}\sigma_n} e^{-\frac{(z-A)^2}{2\sigma_n^2}} \tag{7-24}$$

2FSK 相干解调支路电平差的统计特性如图 7-30 所示。

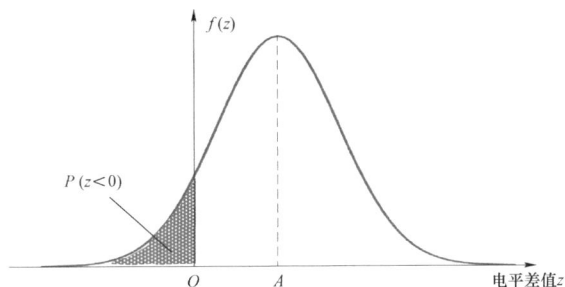

图 7-30 2FSK 相干解调支路电平差的统计特性

根据图 7-30，"1"码错判为"0"码的概率为

$$P(0/1) = P(z<0) = \frac{1}{2}\text{erfc}\left(\sqrt{\frac{r}{2}}\right)$$

分析方法相同，发送"0"符号而错判为"1"符号的概率同样为

$$P(1/0) = P(x_1 > x_2) = \frac{1}{2}\text{erfc}\left(\sqrt{\frac{r}{2}}\right)$$

于是可得 2FSK 信号采用相干解调时系统的误码率为

$$\begin{aligned} P_e &= P(1)P(0/1) + P(0)P(1/0) \\ &= \frac{1}{2}\text{erfc}\left(\sqrt{\frac{r}{2}}\right)\left[P(1) + P(0)\right] \\ &= \frac{1}{2}\text{erfc}\left(\sqrt{\frac{r}{2}}\right) \end{aligned}$$

在大信噪比时误码率近似为

$$P_e \approx \frac{1}{\sqrt{2\pi r}}\text{e}^{-r/2} \tag{7-25}$$

2. 2FSK 系统包络解调抗噪性能

2FSK 系统包络解调抗噪性能分析原理如图 7-31 所示。与图 7-28 的相干解调相比，解调器换为包络检波器，仍然为两路 2ASK 分别解调，抽样判决器针对的仍然是两个支路的包络电平并进行比较。

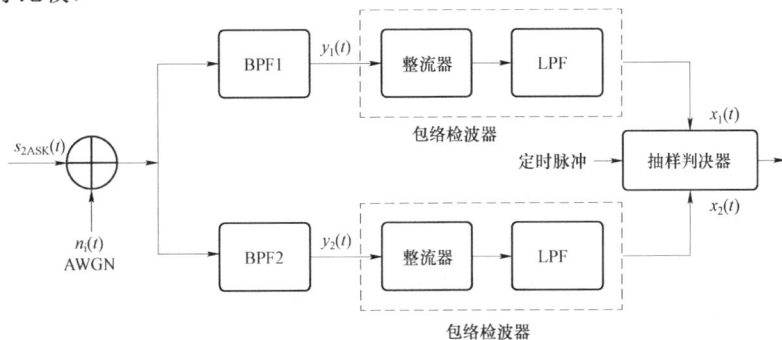

图 7-31 2FSK 系统包络解调抗噪性能分析原理

发送"1"符号：

与相干解调不同，包络检波时，上支路低通滤波器输出为数字基带信号加窄带高斯白噪声的合成包络，即

$$x_1(t) = \sqrt{(A + n_c(t))^2 + n_s^2(t)}$$

其包络抽样值的一维概率密度函数 $f(x_1)$ 服从莱斯分布。

下支路的低通滤波器输出为窄带高斯白噪声的包络，即

$$x_2(t) = \sqrt{n_c^2(t) + n_s^2(t)}$$

其抽样电平 x_2 的概率密度函数 $f(x_2)$ 服从瑞利分布。

经分析，在上面的分布特性下，发送"1"码而错判为"0"码的概率与发送"0"码而错判为"1"码的概率相同，均为

$$P(0/1) = P(x_1 < x_2) = P(0/1) = P(x_1 > x_2) = \frac{1}{2}e^{-r/2}$$

于是，可得 2FSK 信号采用包络检波解调时系统的误码率为

$$P_e = \frac{1}{2}e^{-r/2} \tag{7-26}$$

结论： 通过比较式（7-26）和式（7-25）可知，在大信噪比条件下，2FSK 信号相干解调性能明显优于包络检波法。

7.3.3 2PSK 和 2DPSK 系统的抗噪声性能

根据 7.3.2 节内容已知，2PSK 和 2DPSK 信号采用相干解调而不是包络检波，并且 2DPSK 信号还可以采用差分解调方式恢复基带信号。

1. 2PSK 系统相干解调抗噪性能

2PSK 信号采用相位相差为 π 的两个载波来表示"1"和"0"，为实现这个目的，数字基带信号波形应为双极性 NRZ 矩形波形。这样一来，在接收端恢复的数字基带信号电平分别为"A"和"-A"。与 2ASK 解调不同，这也是分析 2PSK 系统抗噪性能的主要特点，2PSK 信号相干解调抗噪性能分析原理如图 7-32 所示。

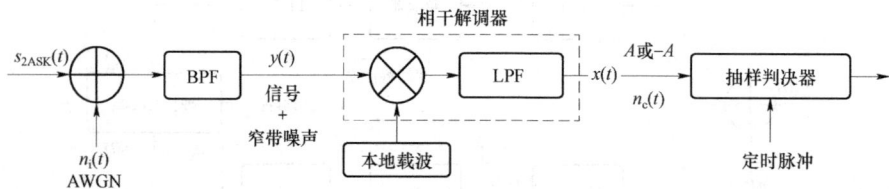

图 7-32 2PSK 信号相干解调抗噪性能分析原理

解调器接收到的合成信号为 2PSK 信号与 AWGN 噪声 $n_i(t)$ 的叠加，可表示为

$$s_{2\text{PSK}}(t) = \begin{cases} A\cos\omega_c t + n_i(t), & \text{传号 "1"} \\ -A\cos\omega_c t + n_i(t), & \text{传号 "0"} \end{cases}$$

经带通滤波器输出，信号保留，噪声称为窄带噪声，因此合成信号为

$$y(t) = \begin{cases} A\cos\omega_c t + n_c(t)\cos\omega_c t - n_s(t)\sin\omega_c t, & \text{传号 "1"} \\ -A\cos\omega_c t + n_c(t)\cos\omega_c t - n_s(t)\sin\omega_c t, & \text{传号 "0"} \end{cases}$$

与本地载波相乘后，经低通滤波器滤除高频分量，在抽样判决器输入端得到

$$x(t) = \begin{cases} A + n_c(t), & \text{传号 "1"} \\ -A + n_c(t), & \text{传号 "0"} \end{cases}$$

很显然，传号为 "1" 时，$x(t)$ 的分布特性是以 A 为中心的高斯分布 $f_1(x)$；传号为 "0" 时，$x(t)$ 的分布特性是以 $-A$ 为中心的高斯分布 $f_0(x)$。因此，发送 "1" 码而错判为 "0" 码的概率与发送 "0" 码而错判为 "1" 码的概率为图 7-33 中各自的阴影面积。

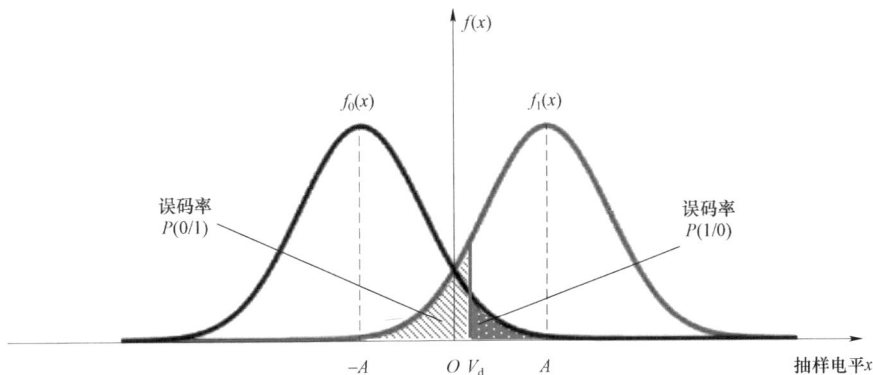

图 7-33　2PSK 信号相干解调误码率分析

在发送 "1" 符号和发送 "0" 符号概率相等时，最佳判决门限 $V_d^* = 0$，此时系统的误码率为

$$P_e = \frac{1}{2}\text{erfc}\left(\sqrt{r}\right)$$

在大信噪比时误码率近似为

$$P_e \approx \frac{1}{2\sqrt{\pi r}}\text{e}^{-r} \tag{7-27}$$

2. 2DPSK 系统相干解调抗噪性能

与 2PSK 比较，2DPSK 相干解调在抽样判决器后多了一个码反变换器，使相对码变为原来的绝对码，因此，其误码率在 2PSK 相干解调的基础上会增加。经过分析：2DPSK 相干解调误码率是 2PSK 相干解调误码率 P_e 的 2 倍，即

$$P_e = \text{erfc}(\sqrt{r})$$

3. 2DPSK 系统差分相干解调抗噪性能

2DPSK 系统的差分相干解调不需要载波，根据前、后码元波形相乘的结果来决定相位关系：结果为正，则说明前、后码元波形相位相同，输出"1"；结果为负，相位差为 π，输出为"0"。2PSK 信号相干解调抗噪性能分析原理如图 7–34 所示。

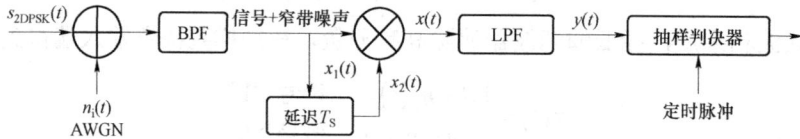

$$s_{2DPSK}(t) \rightarrow \oplus \rightarrow \boxed{BPF} \xrightarrow{\text{信号+窄带噪声}} \otimes \xrightarrow{x(t)} \boxed{LPF} \xrightarrow{y(t)} \boxed{\text{抽样判决器}} \rightarrow$$

图 7–34 2PSK 信号相干解调抗噪性能分析原理

假设发送数字码元为"1"，则输入相乘器的两个同相载波如下。

无延迟时
$$x_1(t) = \left[A + n_{c1}(t)\cos\omega_c t\right] - n_{s1}(t)\sin\omega_c t$$

延迟 T_s 时
$$x_2(t) = \left[A + n_{c2}(t)\cos\omega_c t\right] - n_{s2}(t)\sin\omega_c t$$

相乘后并经过 LPF，输出为

$$x(t) = \frac{1}{2}\left\{\left[A + n_{c1}(t)\right]\left[A + n_{c2}(t)\right] + n_{s1}(t)n_{s2}(t)\right\} \tag{7–28}$$

抽样判决器提取 $x(t)$ 的抽样值 x，并根据下述规则进行判决：

$$x(t) = \begin{cases} x > 0, & \text{输出 "1"} \\ x < 0, & \text{输出 "0"} \end{cases}$$

利用恒等式

$$x_1 x_2 + y_1 y_2 = \frac{1}{4}\left\{\left[(x_1+x_2)^2 + (y_1+y_2)^2\right] - \left[(x_1-x_2)^2 + (y_1-y_2)^2\right]\right\}$$

发送"1"而错判为 0 的概率为

$$P_{e1} = P(x < 0)$$
$$= P\left\{\left[A + n_{c1}\right]\left[A + n_{c2}\right] + n_{s1}n_{s2} < 0\right\}$$
$$= P\left\{\left[2A + n_{c1} + n_{c2}\right]^2 + \left[n_{s1} + n_{s2}\right]^2 - \left[n_{c1} - n_{c2}\right]^2 - \left[n_{s1} - n_{s2}\right]^2 < 0\right\} \tag{7–29}$$

为了跟窄带随机过程联系起来，设

$$R_1 = \sqrt{\left[2A + n_{c1}(t) + n_{c2}(t)\right]^2 + \left[n_{s1}(t) + n_{s2}(t)\right]^2}$$
$$R_2 = \sqrt{\left[n_{c1}(t) - n_{c2}(t)\right]^2 - \left[n_{s1}(t) - n_{s2}(t)\right]^2}$$

则式（7–29）变为

$$P_{e1} = P(R_1 < R_2) = \frac{1}{2}e^{-r/2}$$

在学习窄带随机过程时已经知道，$n_{c1}, n_{c2}, n_{s1}, n_{s2}$ 是相互独立的正态随机变量，因此 R_1 服

从广义瑞利分布，而 R_2 服从瑞利分布，根据这两个分布函数，经过计算可得

$$P_{e1} = \frac{1}{2} e^{-r}$$

同理可得将 "0" 误判为 "1" 的概率与上式一样，因此，2DPSK 系统差分相干解调的总误码率为

$$P_{e1} = \frac{1}{2} e^{-r} \tag{7-30}$$

7.4 二进制数字调制系统的性能比较

在数字通信领域，衡量通信系统性能的关键指标之一是误码率。误码率是指在数字通信过程中，传输的比特流中发生错误的比特数与总比特数之比。它直接影响着通信系统的传输质量和可靠性。除此之外，频带利用率和信道适应能力等也是数字通信系统的关键指标。频带利用率是指最大传码率与需要占据的频带宽度之比，反映了信道资源的利用效率；信道适应能力是指数字通信系统在恶劣的信道环境下，保持稳定传输的能力。

1. 误码率

为方便比较，将上述几种调制系统在不同解调方式下的误码率列出如下。

2ASK包络检波 $\qquad P_e = \frac{1}{2} e^{-r/4}$

2ASK相干解调 $\qquad P_e = \frac{1}{2} \mathrm{erfc}\left(\frac{\sqrt{r}}{2}\right)$

2FSK相干解调 $\qquad P_e = \frac{1}{2} \mathrm{erfc}\left(\sqrt{\frac{r}{2}}\right)$

2FSK包络解调 $\qquad P_e = \frac{1}{2} e^{-r/2}$

2PSK相干解调 $\qquad P_e = \frac{1}{2} \mathrm{erfc}\left(\sqrt{r}\right)$

2DPSK相干解调 $\qquad P_e = \mathrm{erfc}\left(\sqrt{r}\right)$

2DPSK差分相干解调 $\qquad P_e = \frac{1}{2} e^{-r}$

综合上述结果可知，在信道高斯白噪声的干扰下，各种二进制数字调制系统的误码率取决于解调器输入信噪比。误码率表达式取决于解调方式：相干解调时为互补误差函数；非相干解调时为指数函数形式。

图 7-35 为二进制数字调制系统抗噪性能比较，从中可观察到误码率 P_e 与信噪比 r 的关系曲线，可以看出，每种数字调制技术的误码率都与信噪比有直接关系，具体来讲，信噪比越大，系统的误码率越小，即抗噪性能越好。

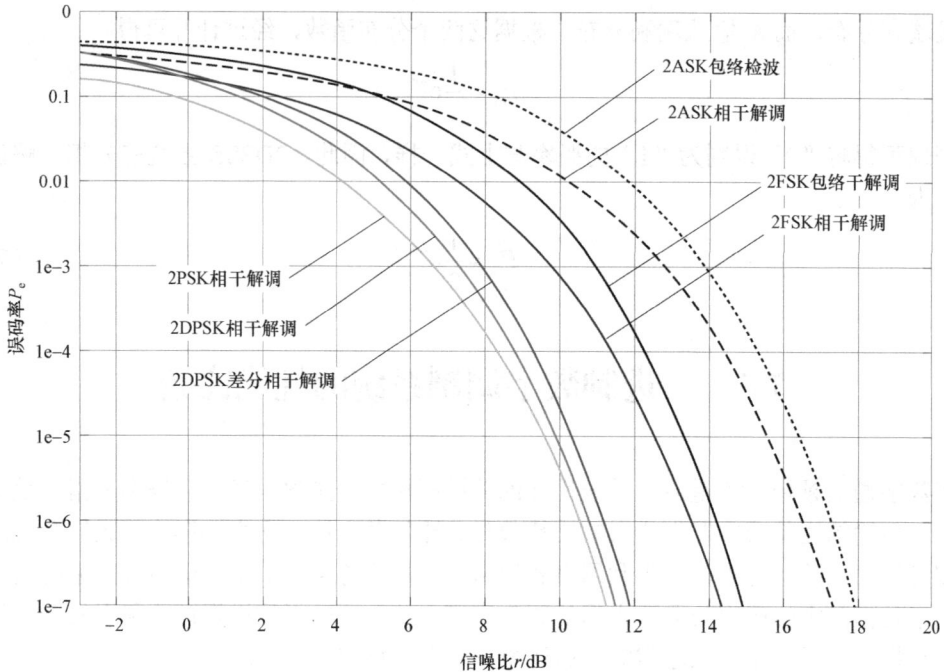

图 7-35 二进制数字调制系统抗噪性能比较

① 对同一种数字调制信号，采用相干解调方式的抗噪性能优于非相干解调，这一点可从图中 2ASK 的相干、非相干解调曲线看出，同样的信噪比情况下，相干解调的误码率低于非相干解调，2FSK 的两条曲线类似。

② 若都采用相同的解调方式，2PSK 性能最好，2FSK 次之，2ASK 最差，这一点可以在误码率 P_e 相同的情况下，从 2ASK、2FSK 和 2PSK 所需要的信噪比看出，相干解调时，有

$$r_{2ASK} = r_{2FSK} + 3 = r_{2PSK} + 6$$

③ 由图 7-35 中可以看出，非相干解调时同样满足②中公式的关系，而 3 dB 的比例值是 2 倍关系，2FSK 信号质量比 2ASK 恶劣一半时，两者非相干解调的误码率仍旧一样。

④ 在信噪比相同的情况下，比较图中各条曲线的误码率，可知 2ASK 系统抗噪性能最差，最优的为 2PSK，2FSK 介于两者之间。从移频键控方面来说，PSK 系统的抗噪性能也优于 DPSK，但前提是要解决"倒 π 现象"带来的问题。

2. 频带利用率

若传输的码元时间宽度为 T_s，二进制数字调制信号带宽之间的关系为

$$2B_{2ASK} = 2B_{2PSK} = 2B_{2DPSK} = 2f_s = \frac{2}{T_s}$$

$$B_{2FSK} = |f_1 - f_2| + 2f_s$$

可见，2FSK 信号需要占据的信道带宽较大。从频带利用率上看，2FSK 系统的频带利用率最低。

3. 信道适应能力

在选择数字调制方式时，要考虑最佳判决门限对信道特性的变化是否敏感。在 2FSK 系统中，判决器是根据上、下两支路解调输出的大小来作出判决，不需要人为地设置判决门限，因此对信道的变化不敏感；2PSK 系统当"0""1"等概率时，判决器的最佳判决门限为零，与接收机输入信号的振幅无关。判决门限不随信道特性的变化而变化，接收机总保持在最佳判决门限状态；对于 2ASK 来说，判决器的最佳判决门限为 $A/2$，与接收机输入信号的幅度有关。当信道特性发生变化时，接收机输入信号的幅度将随着发送信号而变化，导致最佳判决门限随之变化，因此 2ASK 对信道特性变化最敏感，性能最差。

4. 综合分析

在调制及调制方式的选择上，若将抗噪声性能视为最关键的系统设计准则，那么应考虑采用 2PSK 与 2DPSK 的相干解调系统，而 2ASK 则不适宜；若追求较高的频带利用率，应选用 2ASK、2PSK 及 2DPSK 的相干解调系统，排除 2FSK；若追求较高的功率利用率，应选择 2PSK 相干解调与 2DPSK 的差分相干解调，舍弃 2ASK。

针对传输信道为随参信道的情况，二进制频移键控（2FSK）具备较强的适应性。从设备复杂程度的角度考虑，非相干方式相较相干方式更为适宜，因为相干解调需提取相干载波。目前，应用较为广泛的是 2DPSK 的差分相干系统和 2FSK 非相干系统，其中，2DPSK 相干系统主要用于高速数据传输；2FSK 非相干系统适用于中低速数据传输，尤其在衰落信道中传输数据具有优势。

思考与练习题 >>>

思考题：

7–1　从调制信号和载波的角度，比较模拟调制技术和数字调制技术的异同。

7–2　模拟调制 2ASK 信号对数字基带信号有何要求？原因是什么？

7–3　2ASK 信号为什么也可以采用包络检波法解调？

7–4　2FSK 与 2ASK 信号存在何种关系？

7–5　采用模拟方法调制 2PSK 信号，对数字基带信号有何要求？原因是什么？

7–6　2PSK 技术的缺点是什么？怎样解决？

7–7　2DPSK 信号和被调制数字基带信号的补码有何关系？

7–8　两个同频正弦波，存在极性相同与极性相反两种情况，这两个正弦波相乘后的波形有什么特征？这种特征在 2DPSK 信号解调中有什么作用？

7–9　对比分析二进制调制系统的抗噪性能，得出规律性结论。

练习题：

7–1　设发送数字信息为 1 0 1 1 0 0 1 0 0 1 1 1 0 1，传码率为 1 000 B，载波频率为 1 000 Hz，试分别画出 2ASK、2FSK（另一路载波频率为 2 000 Hz）、2PSK 及 2DPSK 信号的波形示意图。

7–2　数字基带信号为 1 0 1 1 0 0 1，码元速率为 100 B，载波角频率为 400 Hz，试画出

OOK 信号的调制器框图和包络检波解调框图，给出框图的必要参数，阐明各小框图的作用，并画出各点波形。

7-3 若采用 2ASK 方式传送二进制数字信息，传码率为 2×10^6 B，发送端发出的信号振幅为 5 V，接收端接收到的信号振幅为 40 mV，信道加性噪声为高斯白噪声，其单边功率谱密度为 $P(f) = 2 \times 10^{-12}$ W/Hz。

（1）非相干解调系统的误码率是多少？由发送端到解调器输入端衰减为多少？

（2）相干解调系统的误码率是多少？

7-4 2FSK 信号的传码率为 800 B，传号和空号时的载波频率分别为 800 Hz 和 1 600 Hz，输入解调器的信号振幅 $A=20$ mV，噪声为高斯白噪声，双边功率谱密度 $P(f) = 2 \times 10^{-6}$ W/Hz，试求：

（1）该 2FSK 信号占用带宽。（以谱第一零点计算）

（2）非相干解调时系统误码率。

（3）画出相干解调时系统框图。

7-5 已知发送载波幅度 $A=8$ V，在 4 kHz 带宽的信道中分别利用 ASK、FSK 及 PSK 系统进行传输，信道衰减为 1 dB/km，噪声为高斯白噪声，双边功率谱密度 $P(f) = 2 \times 10^{-8}$ W/Hz。若采用相干解调，试求在接收端误码率不高于 10^{-5} 时，各种传输方式能传输的最大距离分别是多少？

第8章

信 源 编 码

本章教学基本要求

掌握：

1. 低通型抽样定理内容；
2. 均匀量化过程和不足；
3. 非均匀量化实现过程；
4. A 律 13 折线 PCM 编、解码过程；
5. 时分复用原理。

理解：

1. 抽样过程的时域、频域分析；
2. PAM 两种实现方式的特点；
3. 均匀量化与非均匀量化区别；
4. PCM 编码过程。

本章核心内容

1. 抽样定理；
2. 量化过程；
3. PCM 编码过程。

前面已经学习过数字基带和频带通信系统,对数字通信系统的体系及优点有了一定了解,并在数字基带系统章节中已经对编码,尤其是信道编码有了一定的体会。相较于传统的模拟信号, 数字信号抗干扰能力强、稳定性高、噪声低, 使数字通信系统在通信质量、传输速率、兼容性、智能化、运营成本和安全性能等方面具有显著优势, 已成为现代通信技术发展的重要方向。在很多情况下, 信源产生的信号是模拟信号, 要进入数字通信系统进行传输和处理之前, 需要对其进行编码, 即信源编码 (也有的参考书将本部分内容称为 "模拟信号的数字传输")。编码过程就是将模拟信号转换为数字信号的过程, 其主要目的是降低信号的复杂度, 便于数字通信系统对其进行处理。编码方法有很多种, 如脉冲编码调制 (PCM)、差分编码调制 (PCM) 等。这些编码方法在不同的应用场景中发挥着重要的作用, 如语音通信、图像通信等。

8.1 信源编码过程

模拟信号进入数字通信系统传输之前，需要经过三个过程：抽样、量化和编码，如图 8-1 所示，它展示了一个模拟信号波形 $m(t)$ 经过这三个步骤实现信源编码的过程。首先，根据固定的时间间隔 T_s，或者说按照一定的速率 $f_s = 1/T_s$（这是抽样的关键参数）提取模拟信号在任一抽样时刻 kT_s 的抽样值 $m(kT_s)$。抽样后，原波形由时间连续变为时间离散，即由许多抽样值组成，但是对于其大小来说仍然是取任意值，因此仍然是模拟信号。然后，将信号幅值在最高 $m(t)_{\max}$ 和最低 $m(t)_{\min}$ 范围内分成若干间隔为 ΔV 的层次，如果某一抽样值 $m(kT_s)$ 落在某一个分层内，则输出统一量化值 $m_q(kT_s)$，量化值为每一分层的中间值。例如：抽样值为 3.2、2.8 和 3.9，量化值分别为 3.5、2.5 和 3.5。显然，量化后的信号幅值的个数有限。最后，对量化值进行编码，实现模拟信号到数字信号的转化，称为脉冲编码调制（pulse code modulation，PCM）。

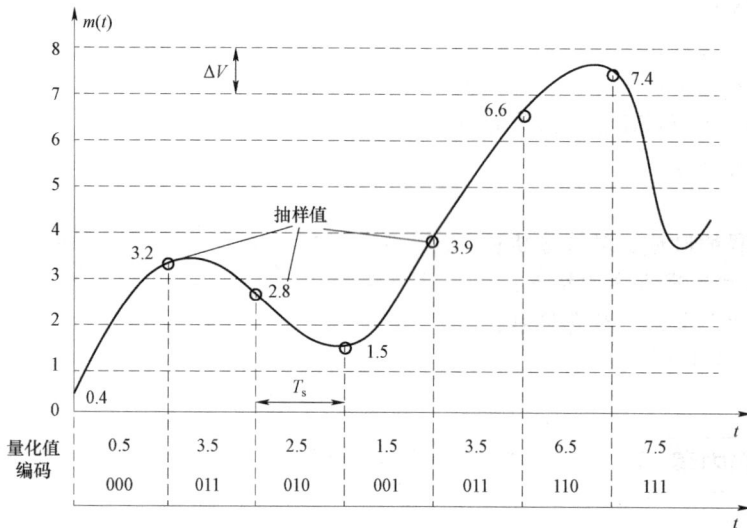

图 8-1 模拟信号波形抽样、量化及编码过程

8.2 抽 样 定 理

8.2.1 定理内容

抽样定理：要从抽样信号中无失真地恢复原信号，抽样频率应大于或等于信号最高频率的两倍。

释义：抽样速率达到一定数值，根据这些抽样值就能准确地确定原信号。也就是说，抽样后信号是否失真取决于抽样的速率 f_s 或抽样的时间间隔 $T_s = 1/f_s$，而抽样速率 f_s 与信号最

高频率 f_h 有直接关系，为

$$f_s \geqslant 2f_h \qquad (8-1)$$

或者说，抽样间隔时间 T_s 与信号最高频率分量的周期 T_h 关系为

$$T_s \leqslant \frac{1}{2T_h}$$

也就是说，在信号最高频率分量的每一个周期内至少应抽样 2 次。

8.2.2　低通信号抽样

为了方便理解抽样定理的本质，先从低通信号入手。

图 8-2 从时域、频域角度分析低通模拟信号 $m(t)$ 的抽样过程。首先，抽样实现方式如图 8-2（a）所示，将 $m(t)$ 与抽样信号 $\delta_T(t)$ 相乘，有

$$m_s(t) = m(t)\delta_T(t) \qquad (8-2)$$

抽样信号 $\delta_T(t)$ 是周期为 T_s 的冲击序列

$$\delta_T(t) = \sum_{n=k}^{\infty} \delta_T(t - kT_s) \qquad (8-3)$$

被抽样信号 $m(t)$、抽样信号 $\delta_T(t)$ 及抽样后的信号 $m_s(t)$ 见图 8-2 中的（b）、（c）、（d），可以看出，抽样信号的周期为 T_s，抽样后的信号 $m_s(t)$ 与原信号 $m(t)$ 相比，由时间连续变为离散，每隔 T_s 出现一个抽样值，抽样值的幅值为抽样时刻时 $m(t)$ 的相应大小。

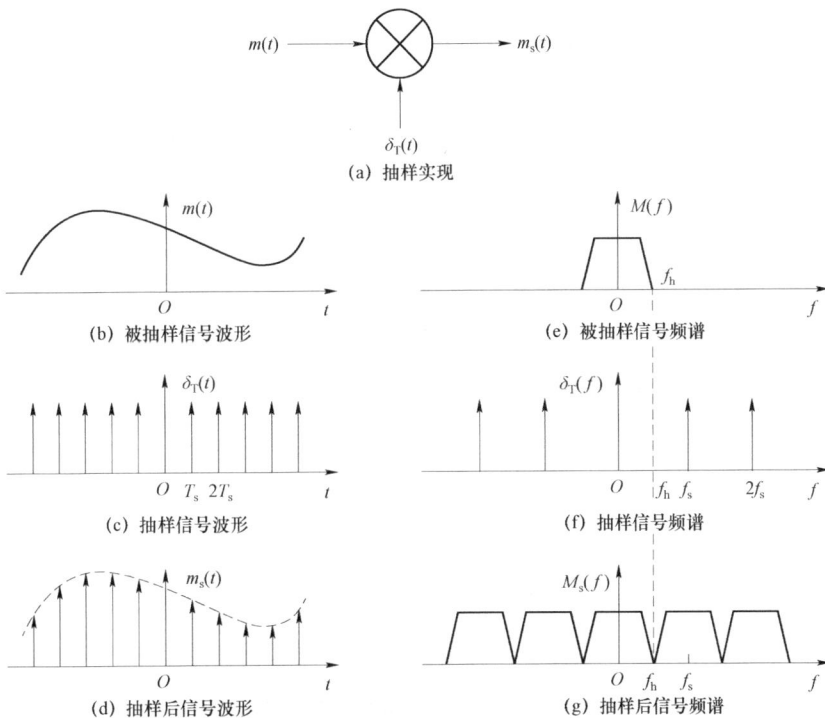

图 8-2　低通信号抽样过程时域、频域分析

下面将分析频域。

图 8-2（e）为模拟基带信号 $m(t)$ 的频谱 $M(f)$，可以看出，其最高频率为 f_h。

为方便分析，频谱图以圆频率 f 表示。

抽样信号 $\delta_T(t)$ 的频谱 $\delta_T(\omega)$ 为

$$\delta_T(t) = \frac{2\pi}{T_s} \sum_{n=-\infty}^{\infty} \delta_T(\omega - n\omega_s) \quad \omega_s = \frac{2\pi}{T_s} \quad\quad (8\text{-}4)$$

可以看出，由于 $\delta_T(t)$ 抽样信号为离散、周期波形，因此其频谱 $\delta_T(\omega)$ 为周期、离散的。

图 8-2（f）为抽样信号 $\delta_T(t)$ 的离散谱 $\delta_T(f)$，谱线间隔为

$$\Delta f = f_s = 1/T_s = 2f_h$$

根据式（8-2），从时域角度分析，抽样过程为将 $m(t)$ 与抽样信号 $\delta_T(t)$ 相乘，转到频域，抽样后的信号频谱 $M_s(\omega)$ 为模拟基带信号的频谱 $M(\omega)$ 与抽样信号频谱 $\delta_T(\omega)$ 的卷积，有

$$M_s(\omega) = \frac{1}{2\pi}\Big[M(\omega) \cdot \delta_T(\omega) \Big] = \frac{1}{2\pi}\left[M(\omega) \cdot \frac{2\pi}{T_s} \sum_{n=-\infty}^{\infty} \delta_T(\omega - n\omega_s) \right]$$

$$= \frac{1}{T_s} \sum_{n=-\infty}^{\infty} M(\omega - n\omega_s) \quad\quad (8\text{-}5)$$

式（8-5）表明，抽样后的信号频谱 $M_s(\omega)$ 为基带信号的频谱 $M(\omega)$ 搬移到 $n\omega_s$ 位置，具有周期性，因此理论带宽为无穷大。图 8-2（g）为以圆频率 f 表示的抽样后信号频谱 $M_s(f)$。可以看出，$f_s = 2f_h$，使得每个 $M(f)$ 恰好没有重叠，因而不会导致信号失真，证明了抽样定理的合理性。

如果抽样速率较小，如 $f_s < 2f_h$，由图 8-3（a）所示，抽样后信号相邻频谱会出现混叠部分，造成信号失真；而由图 8-3（b）可以看出，如果 $f_s \geq 2f_h$，则相邻频谱会隔开，不会互相影响，这样的抽样信号可以很容易地被理想低通滤波器 LPF 恢复。可见，$f_s = 2f_h$ 是最低抽样速率，相应地，最大抽样间隔 $T_s = 1/2T_h$ 是抽样的最大间隔，它被称为奈奎斯特间隔。

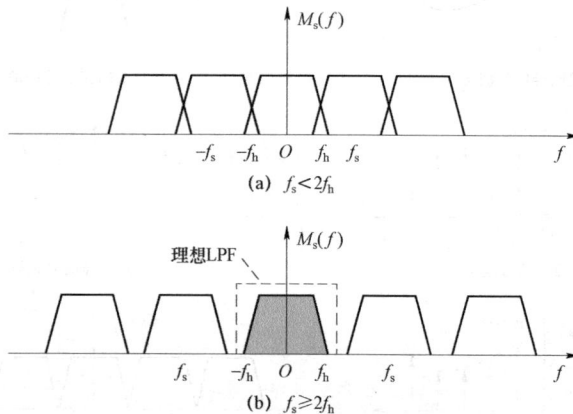

图 8-3 抽样速率对信号的影响

8.2.3　带通信号抽样

以上被抽样的信号为低通信号,下面分析带通信号的抽样过程。为了分析方便,以一个特殊带通信号为例。

如图 8-4(a)为一个带通信号的频谱,其特殊性表现为最高频率为带宽的整数倍,若 $f_h = B$,意味着为低通信号,整数越大,频谱位置越偏离 0 点。这里,设为 $f_h = 2B$,因此最低频率位于 B 的位置。对其进行抽样,抽样速率设为 $f_s = 2B$,由图 8-4(b)可以看出,抽样后,原信号频谱 $M(f)$ 仍旧进行搬移,最终成为一系列以 $\cdots, -2f_s, -f_s, 0, f_s, 2f_s, \cdots$ 为中心的频谱序列,而且没有发生频谱重叠现象。

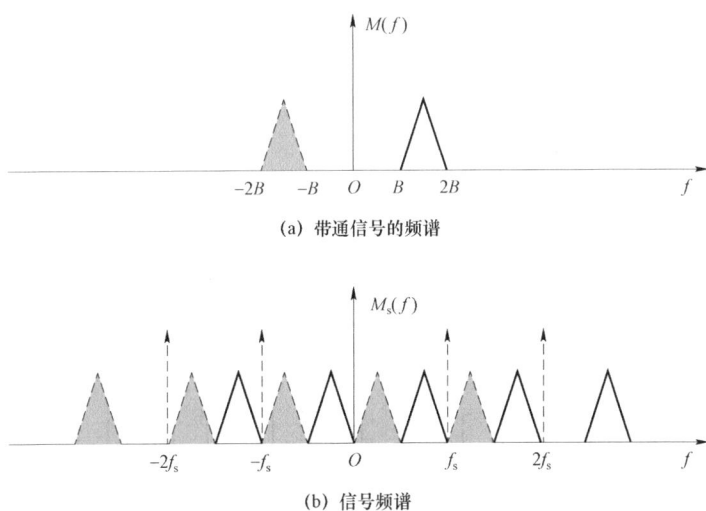

(a) 带通信号的频谱

(b) 信号频谱

图 8-4　带通信号抽样速率

结论:带通信号的抽样频率并不要求达到 $2f_h$,而是达到 $2B$ 即可。

以话音信号为例,其频率范围在 $300 \sim 3\,400$ Hz,这时满足抽样定理的最低抽样频率应为 $f_s = 6\,200$ Hz,但是为了保证频谱不失真,留有一定的防卫频带,因此话音信号的标准抽样频率 $f_s = 8\,000$ Hz。很显然,抽样频率越高越保险,但是太高时,将会降低信道的利用率。这是由于随着 f_s 升高,数据传输速率也增大,则数字信号的带宽变宽,信道利用率降低。

8.3　脉冲振幅调制

8.3.1　脉冲调制

在第 5 章 "模拟调制通信系统" 和第 7 章 "数字调制通信系统" 内容中,都是以连续振荡的正弦信号作为载波。然而,正弦信号并非唯一的载波形式,时间上离散的脉冲串,同样可以作为载波。

脉冲调制就是以时间上离散的脉冲串作为载波，用模拟基带信号 $m(t)$ 去控制脉冲串的某个参数，使其按 $m(t)$ 的规律变化。脉冲参量可以是脉冲幅度、宽度和位置，均可以按基带信号而改变。因此，根据脉冲被改变的参量，脉冲调制可分为脉幅调制（PAM）、脉宽调制（PDM）和脉位调制（PPM），如图 8-5 所示。需要注意的是，虽然这三种信号在时间上都是离散的，但受调参量变化是连续的，因此也都属于模拟信号。由图 8-5 可以看出，PAM 波形的特点为脉冲幅度与基带信号一致，类似 AM 调制；而 PDM 波形中，脉冲幅度固定，脉冲宽度随基带信号幅度变化；PPM 为脉位调制，即脉冲在时间轴上的位置偏离，偏离量与基带信号幅度有关。

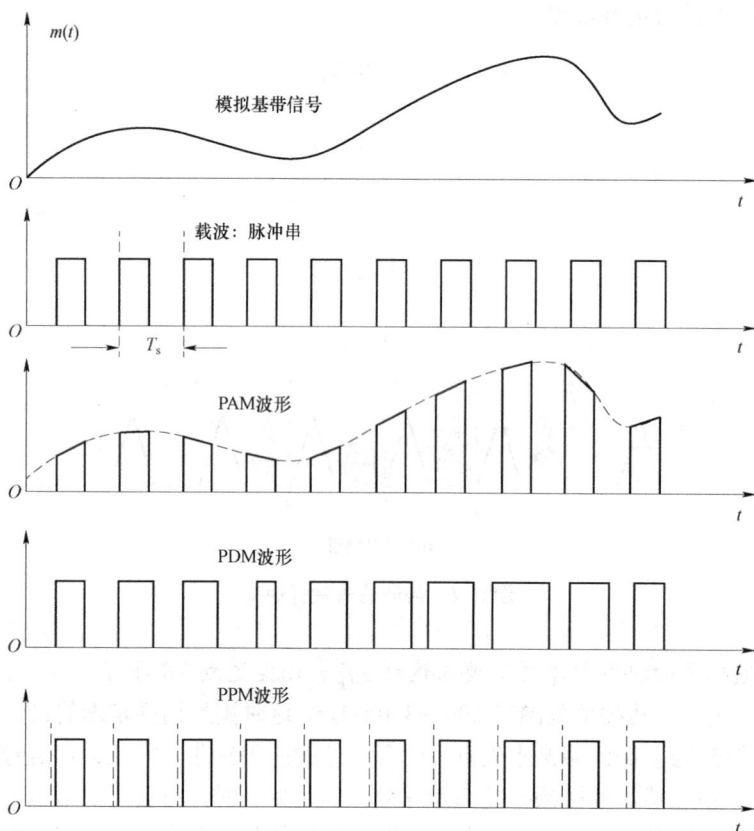

图 8-5　脉冲调制波形

之所以在这里分析脉冲调制，是因为脉冲串也可看作一种抽样信号，与 8.2 节抽样信号的区别是此时脉冲形状为矩形，而不是冲击信号。但是，脉冲串的时间间隔同样是固定的，为 T_s，并且需要满足抽样定理。换句话说，8.2 节采用冲击脉冲序列进行的抽样可以看作一种特殊的 PAM 信号。

用冲击脉冲序列进行抽样是一种理想抽样的情况，因此是不可能实现的。即使能获得，由于抽样后信号的频谱为无穷大，对有限带宽的信道也无法传递。因此，在实际中通常采用脉冲宽度比冲击信号宽但相对于 T_s 很窄的窄脉冲序列近似代替冲击脉冲序列。并且，由于抽样脉冲有了一定宽度，抽样后脉冲顶部有两种形状：一种为图 8-5 中 PAM 形状，即顶部倾斜，保持了基带信号在此时的变化状态，称为自然抽样的 PAM；另一种为抽样后矩形脉冲顶部平坦，幅度即瞬时抽样值，称为平顶抽样的 PAM。

8.3.2 自然抽样的脉冲调幅

图 8-6 为自然抽样的 PAM 的实现过程及波形与频谱的变化规律。对比图 8-2，主要区别是抽样信号序列（载波）由冲击脉冲信号抽样信号 $\delta_\mathrm{T}(t)$ 换成了矩形脉冲串 $s(t)$。

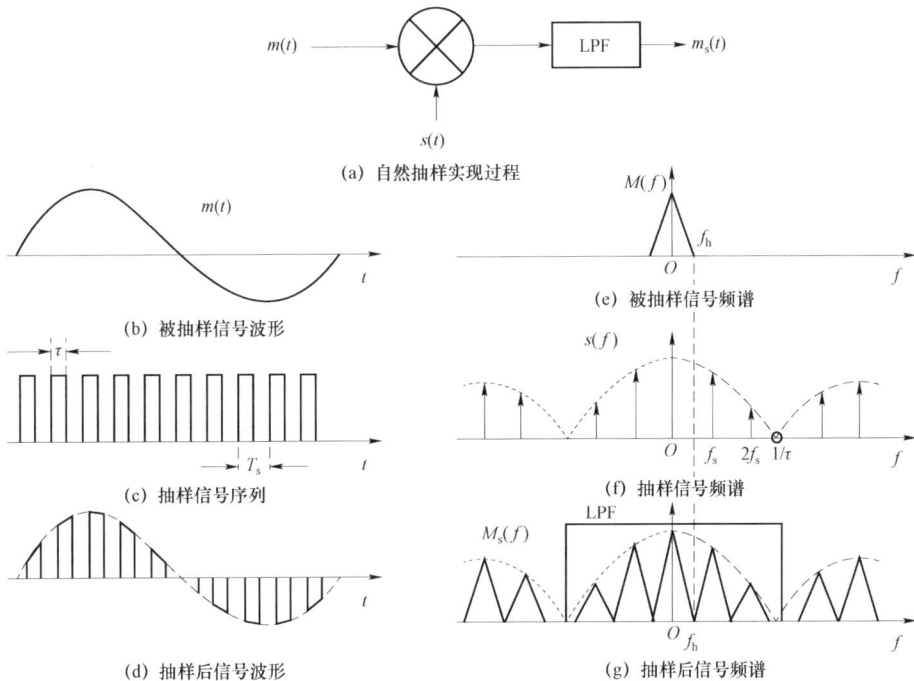

图 8-6 自然抽样的脉冲调幅 PAM

（1）抽样（调制）过程：仍然是模拟基带信号 $m(t)$ 与取样信号相乘，并且由于 PAM 信号要进入信道传输，为节约带宽，需 LPF 滤除其他边带，如图 8-6（a）所示。

（2）被抽样波形：图 8-6（b）为被抽样信号波形，图 8-6（c）为抽样信号序列，为矩形脉冲串 $s(t)$，宽度为 τ，周期为 T_s。其中，T_s 仍然是按抽样定理确定的，这里取 $T_\mathrm{s}=1/(2f_\mathrm{h})$，$f_\mathrm{h}$ 为模拟基带信号最高频率。

（3）抽样后的 PAM 波形：抽样后得到 PAM 波形 $m_\mathrm{s}(t)$，如图 8-6（d）所示：矩形脉冲的幅度受到基带信号 $m(t)$ 的控制，即实现了调制。脉冲的顶端为斜面，与抽样时的 $m(t)$ 幅度一致，这正是自然抽样名称的由来。

（4）抽样频谱：图 8-6（e）为被抽样信号频谱。由于抽样信号 $s(t)$ 为连续周期矩形脉冲串，其波形具有周期性，可断定其频谱 $s(f)$ 为离散谱 $\delta(f-nf_\mathrm{s})$，如图 8-6（f）所示，谱线之间的间隔为 $f_\mathrm{s}=1/T_\mathrm{s}$。并根据抽样时的设定：$T_\mathrm{s}=1/(2f_\mathrm{h})$，可看出 $f_\mathrm{s}=2f_\mathrm{h}$。频谱的另外一个特征为离散谱线的顶端连线形状即包络，为辛兑函数，其第一零点位置位于 $1/\tau$，这是由于抽样脉冲为矩形的原因。

（5）抽样后的 PAM 频谱：由于抽样后的 PAM 波形 $m_s(t)$ 是由模拟基带信号 $m(t)$ 与抽样信号 $s(t)$ 相乘而来的，在频域上，PAM 的频谱由 $F(\omega)$ 与 $S(\omega)$ 卷积得到，即

$$M_s(\omega) = \frac{1}{2\pi}\left[M(\omega) \cdot S(\omega)\right] = \frac{A\tau}{T_s}\sum_{n=-\infty}^{\infty}\mathrm{sa}(n\tau\omega_h)M(\omega-n2\omega_h) \qquad (8-6)$$

其频谱 $M_s(f)$ 如图 8-6（g）所示，它与理想抽样（采用冲击序列抽样）的频谱非常相似，也是由无限多个间隔为 $f_s = 2f_h$ 的 $F(f)$ 频谱之和组成，因而也可用低通滤波器从 $M_s(f)$ 中滤出 $M(f)$，从而恢复出基带信号 $m(t)$。

（6）与理想抽样的带宽比较：比较图 8-2（g）与图 8-6（g），可以看出，理想抽样的频谱序列大小相同，因此信号带宽为无穷大；而自然抽样频谱的包络按辛克函数变化，其特点是随频率的增加而逐渐减小，因而带宽是有限的，且带宽与脉宽 τ 有关。τ 越大，带宽越小，这有利于信号的传输；但 τ 增大，脉冲变宽，单位时间内传输的脉冲个数会减小，即会减小传码率，时分复用时会导致复用路数减小。显然，τ 的大小要兼顾带宽和复用路数这两个互相矛盾的要求。

8.3.3 平顶抽样的脉冲调幅

平顶抽样后信号中的矩形脉冲顶部平坦，幅度为瞬时取样值。

平顶抽样可以由理想抽样和脉冲形成电路产生，其中脉冲形成电路的作用是把冲击脉冲变为矩形脉冲，如图 8-7 所示。

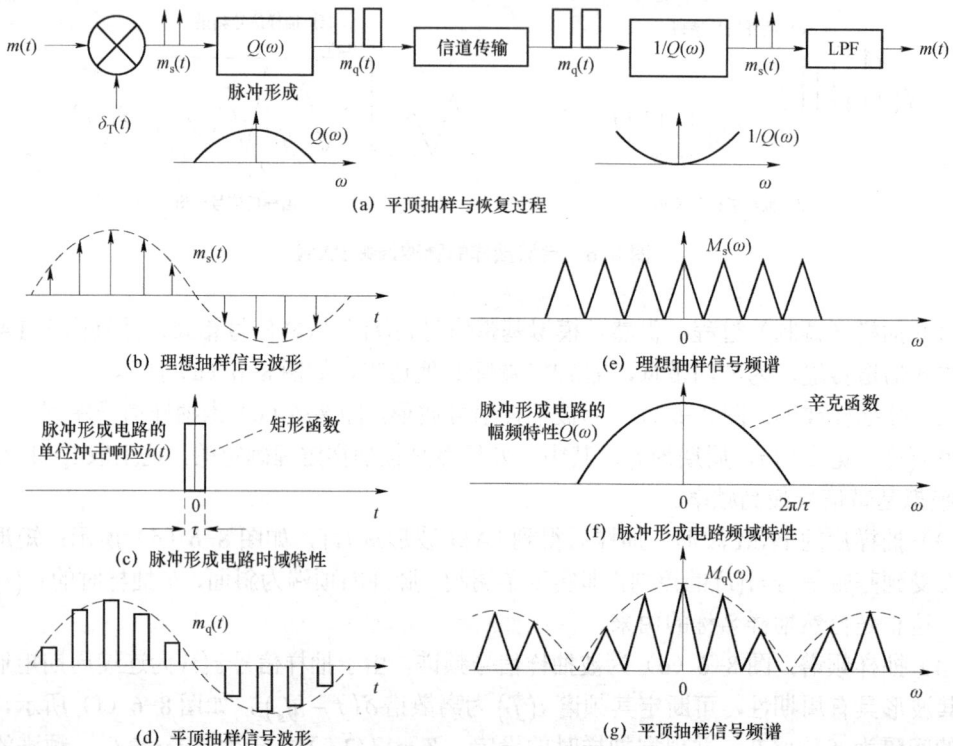

图 8-7　平顶抽样的脉冲调幅 PAM

（1）理想抽样：图 8-7（b）、（e）分别为理想抽样后的信号波形 $m_s(t)$ 和频谱 $M_s(\omega)$，此结果在图 8-2 中已经见过。

（2）脉冲形成电路：理想抽样后信号经过脉冲形成电路，其单位冲击响应 $h(t)$ 如图 8-7（c）所示，为矩形函数。因此，其傅里叶变换后的幅频特性 $Q(\omega)$ 为辛克函数，如图 8-7（f）所示。

（3）平顶抽样 PAM：$m_s(t)$ 经过脉冲形成电路，输出的信号 $m_q(t)$ 为

$$m_q(t) = m_s(t) \cdot h(t)$$

由图 8-7（d）可以看出，$m_q(t)$ 发生了变化，表现为由冲击脉冲序列变为矩形脉冲串 $m_q(t)$，但维持原来的幅度，并且顶部为平坦形状。

（4）关键问题：平顶抽样的 PAM 信号频谱 $M_q(\omega)$ 由 $Q(\omega)$ 加权后的周期性重复的 $M(\omega)$ 所组成，即

$$M_q(\omega) = M_s(\omega)Q(\omega) = \frac{1}{T_s}\sum_{n=-\infty}^{\infty} Q(\omega)M(\omega - n\omega_s) \tag{8-7}$$

由式（8-7）看出，由于 $Q(\omega)$ 是 ω 的函数，如果直接由低通滤波器恢复，得到的信号为 $Q(\omega)M(\omega)/T_s$，它必然存在失真，如图 8-7（g）所示。

为了从平顶 PAM 信号 $m_q(t)$ 中恢复原基带信号 $m(t)$，在接收端低通滤波器 LPF 滤波之前先用幅频特性为 $1/Q(\omega)$ 的校正网络加以修正，如图 8-7（a）所示。即输入 LPF 的信号为

$$M_s(\omega)Q(\omega)\frac{1}{Q(\omega)} = \frac{1}{T_s}\sum_{n=-\infty}^{\infty} M(\omega - n\omega_s) \tag{8-8}$$

低通滤波器便能无失真地恢复原基带信号 $m(t)$。

8.4 模拟信号的量化

在抽样的基础上，本节继续分析信源编码的第二个步骤：量化。

8.4.1 量化原理

模拟信号理想抽样后利用预先规定的有限个电平来表示模拟抽样值的过程称为量化。抽样是把一个时间连续信号变换成时间离散信号，但是抽样值仍然是连续的，而对其取值个数没有限定，而量化则是将抽样值限定个数，即取值离散。

量化过程由量化器完成，作用是将一个连续幅度值的无限数集合映射到一个离散幅度值的有限数集合。输入为模拟量，输出为量化后的数字量，如图 8-8 所示。抽样值输入量化器后，量化器根据其大小范围，统一输出一个量化值，即落在某一区间范围内的不同的抽样值量化后是唯一值，很显然，抽样值与量化值之间存在误差，即量化噪声。

···,3.1,3.5,3.8,··· —— 抽样值 → 量化器 —— 量化值 → ···,3.5,3.5,3.5,···

图 8-8 量化过程示意图

根据量化间隔的特征，量化分为均匀量化和非均匀量化两种类型。

8.4.2 均匀量化

1. 量化原理

所谓均匀量化，是指把输入模拟基带信号 $m(t)$ 的取值范围按等距离分割为 L（L 称为量化层数）个完全相同的区域，这些区域称为量化间隔。由于是均匀量化，因此每一个量化间隔 Δ 均相等，即

$$\Delta_i = \Delta = \frac{m(t)_{max} - m(t)_{min}}{L} \tag{8-9}$$

由式（8-9）可以看出，量化间隔 Δ_i 取决于输入信号的取值范围 $m(t)_{max} - m(t)_{min}$ 和量化电平数 L。如果信号具有动态范围过大、幅值突出、波形复杂等特点时，会有信号电平超过设定的取值范围，称为信号过载，此时信号电平不在量化区间范围内。

图 8-9 为均匀量化的原理示意图：在量化区间范围内均匀分为 8 个量化间隔，即被 $m_0, m_1, \cdots, m_8$ 间隔开来，图中用虚线表示，虚线之间的间隔即为量化间隔 Δ。

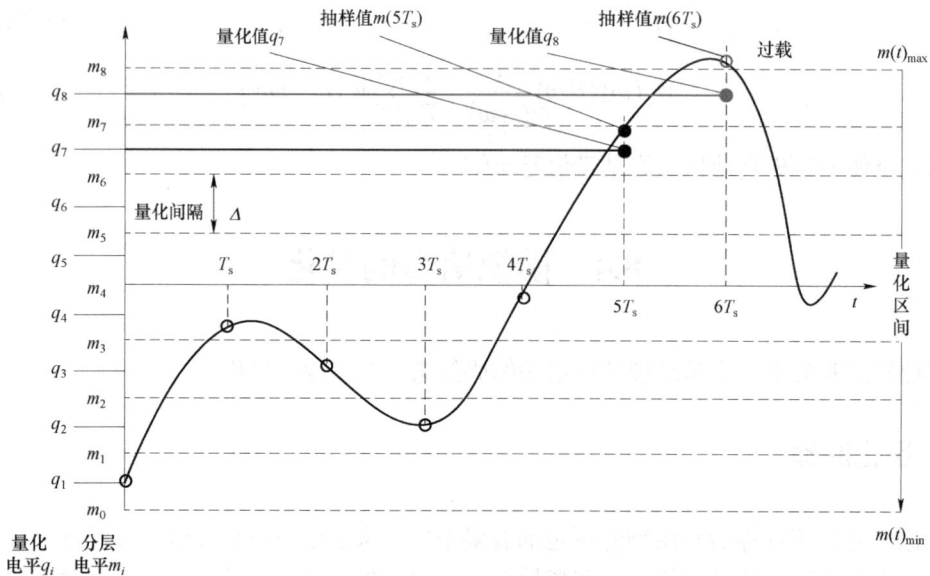

图 8-9 均匀量化的原理示意图

2. 量化误差

每个量化区间的中点为量化电平，分别为 $q_1, q_2, \cdots, q_8$，量化电平 q_i 与分层电平 m_i 的关系为

$$m_q(kT_s) = q_i = \frac{m_i + m_{i-1}}{2} \tag{8-10}$$

式（8-10）的含义很明确，量化器根据抽样值 $m(kT_s)$ 大小，判断所处的量化间隔位置

$m_{i-1} \leqslant m(kT_s) \leqslant m_i$，并输出该量化间隔的中间电平，即量化电平 $m_q(kT_s)$。

举例来说，在图 8-9 中 $5T_s$ 位置，抽样值为 $m(5T_s)$，其电平大小位于 m_6 和 m_7 之间，该位置的量化电平为 $m_q(5T_s) = q_7$，很显然，抽样值与量化值存在误差为

$$e(5T_s) = q_7 - m(5T_s)$$

另外，图 8-9 中还有一个特殊的抽样值 $m(6T_s)$，已经超过了量化区间，发生了过载，其误差较大，为

$$e(6T_s) = q_8 - m(6T_s)$$

很显然，由于是均匀量化，所有量化间隔均相同，因此，只要信号在量化区域范围内，即不发生过载，抽样值位于任意量化间隔的，无论信号大小，量化误差 $e(n)$ 范围均相同，为

$$-0.5\Delta \leqslant \mathrm{e}(kT_s) = q_i - m(kT_s) \leqslant 0.5\Delta \tag{8-11}$$

如图 8-10 所示，在任意一个量化间隔内，抽样值由最小值 m_{i-1} 向最大值 m_i 变化过程中，量化误差由最大 0.5Δ 开始变小，经过 0（即抽样值恰好等于量化值）后，抽样值大于量化值，量化误差开始为负值，极值为 -0.5Δ，进入另一个量化间隔后周而复始。

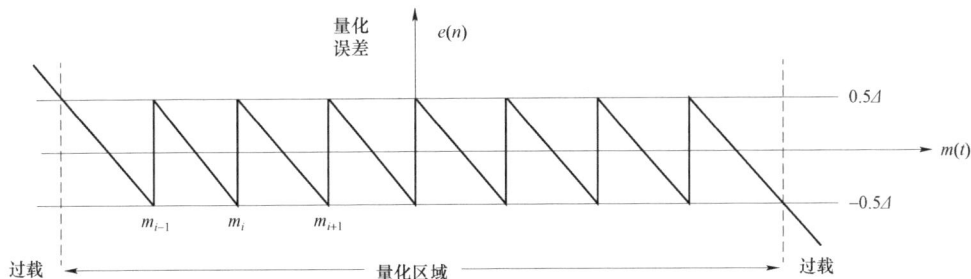

图 8-10　均匀量化误差特点

3. 量化噪声平均功率

设模拟基带信号 $m(t)$ 的电平 x 的取值范围为 $(-A, A)$，并且信号取值的概率分布是均匀的。此均匀性表现在各个方面：信号抽样值落在任意一个量化间隔内的概率相同；同样，输出每一个量化值 q_i 的可能性也相同，更具体一些，即在第 i 个量化间隔内，抽样值 $m(KT_s)$ 在 (m_{i-1}, m_i) 范围内同样均匀分布，概率密度函数为

$$f\left[m(kT_s)\right] = \frac{1}{\Delta}$$

在第 i 个量化间隔内，量化误差即量化噪声的幅度为

$$e = q_i - m(kT_s)$$

由于 q_i 此时已经确定，因此 $e(n)$ 的概率密度与 x 相同，则此量化间隔内量化噪声的平均功率 N_q 为

$$N_q = E\left\{\left[q_i - m(kT_s)\right]^2\right\} = E\left[e^2\right]$$

$$= \int_{-\Delta/2}^{\Delta/2} e^2 \frac{1}{\Delta} \mathrm{d}e = \frac{e^3}{3\Delta}\bigg|_{-\Delta/2}^{\Delta/2} = \frac{\Delta^2}{12}$$

由于信号概率分布的均匀性，将上述结果推广到所有量化间隔内结果都相同，因此，对于整个量化噪声来说，噪声平均功率也相同。

结论：均匀量化噪声功率 N_q 为

$$N_q = \frac{\Delta^2}{12} \qquad (8-12)$$

说明均匀量化引起的噪声与量化间隔大小 Δ 有关。对于同样的信号 $m(t)$，量化层数 L 越多，量化噪声越小。并且，量化噪声与信号瞬时幅值无关，即无论是大信号还是小信号，噪声功率都一样。例如：量化间隔 $\Delta = 0.5\,\text{V}$ 时，最大噪声幅度为 $0.25\,\text{V}$，信号幅度为 $5\,\text{V}$ 时，信号与噪声幅度比值为 20；而当信号较小，如信号幅度为 $0.5\,\text{V}$ 时，比值为 2。可见，小信号时的量化信噪比很差，因此均匀量化时输入信号的动态范围将受到较大的限制。为此，实际中往往采用非均匀量化。

8.4.3　非均匀量化

1. 思路

非均匀量化是一种在整个动态范围内量化间隔不相等的量化。对于信号取值小的区间量化间隔 Δ 也小，反之量化间隔就大。其结果是量化噪声均方根值与信号抽样值成比例，改善了小信号的量化信噪比。

2. 实现方式——压缩扩张

实践中，利用压缩扩张（简称压扩技术）来实现非均匀量化。为方便分析，这里设模拟基带信号 $m(t)$ 为 x，被输入（或抽样后输入）如图 8-11（a）所示的具有压缩特性的器件，输出的 y 与 x 为非线性关系，可以认为类似对数关系。

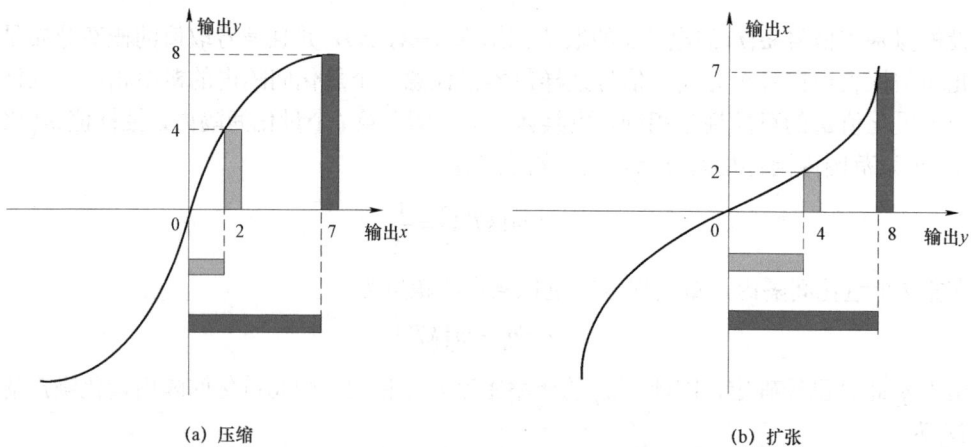

(a) 压缩　　　　　　　　　　　　　　(b) 扩张

图 8-11　压缩和扩张原理

先来看一下压缩效果：输入两个 x 的值 $x_1 = 2$，$x_2 = 7$，输出 $y_1 = 4$，$y_2 = 8$。很明显，x 的小信号此时被 2 倍放大，而大信号与原来相比，仅为原来的 8/7 倍。

再来看非均匀量化效果：y 轴被均匀分为两个区域，$\Delta_1 = \Delta_2 = 4$；相应的，x 轴被划分的两个间隔，长度不同，$\Delta_1 = 2$，$\Delta_2 = 5$，即实现了非均匀量化，并且小信号时量化间隔较小，大信号的量化间隔较大，实现了减少小信号的量化噪声的目的。

通过以上分析，可知要想对模拟基带信号 $m(t)$ 实现非均匀量化，应先加入类似图 8-11（a）所示的具有压缩特性的器件，对输出信号进行抽样并均匀量化和编码，然后进入信道传输。需要注意的是，信号到达接收端解码后，需要利用图 8-11（b）所示的具有扩张作用的器件来完成相反变化，目的是使压缩后的波形复原。前提是压缩和扩张特性恰好完全相反，则整个压扩过程不会造成信号失真。采用压扩技术的模拟信号数字化传输系统如图 8-12 所示。

图 8-12 采用压扩技术的模拟信号数字化传输系统

3. 实际压缩标准——μ 律压缩和 A 律压缩

在通常使用的压缩器中，能满足图 8-11（a）的压缩曲线有很多，实际应用中大多采用对数式压缩（具有对数特性的通过原点呈中心对称的曲线），如：$y = \ln x$。广泛采用的两种对数压缩特性是 μ 律压缩和 A 律压缩，如图 8-13 所示。

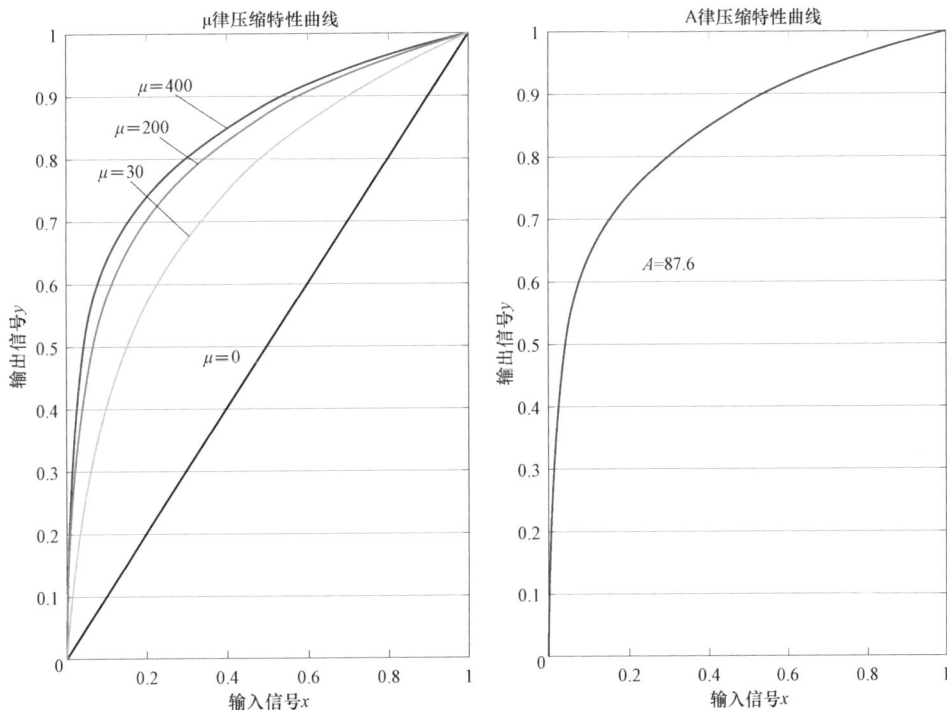

图 8-13 μ 律和 A 律压缩特性曲线

μ律压缩特性关系为

$$y = \pm\frac{\ln(1+\mu x)}{\ln(1+\mu)} \quad 0 \leqslant |x| \leqslant 1 \qquad (8\text{-}13)$$

式（8-13）考虑了模拟基带信号的幅值为负的情况，即 $0 < |x| < 1$。相应的，y 的值也有负值部分。其中，μ 为确定压缩量的参数，反映最大量化间隔和最小量化间隔之比，通常取 $100 \leqslant \mu \leqslant 500$。μ律压缩在北美地区和日本等的语音通信系统中被广泛应用，其优势是可以有效地降低传输带宽，并保持合理的语音质量。

A律压缩特性关系为

$$y = \begin{cases} \dfrac{Ax}{1+\ln A}, & 0 \leqslant |x| \leqslant \dfrac{1}{A} \quad \text{（小信号）} \\ \pm\dfrac{1+\ln A|x|}{1+\ln A}, & |x| \geqslant \dfrac{1}{A} \quad \text{（大信号）} \end{cases} \qquad (8\text{-}14)$$

我国和欧洲各国均采用 A 律压缩方式。在现行的国际标准中 $A=87.6$，此时信号很小（即小信号时），从式（8-14）可得信号被放大了约 16 倍，相当于小信号的量化间隔比均匀量化时减小很多，因此量化误差大大降低；而对于大信号，量化间隔比均匀量化时增大了约 5.47 倍，量化误差增大了，实现了"压大补小"的效果。

4. A律压缩的电路实现——A律13折线

在电路上实现 A 律这样的函数是相当复杂的，但是，由于任何一条曲线都可以用无数折线逼近，因此实际上可以将 A 律曲线分段线性化，通过近似于 A 律 13 折线来描述 A 律的压缩特性。这样做的好处在于：线性化后的折线段更易于在电路中实现，同时也能够保留原曲线的主要特性。

如图 8-14 所示：在实现过程中，首先需要对 A 律曲线进行分段。通常，这些分段点选

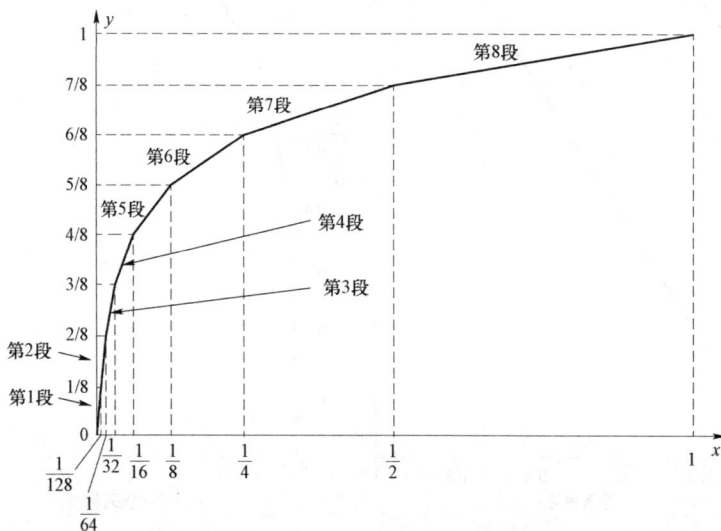

图8-14 A律压缩的电路实现原理

取在曲线上斜率变化较大的位置，以保证折线段能够较好地逼近原曲线。接着，根据每个分段点的坐标，计算出各段折线的斜率和截距。这些斜率和截距将作为电路元件的参数，用于构建实现 A 律压缩特性的电路。

具体实现过程为：

① 将 x [0, 1] 不断对等分为 8 段；

② 将 y [0, 1] 等间隔划分为 8 段；

③ 对应 x_i, y_i 分别连线，交点连成 8 段折线，形成一条曲线。

下面分析每一段折线的斜率。

由图 8-14 可以看出，对于模拟基带信号 x 的正值部分 [0, 1]，共分为不等长的 8 段。由于其分段过程为不断对等分开，因此第一次分开位置为 x 的中间。分成的两段中，后一段即为第 8 段，前一段继续对等分开。段长不断减半，形成前 7 段。

可见，第 8 段起始位置为 1/2 处，第 7 段起始位置为 1/4 处，第 6 段至第 3 段，起始位置分别在 1/8、1/16、1/32 和 1/64 处。最后一次对等分开为第 2 段和第 1 段，分开的位置在 1/128 处，即第 1 段和第 2 段段长是相等的。很显然，第 8 段长度最长，为整个 x 长度的 1/2；以此类推，第 7 段至第 1 段长度分别为 1/4、1/8、1/16、1/32、1/64、1/128 和 1/128。

而对于压缩后的信号 y 来说，同样要分成 8 段，只不过 8 段长度均相同，即都等于整个 y 长度的 1/8。这样，将 x_i, y_i 分别连线，交点连成 8 段折线。上述折线的特征，包括起始位置、段长及斜率，具体见表 8-1。

需要注意的是，由于 x 的第 1 段和第 2 段长度相同，因此，第 1 段和第 2 段折线的斜率是相同的，实际上可视为 1 段，即构成 7 段折线。

表 8-1　A 律折线的特性参量

分段名称	起始位置	段长（x 方向）	斜率
1	0	1/128	16
2	1/128	1/128	16
3	1/64	1/64	8
4	1/32	1/32	4
5	1/16	1/16	2
6	1/8	1/8	1
7	1/4	1/4	1/2
8	1/2	1/2	1/4

以上分析的是幅值为正的部分，由于语音信号是双极性信号，因此在负方向也有与正方向对称的一组折线，也是 8 根，但其中靠近零点的 1、2 段斜率也都等于 16，与正方向的第 1、2 段斜率相同，又可以合并为一根，因此，正、负双向共有 2×7-1=13 根折线，故称其为 13 折线。图 8-15 为 A 律 13 折线整体构成。

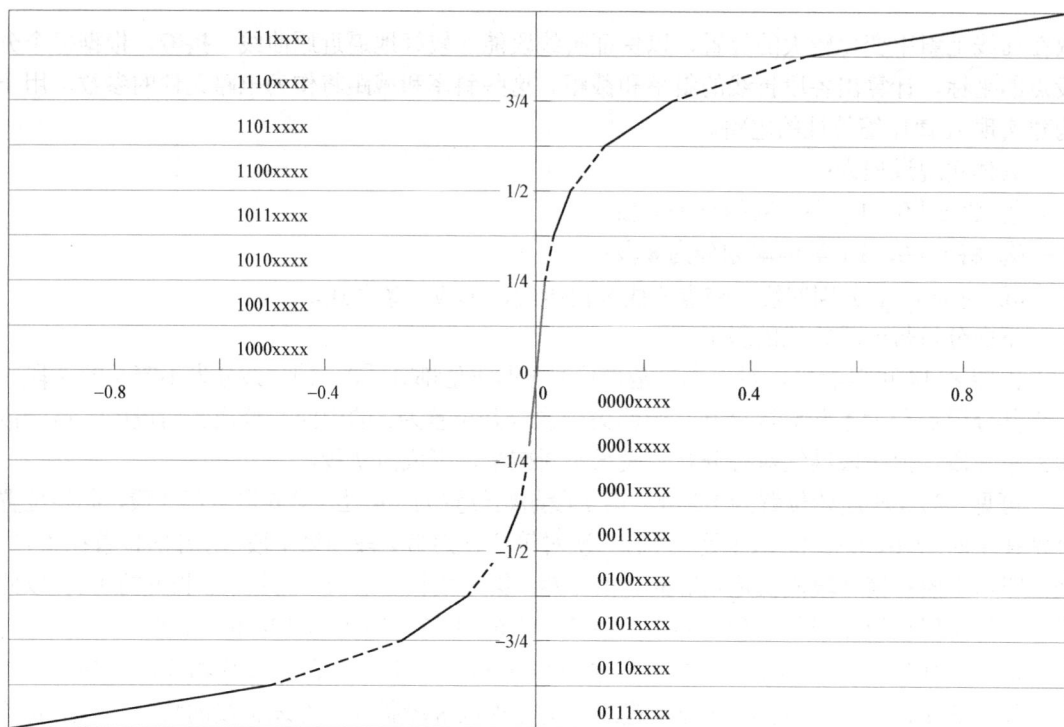

图 8-15　A 律 13 折线整体构成

分段后并没有达到最后的量化，应该继续在每段内均匀分为 16 份，于是在-1～1 范围内共有 $2 \times 16 \times 8 = 256$ 个量化分层，因此需要用 8 位二进制编码来表示最终的量化分层位置，称为脉冲编码调制（pulse code modulation，PCM）。

8.5　A 律 13 折线脉冲编码调制

8.5.1　码型与码位确定

把量化后的信号电平值变换成二进制码组的过程称为编码，其逆过程称为解码或译码。

1. 码字

对于 M 个量化电平，可以用 N 位二进制码来表示，其中的每一个码组称为一个码字。

2. 码型

码型指的是代码的编码规律，其含义是把量化后的所有量化级，按其量化电平的大小次序排列起来，并列出各对应的码字，这种对应关系的整体就称为码型。

在 PCM 中常用的二进制码型有自然二进码和折叠二进码。如表 8-2 所示。

表 8-2　自然二进码和折叠二进码比较

样值脉冲极性	自然二进码	折叠二进码	量化分段位置
极性为正	1111	1111	15
	1110	1110	14
	1101	1101	13
	1100	1100	12
	1011	1011	11
	1010	1010	10
	1001	1001	9
	1000	1000	8
极性为负	0111	0000	7
	0110	0001	6
	0101	0010	5
	0100	0011	4
	0011	0100	3
	0010	0101	2
	0001	0110	1
	0000	0111	0

1）自然二进码

自然二进码是十进制正整数的二进制表示，编码简单、易记，而且译码可以逐比特独立进行。

2）折叠二进码

折叠二进码分为极性码和幅度码。左边第 1 位表示信号的极性：信号为正，用"1"表示；信号为负，用"0"表示。第 2 位至最后 1 位表示信号的幅度。由于正、负绝对值相同时，折叠码的上半部分与下半部分相对零电平对称折叠，故名折叠码。

对于语音这样的双极性信号，只要绝对值相同，就可以采用单极性编码的方法，使编码过程大大简化。

在传输过程中出现误码，对小信号影响较小。在 PCM 通信编码中，折叠二进码比自然二进码优越，它是 A 律 13 折线 PCM 30/32 路基群设备中所采用的码型。

3. 码位的选择与安排

编码位数 N 的多少，决定了量化分层数 L 的多少；反之，若量化分层数一定，则编码位数也被确定。对于二进制编码，它们的具体关系为

$$L = 2^N \tag{8-15}$$

在信号变化范围一定的情况下，可以通过增加编码位数来提高量化分层的精度，从而减小量化误差，提升通信质量。然而，随着编码位数的增加，设备的复杂性也会随之上升，还

会导致传码率提高，进一步加大传输带宽的需求。因此，在实际应用中，我们需要根据信道带宽和信号的特征来综合考虑量化分层数 L 或编码位数 N 的选择。

在 13 折线编码中，普遍采用 8 位二进制码，对应有 $L=2^8=256$ 个量化级，即正、负输入幅度范围内各有 128 个量化级。这需要将 13 折线中的每个折线段再均匀划分 16 个量化级。在 8.2 节中根据抽样定理，语音信号抽样速率为 $f_s = 8\ \mathrm{kHz}$，即每秒需要抽取 8 000 个样值；抽样值进行非均匀量化后，每一个抽样值需要用 8 位二进制编码表示，因此语音信号的传码率 R_B 为

$$R_B = f_s \times N = 64\ \mathrm{kB}$$

由于是二进制编码，在等概率情况下，传信率为 $R_b = 64\ \mathrm{kbit/s}$。

8.5.2 PCM 编码结构

根据表 8-1，第 1、2 段是等长的，每一个分段长度为模拟基带信号幅值 [0，1] 的 1/128，因此在这两段内量化间隔最小，记为 Δ，在后续的分析中以此为单位表示抽样值及量化分层内的其他参量。

$$\Delta = \frac{1}{128} \div 16 = \frac{1}{2\ 048} \tag{8-16}$$

按折叠二进码的码型，这 8 位码的安排如表 8-3 所示。

表 8-3 8 位码的安排

极性码	段落码	段内码
a_1	$a_2a_3a_4$	$a_5a_6a_7a_8$

1. 极性码

a_1 作为极性码，顾名思义，表示抽样值的极性。

对于正、负对称的双极性信号，在极性判决后被整流（相当于取绝对值）以后则按信号的绝对值进行编码，因此只要考虑 13 折线中正方向的 8 段折线就行了。这 8 段折线共包含 128 个量化级，正好用剩下的 7 位幅度码 $a_2a_3a_4a_5a_6a_7a_8$ 表示。

2. 段落码

第 2～4 位码 $a_2a_3a_4$ 为段落码，表示信号的绝对值处在哪个段落。这 3 位码的 8 种可能状态分别代表 8 个段落的序号，见表 8-4。各段的起点电平分别是 0Δ、16Δ、32Δ、64Δ、128Δ、256Δ、512Δ、$1\ 024\Delta$，即只要知道抽样值的大小，就可以通过与上述起始电平进行比较，判断其所在段落。如图 8-16 所示。

表 8-4　段落码

段落序号	段落码	段落序号	段落码
8	111	4	011
7	110	3	010
6	101	2	001
5	100	1	000

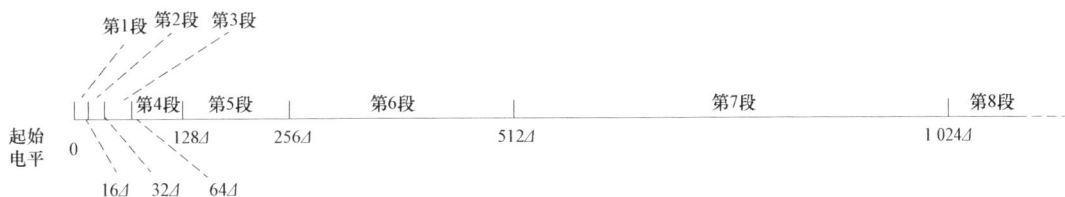

图 8-16　段落起始电平

3. 段内码

第 5 至第 8 位码 $a_5a_6a_7a_8$ 为段内码，这 4 位码有 16 种组合，分别用来代表每一段落内 16 个均匀划分的量化级的具体位置，见表 8-5。

表 8-5　段内码

量化级位置	段内码	量化级位置	段内码
15	1 1 1 1	7	0 1 1 1
14	1 1 1 0	6	0 1 1 0
13	1 1 0 1	5	0 1 0 1
12	1 1 0 0	4	0 1 0 0
11	1 0 1 1	3	0 0 1 1
10	1 0 1 0	2	0 0 1 0
9	1 0 0 1	1	0 0 0 1
8	1 0 0 0	0	0 0 0 0

在 13 折线编码方法中，虽然各段内的 16 个量化级是均匀的，但因段落长度不等，故不同段落间的量化级是非均匀的，见表 8-6。小信号时，段落短，量化间隔小，第 1、2 段最短且段长相同，段内量化级间隔为 Δ；大信号时，量化间隔大，如第 8 段每一个量化间隔为 64Δ。

表 8-6　段内间隔不同

段落序号	1	2	3	4	5	6	7	8
段内间隔	Δ	Δ	2Δ	4Δ	8Δ	16Δ	32Δ	64Δ

8.5.3 PCM 逐次比较编码

1. 7 位编码与 11 位编码

如果按照最小间隔 Δ 来均匀量化，13 折线的第 1 段到第 8 段的各段所包含的均匀量化级数分别为 16、16、32、64、128、256、512、1 024，总共有 2 048 个均匀量化级。按照二进制编码位数 N 与量化级数 M 的关系：$M=2^N$，$2\ 048=2^{11}$，则均匀量化需要编 11 位编码，而非均匀量化只需要 7 位编码。

通常把按均匀量化特性的编码称为线性编码，按非均匀量化特性的编码称为非线性编码。在保证小信号时的量化间隔相同的条件下，7 位非线性编码与 11 位线性编码等效，编码的码位数减少，因此设备简化，所需传输系统带宽减小。

2. PCM 逐次比较编码原理

编码实现方式包括逐次比较型编码器、级联型编码器和混合型编码器等。

逐次比较型编码器通过比较输入与预设值产生编码，适用于高精度场景如测量和传感器网络，优势在于高分辨率和稳定性，但计算资源需求高。级联型编码器通过组合简单编码器形成复杂系统，其设计灵活，适应复杂信号和多种需求，但可能引入噪声或误差。混合型编码器融合前两者优点，实现高精度编码并具有灵活性和扩展性，适用于高精度和多种场景，但设计相对复杂。

下面分析 PCM 逐次比较编码的原理，即在确定了信号的极性后，如何通过逐次比较的方式得到 PCM 的 7 位编码。PCM 逐次比较编码原理图如 8-17 所示。

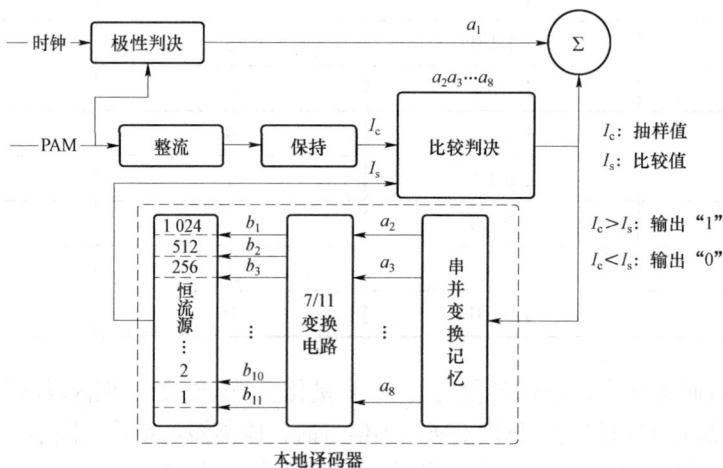

图 8-17　PCM 逐次比较编码原理

（1）极性判决：极性判决电路用来确定信号的极性。输入 PAM 信号是双极性信号，其样值为正时，在位脉冲到来时刻出"1"码；样值为负时，出"0"码；同时将该信号经过全波整流变为单极性信号。

极性码确定后，后续应该进行 7 次比较，以确定 3 位段落码和 4 位段内码。为了顺利进行比较，关键问题有三个：保持抽样值 I_c 固定，产生比较值 I_s（即和谁比较），根据比较大小输出数字信号。

（2）保持电路：保持电路的作用是在整个比较过程中输入信号的幅度保持不变。由于逐次比较编码器编 7 位码（极性码除外）需要在一个抽样周期 T_s 以内完成 I_c 与 I_s 的 7 次比较，在整个比较过程中都应保持输入信号的幅度不变，因此要求将样值脉冲展宽并保持。

（3）比较器：比较器通过比较抽样值 I_c 和比较值 I_s，从而对输入信号抽样值实现非线性量化和编码。每比较 1 次输出 1 位二进制代码，且当 $I_c > I_s$ 时，出 "1" 码，反之出 "0" 码。由于在 13 折线法中用 7 位二进制代码来代表段落和段内码，所以对 1 个输入信号的抽样值需要进行 7 次比较。每次所需的标准值 I_s 均由本地译码电路提供。

（4）本地译码器：本地译码器包括记忆电路、7/11 变换电路和恒流源。

记忆电路用来寄存二进代码，因为除第 1 次比较外，其余各次比较都要依据前几次比较的结果来确定标准值 I_s。因此，7 位码组中的前 6 位状态均应由记忆电路寄存下来。

7/11 变换电路就是前面非均匀量化中谈到的数字压缩器。由于按 A 律 13 折线只编 7 位码，加至记忆电路的码也只有 7 位，而线性解码电路（恒流源）需要 11 个基本的权值电流支路，这就要求有 11 个控制脉冲对其控制。因此，需通过 7/11 变换电路将 7 位非线性码转换成 11 位线性码，其实质就是完成非线性和线性之间的变换。

恒流源也称 11 位线性解码电路或电阻网络，用来产生各种标准值 I_s。在恒流源中有数个基本的权值电流支路，其个数与量化级数有关。按 A 律 13 折线编出的 7 位码，需要 11 个基本的权值电流支路，每个支路都有一个控制开关。每次应该由哪个开关接通形成比较值 I_s，由前面的比较结果经变换后得到的控制信号来控制。

3. PCM 逐次比较编码流程

① 根据样值 x 的极性，输出极性码 a_1。

② 取 x 的绝对值 $|x|$，根据各段起始值与段号间的关系（详见图 8-16），采用中分方式，与段落起始位置电平进行 3 次比较，判断抽样值位于哪个段落，输出段落码 $a_2 a_3 a_4$。

③ 段落码确定后，根据每段最小间隔（详见表 8-6），同样采用中分方式，与段内间隔位置进行 4 次比较，判断抽样值在 16 个量化分层的具体位置，输出段内码 $a_5 a_6 a_7 a_8$。

例 8-1 一个抽样值为 -658Δ，采用逐次比较法输出 8 位 PCM 折叠二进制编码，并计算编码的量化误差及对应 7 位折叠码的 11 位均匀量化编码。

解

1. 逐次比较，输出 PCM 编码

（1）极性码：抽样值为 $-658\Delta < 0$，$a_1 = 0$。

（2）段落码：本地译码器输出 3 次比较值，来判断抽样值位于 8 个段落的某一个。

本地译码器输出第 1 次比较值 $I_s = 128\Delta$，即第 5 段起始电平，通过比较结果来判定为前 4 段还是后 4 段。

结果：$658\Delta > 128\Delta$，即 $I_c > I_s$，$a_2 = 1$，抽样值落在后 4 段。

根据 a_2 的值，本地译码器输出第 2 次比较值 $I_s = 512\Delta$，即第 7 段起始电平，通过比较结果来判定为第 5、6 段还是第 7、8 段。

结果：$658\Delta > 512\Delta$，即 $I_c > I_s$，$a_3 = 1$，抽样值落在第 7、8 段。

根据 a_2a_3 的值，本地译码器输出第 3 次比较值 $I_s = 1024\Delta$，即第 8 段起始电平，通过比较结果来判定为第 7 段还是第 8 段。

结果：$658\Delta < 1024\Delta$，即 $I_c < I_s$，$a_4 = 0$，抽样值落在第 7 段。

根据以上结果，段落码为 110。

（3）段内码：根据段落码的结果，本地译码器继续输出 4 次比较值，来判断抽样值位于第 7 段 16 个量化间隔的具体位置。根据表 8-6 可知，第 7 段内最小量化间隔为 32Δ。

本地译码器输出第 1 次比较值 $I_s = 512\Delta + 8 \times 32\Delta = 768\Delta$，即第 9 层起始电平，通过比较结果来判定为前 8 层还是后 8 层。

结果：$658\Delta < 768\Delta$，即 $I_c < I_s$，$a_5 = 0$，抽样值落在前 8 层。

根据 a_5 结果，本地译码器输出第 2 次比较值 $I_s = 512\Delta + 4 \times 32\Delta = 640\Delta$，即第 5 层起始电平，通过比较结果来判定为前 1、2、3、4 层还是 5、6、7、8 层。

结果：$658\Delta > 640\Delta$，即 $I_c > I_s$，$a_6 = 1$，抽样值落在 5、6、7、8 层。

根据 a_5a_6 的结果，本地译码器输出第 3 次比较值 $I_s = 512\Delta + 6 \times 32\Delta = 704\Delta$，即第 7 层起始电平，通过比较结果来判定为第 5、6 层还是第 7、8 层。

结果：$658\Delta < 704\Delta$，即 $I_c < I_s$，$a_7 = 0$，抽样值落在 5、6 层。

根据 $a_5a_6a_7$ 的结果，本地译码器输出第 4 次比较值 $I_s = 512\Delta + 5 \times 32\Delta = 672\Delta$，即第 6 层起始电平，通过比较结果来判定为第 5 层还是第 6 层。

结果：$658\Delta < 672\Delta$，即 $I_c < I_s$，$a_8 = 0$，抽样值落在第 5 层。

根据以上结果，段内码为 0100。

PCM 编码为 0 110 0100，抽样值落在 13 折线第 7 段内第 5 个量化分层。

图 8-18 为第 7 段段内量化间隔和量化误差。

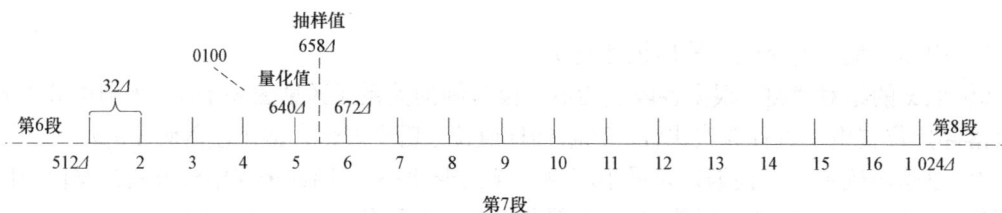

图 8-18　第 7 段段内量化间隔和量化误差

2. 计算量化误差

根据 PCM 的编码结果，量化值为第 7 段内第 5 个量化分层，其大小为 640Δ，抽样值为 658Δ，因此编码的量化误差为 $658\Delta - 640\Delta = 18\Delta > 16\Delta$，即超过了第 7 段最小间隔 32Δ 的一半，在译码时需要进行处理，否则误差太大。

3. 计算对应 7 位折叠码位置（即 640Δ 的均匀量化 11 位编码）

$640 = 512 + 128$

$= 0 \times 2^{10} + 1 \times 2^9 + 0 \times 2^8 + 0 \times 2^7 + 0 \times 2^6 + 0 \times 2^5 + 0 \times 2^4 + 0 \times 2^3 + 0 \times 2^2 + 0 \times 2^1 + 0 \times 2^0$

因此，可得 7/11 转换后编码为：010100000000

根据此例子，可得 7/11 编码之间存在关联，其对应关系如表 8-7 所示。

表 8-7　7/11 编码对应关系

$a_2a_3a_4$	a_5	a_6	a_7	a_8	b_1	b_2	b_3	b_4	b_5	b_6	b_7	b_8	b_9	b_{10}	b_{11}
1 1 1					1	a_5	a_6	a_7	a_8	0	0	0	0	0	0
1 1 0					0	1	a_5	a_6	a_7	a_8	0	0	0	0	0
1 0 1					0	0	1	a_5	a_6	a_7	a_8	0	0	0	0
1 0 0					0	0	0	1	a_5	a_6	a_7	a_8	0	0	0
0 1 1					0	0	0	0	1	a_5	a_6	a_7	a_8	0	0
0 1 0					0	0	0	0	0	1	a_5	a_6	a_7	a_8	0
0 0 1					0	0	0	0	0	0	1	a_5	a_6	a_7	a_8
0 0 0					0	0	0	0	0	0	0	a_5	a_6	a_7	a_8

8.5.4　PCM 译码原理

译码的作用是把收到的 PCM 信号还原成相应的 PAM 样值信号，即进行 D/A 变换。在脉冲编码的终端机中常采用的译码器就是电阻网络。PCM 译码电路原理如图 8-19 所示。

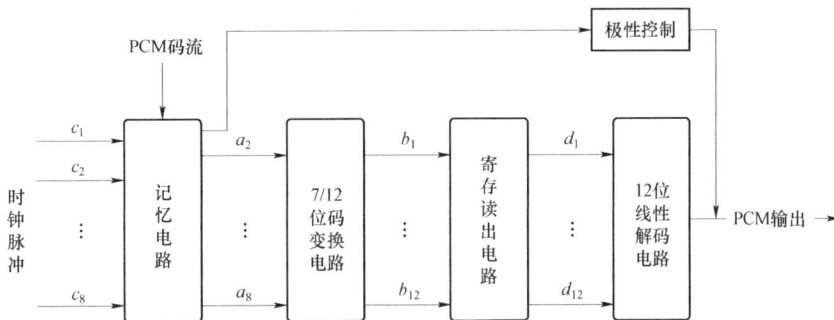

图 8-19　PCM 译码电路原理

译码器与逐次比较型编码器中的本地译码器基本相同，所不同的是增加了极性控制部分和带有寄存读出的 7/12 位码变换电路。

记忆电路的作用是将输入的串行 PCM 码变为并行码且记忆下来，与编码器中译码电路的记忆作用基本相同。

极性控制部分的作用是根据收到的极性码 a_1 是"1"还是"0"来控制译码后 PAM 信号的极性，以恢复原信号极性。

寄存读出电路是将输入的串行码在存储器中寄存起来，待全部接收后再一起读出，送入解码网络，实质上是进行串/并变换。

12 位线性解码电路主要由恒流源和电阻网络组成，它是在寄存读出电路的控制下，输出相应的 PAM 信号。之所以解码时为 12 位编码，主要是因为编码时的量化误差有时较大，这一点在例 8-1 已经涉及。因此，在接收段译码时信号幅值增补一个 $D_i/2$ 来弥补误差，这样就能将量化误差控制在 $D_i/2$ 的范围，所以译码时多了一位。

例 8-1 中，对抽样值进行 7 位编码为：01100100，表示其落在第 7 段第 5 个量化分层电平 640Δ 的位置，编码量化误差为 $658\Delta-640\Delta=18\Delta>16\Delta$，在译码时，增补 $D_i/2=16\Delta$，即译码电平为 $640\Delta+16\Delta=656\Delta$，此时译码后误差为：$658\Delta-656\Delta=2\Delta$。

8.5.5　其他音频编码技术

PCM 编码调制技术直接数字化处理音频信号，保留了信号的原始细节和动态范围，保证了高保真度。并且，PCM 技术具有广泛的兼容性和灵活性及标准化编码格式，支持多种设备和系统，适应不同应用场景和需求。但是，PCM 存储空间需求大，并对传输带宽要求高，需根据实际需求和场景选择编码方案。

除了 PCM 编码调制，音频编码技术还有很多，如增量调制（delta modulation，DM）。

与 PCM 通过量化原始信号的每个样本值不同，增量调制仅对信号的变化量进行编码。这种方式可以有效降低数据速率和存储需求，尤其在信号变化缓慢或噪声水平较低的情况下。

增量调制的基本思想是：只关注信号样本之间的差值，而不是样本的绝对值。在编码过程中，编码器会比较当前样本与前一个样本的差值，然后根据这个差值的大小和方向来生成编码比特。如果差值超过某个预设的阈值，编码器会输出一个比特来表示这个变化，并更新参考电平；否则，编码器将保持静默，即不输出比特。

这种方法的优点在于其简单性和低复杂性，这使增量调制在实时通信和嵌入式系统中得到了广泛应用。然而，增量调制也有一些缺点。例如：由于它只关注信号的变化量，因此在处理快速变化或高频率成分丰富的信号时，可能会出现量化噪声和失真。此外，增量调制对噪声的敏感性也较高，这可能会影响到解码后信号的质量。

为了克服这些缺点，研究者们提出了多种改进型的增量调制技术，如自适应增量调制（adaptive delta modulation，ADM）和差分脉冲编码调制（differential pulse code modulation，DPCM）。这些技术通过调整阈值或使用预测器来减少量化噪声和提高编码效率，使增量调制在实际应用中更加灵活和可靠。

8.6　时分复用技术

前面已经介绍过单路模拟信号的 PCM 编码原理。实际应用中，PCM 通信系统需要同时处理多路语音信号。而为了提高传输质量，常选择位数较长的编码方式如 8 位编码。随着编码位数的增加，编码器设计变得复杂，要处理多个语音话路时每路信号如果配备复杂编码器则不经济，增加硬件成本并提高维护难度。

因此，实际应用中常采用时分复用（time division multiplexing，TDM）技术，将时间划分为多个时隙，每个时隙传输一路语音信号样值，将多个语音信号共用一个高质量 PCM 编码器，实现一个编码器处理多个语音信号，降低硬件成本。

时分复用技术既经济又保证语音质量，因使用高质量编码器仍可保证清晰度和保真度。同时，可根据需求调整时隙分配和编码器参数：如需更高语音质量，可增加编码器位数或优化算法；对质量要求不高的场合，可减少位数或采用简单算法降低成本。

8.6.1　时分复用原理

与频分复用（FDM）作用类似，时分复用也可以实现多路信号共用同一信道的目的，从而提高信道利用效率。

TDM 技术将不同抽样信号在不同的时间片段内传送，这种时间片段称为时隙，一个时隙传送一个信号，形成的结果为各路信号的 PCM 码在时间上按顺序排队轮流送出。

图 8-20 为时分复用原理图，显示了三路模拟基带信号进行时分复用的过程。

① 信号 A、B、C 分别经过抽样，形成三路 PAM 信号（抽样周期相同，均为 T_s ）。

② 三路抽样值进入采样器 1 后，在 T_s 时间内被采样器依次将三路抽样值进行排队，即在 T_s 内分配三个时隙给对应的三路信号，每个时隙为 $T_s/3$，形成 TDM 信号并输出，实现一个 T_s 时间内传输三个抽样值的目的，提高了传输效率。

③ 信号排队后，进入一个 PCM 编码器统一进行编码输出。很显然，传码率也提高了，为单路信号 PCM 编码后传码率的 3 倍。

④ 在接收端进行解码后，依靠采样器 2 将 TDM 信号中各自属于信号 A、B、C 的抽样值依次分开，并进行解调，恢复各自的信号。很显然，只要在时间上与发送端同步，则信号就能分别正确地被恢复。

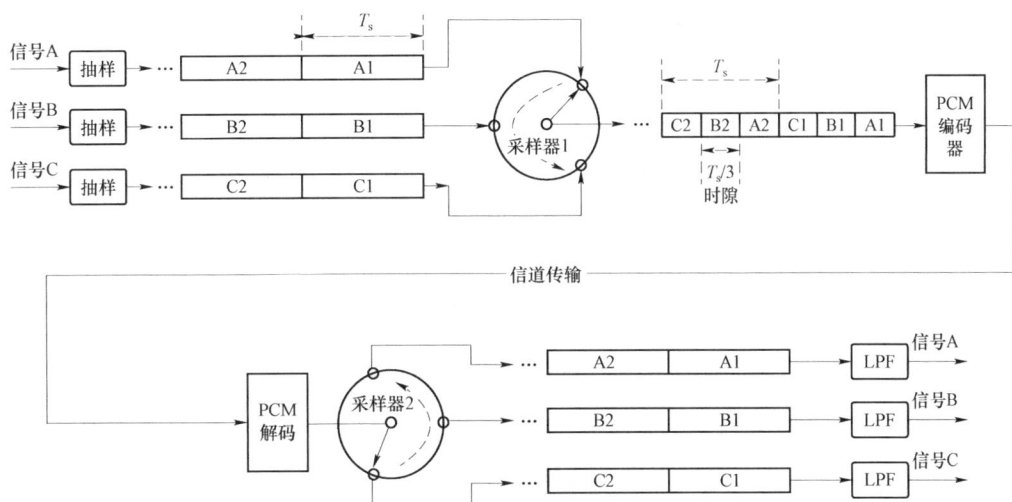

图 8-20　时分复用原理图

时分复用是利用各信号的抽样值在时间上不相互重叠来达到在同一信道中传输多路信号的一种方法。在 TDM 系统中，各信号在时域上是分开的，而在频域上是混叠在一起的。

8.6.2　30/32 路话音 PCM 码流的帧结构

时分复用的信号，为了保持接收端与发送端的同步，除了保证码元的节拍一致，还必须准确地识别各路信号的轮流排队次序。为此在各路信号排队的开头加入标志码，标志码与各路样值脉冲编码轮流发送一次构成的码组称为 1 帧。有了标志码，虽然占用了一部分信道资源，但能清晰地使支路信号"快速归队"，不会造成混乱。

实际的多话路 PCM 信号时分复用方法，我国采用 PCM30/32 路基群方式，其帧结构如图 8-21 所示。该基群中，一帧共有 32 个时隙。各个时隙从 0 到 31 编号，记为 T_{s0}，T_{s1}，…，T_{s31}，每个时隙包含 8 位二进制码。32 个时隙中有 30 个供用户（即 30 话路）使用，另外 2 个时隙：T_{s0} 用来进行帧同步，从接收的数据流中搜索并识别这一同步码字，并以该时隙作为一帧的排头，使接收端的帧结构和发送端完全一致，从而保证同步，实现数字信息的正确接收和交换；T_{s16} 为标志信号，用作话路信令，如振铃、占线、摘机等。

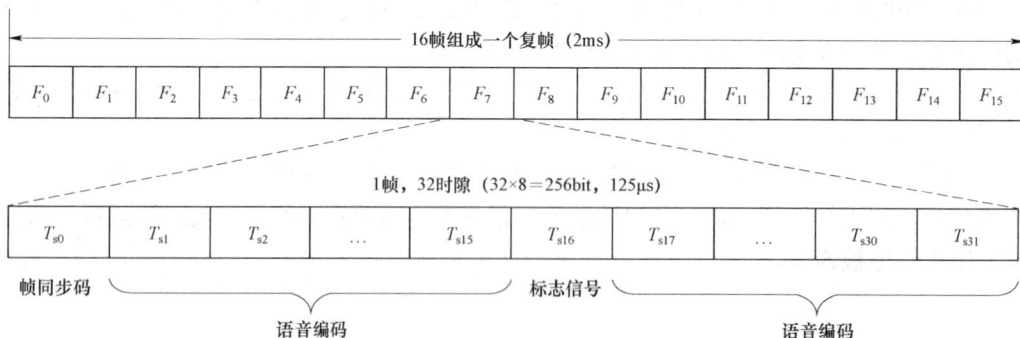

图 8-21　PCM 码流的帧结构

将 16 个帧构成一个更大的帧，称为复帧，复帧中每个帧依次编号为 $F_0 \sim F_{15}$。在 F0 帧中的 T_{s16} 用来传送复帧同步码组，在 $F_1 \sim F_{15}$ 帧中的 T_{s16} 用来传送各话路的信令。

在学习抽样定理时知道，话音信号的标准抽样频率 $f_s = 8\,000\,\text{Hz}$，或抽样周期 $T_s = 1/f_s$ 为 $125\,\mu\text{s}$，即 PCM 30/32 系统一帧的时间长度；A 律 13 折线每一个抽样值量化后用 8 位二进制编码表示，即一路语音信号传码率 $R_B = 64\,\text{kB}$，根据图 8-21 的帧结构图，可知 PCM 30/32 系统的传码率 R_{BP} 为

$$R_{BP} = 64\,\text{kB} \times 32 = 2.048\,\text{MB}$$

PCM30/32 时分多路系统称为基群或一次群，为了提高信道利用效率，4 个基群可以继续复用为 1 个二次群，4 个二次群可以继续复用为 1 个三次群，4 个三次群可以继续复用为 1 个四次群。很显然，复用阶数越大，系统传码率越高。

思考与练习题 >>>

思考题：

8-1　抽样频率与被抽样信号的哪些特性相关？

8-2　模拟信号被抽样后是模拟信号还是数字信号？

8-3　理想抽样、自然抽样与平顶抽样的区别是什么？

8-4　PCM 电话通信常用的标准抽样频率等于多少？

8-5　均匀量化中，当量化级数提高时，量化误差怎样变化？

8-6　均匀量化的缺点是什么？

8-7　在非均匀量化时，为什么要进行压缩和扩张？

8-8　什么是过载量化噪声？

8-9　什么是脉冲编码调制？举例说明脉冲编码调制的原理。

8-10　在 PCM 系统中，为什么常用折叠码进行编码？

练习题：

8-1　已知信号组成为 $m(t) = \cos 2\pi f_1 t + \cos 2\pi f_2 t$，并用理想低通滤波器来接收抽样后的信号。

（1）画出该信号的时间和频域波形图；

（2）确定最小抽样频率；

（3）画出理想抽样后的信号频谱图。

8-2　信号 $m(t) = 12\cos(1\,200\pi t + 30)$，进行均匀量化及 PCM 编码，要求量化误差为 $\pm 0.1\,\text{V}$，计算均匀量化后的信噪比以及所需的编码位数。

8-3　信号 $m(t) = 8 + 10\cos\omega_0$，被均匀量化为 64 个量化电平，第一个量化电平位于信号的最小值。

（1）求所需的编码位数；

（2）求量化信噪比。

8-4　对于函数 $y = x^3$，根据其特性，分析其是否具备压缩特性和扩张特性。

8-5　采用 A 律 13 折线编码，设最小的量化级为 1 个单位，对于取样值 −392 单位进行 PCM 编码输出。

（1）采用逐次比较法编写 PCM 码组；

（2）写出对应 7 位 PCM 编码（不包括极性码）的均匀量化 11 位码。

参 考 文 献

[1] 樊昌信，曹丽娜. 通信原理. 7 版. 北京：国防工业出版社，2013.

[2] 徐家恺，沈庆宏，阮雅端. 通信原理教程. 北京：科学出版社，2003.

[3] 曹志刚，钱亚生. 现代通信原理. 北京：清华大学出版社，1992.

[4] 高媛媛，魏以民，郭明喜，等. 通信原理. 3 版. 北京：北京邮电大学出版社有限公司，2020.

[5] 王福昌，屈代明. 通信原理. 2 版. 北京：清华大学出版社，2015.

[6] 李卫东，李殷，游思晴. 通信原理教程. 北京：人民邮电出版社，2011.

[7] 冯玉珉，郭宇春. 通信系统原理. 2 版. 北京：北京交通大学出版社，2020.